ZEITSCHRIFT FÜR ANGEWANDTE GEOLOGIE

HERAUSGEGEBEN VON

DER STAATLICHEN GEOLOGISCHEN KOMMISSION

UND DER ZENTRALEN VORRATSKOMMISSION

DER DEUTSCHEN DEMOKRATISCHEN REPUBLIK

AUS DEM INHALT

AKADEMIE-VERLAG · BERLIN

BAND 4 / HEFT 2/3

FEBRUAR/MÄRZ 1958

SEITE 49–144

INHALT

Die ZEITSCHRIFT FÜR ANGEWANDTE GEOLOGIE berichtet ständig ausführlich über folgende Arbeitsgebiete: Geologische Grundlagenforschung und Lagerstättenforschung / Methodik der geologischen Erkundung / Ökonomie und Planung der geologischen Erkundung / Technik der geologischen Erkundung / Geologie und Lagerstättenkunde im Ausland / Bibliographie, Verordnungen, Richtlinien, Konferenzen, Personalnachrichten

Die ZEITSCHRIFT FÜR ANGEWANDTE GEOLOGIE ist kein Organ einer engen Fachgruppe. Auf ihren Seiten können alle strittigen Fragen der praktischen Geologie behandelt werden. Die Autoren übernehmen für ihre Aufsätze die übliche Verantwortung.

Herausgeber: Staatliche Geologische Kommission und Zentrale Vorratskommission für mineralische Rohstoffe der Deutschen Demokratischen Republik. Chefredakteur: Prof. Dr. Erich Lange, Berlin. Redaktion: Berlin N 4, Invalidenstraße 44. Verlag: Akademie-Verlag GmbH, Berlin W 8, Mohrenstraße 39 (Fernsprecher 20 03 86, Postscheckkonto: Berlin 350 21). Bestell- und Verlagsnummer des Heftes: 1047/4/2-3. Die „Zeitschrift für angewandte Geologie" erscheint monatlich. Bezugspreis 2,– DM je Heft, Doppelheft 4,– DM. – Satz und Druck: Druckhaus „Maxim Gorki", Altenburg. Veröffentlicht unter der Lizenznummer ZLN 5008 des Ministeriums für Kultur, Hauptverwaltung Verlagswesen. Karten: MdI. der DDR Nr. 3745, 3913 / K 11.
Printed in Germany.

ZEITSCHRIFT FÜR ANGEWANDTE GEOLOGIE

CHEFREDAKTEUR: PROF. DR. E. LANGE

BAND 4 · FEBRUAR/MÄRZ 1958 · HEFT 2/3

Die Errungenschaften der Sowjetgeologie während 40 Jahre Sowjetmacht

JEWGENIJ JANISCHEWSKIJ[1])

Die Erfolge und Errungenschaften der Sowjetgeologie während der 40 Jahre des Bestehens der Sowjetmacht wurden vor allem auf Grund der zielstrebigen Politik der Kommunistischen Partei der Sowjetunion möglich, welche auf die Schaffung einer festen industriellen Grundlage der sozialistischen Wirtschaft gerichtet war.

Schon in den ersten Jahren der Existenz des Sowjetstaates, nachdem die Armeen der Interventen und Weißgardisten zerschlagen und vom sowjetischen Boden verjagt worden waren, machte sich das Sowjetvolk an die Erfüllung des Leninschen Planes der sozialistischen Umgestaltung Rußlands, der Beseitigung seiner technisch-ökonomischen Zurückgebliebenheit, der Schaffung einer sozialistischen Industrie.

Diesen Plan mußte das Sowjetvolk im ökonomisch zurückgebliebenen, bäuerlichen Rußland bei heftigem Widerstand der gestürzten Ausbeuterklasse verwirklichen.

1913 betrug der Anteil der Industrieproduktion an der gesamten Bruttoproduktion der Großindustrie und Landwirtschaft nur 42,1%, der Anteil der Landwirtschaft 57,8%. Die Bevölkerung der Städte machte 1911 in Rußland nur 14% der Gesamtbevölkerung aus.

Vom zaristischen Rußland übernahm der Sowjetstaat ein armseliges Erbe, denn der imperialistische Krieg und Bürgerkrieg führten zur Zerstörung der ohnehin schwachen Industrie.

Die Produktion der Großindustrie betrug 1920 nur $^1/_7$ der des Jahres 1913; die Roheisenproduktion machte sogar nur 2,7% der Vorkriegsmenge aus; Zement – 2,4%; Seife – 7,0%; Baumwollgewebe – 4%. Die Gesamtproduktion der Landwirtschaft erreichte ungefähr die Hälfte der Vorkriegserzeugung.

Das Sowjetvolk machte sich einmütig und energisch an die Arbeit, um die zerstörte Industrie und den Transport wiederherzustellen und die Landwirtschaft zu heben.

Das Wachstum der Volkswirtschaft im Jahrfünft 1920-1925 ermöglichte es dem Sowjetvolk, die Erfüllung des Leninschen Planes bedeutend zu beschleunigen. Daher faßte der XIV. Parteitag der Kommunistischen Partei der Sowjetunion im Dezember 1925 seinen historischen Beschluß – „unser Land aus einem Agrarland in ein Industrieland zu verwandeln". Das erforderte, eine ganze Reihe Industriezweige zu schaffen, welche das zaristische Rußland nicht kannte, neue Betriebe – metallurgische, chemische, für den Maschinen-, Geräte- und Auto-Traktoren-Bau – zu errichten, die Eigenproduktion an Motoren und Ausrüstungen zu organisieren und die Erdöl-, Eisen-, Kohle-, Kupfer-, Blei- usw. Förderung zu erhöhen.

Eine außerordentlich große Rolle bei der Verwirklichung dieses grandiosen Planes der Industrialisierung des Landes mußten die verfügbaren Ressourcen an Mineralrohstoffen spielen.

Im zaristischen Rußland wurde dem Studium und der Erforschung der natürlichen Reichtümer des Landes wenig Aufmerksamkeit erwiesen. Die reichsten Lagerstätten an Erdöl, Kohle, Kupfer und Eisen wurden von englischen, französischen u. a. ausländischen Gesellschaften ausgebeutet, die am Aufsuchen neuer Lagerstätten nicht interessiert waren.

Im zaristischen Rußland gab es wenig Fachgeologen. Die systematische geologische Erforschung des Bodens und tieferen Untergrundes wurde nur in verschwindend geringem Ausmaße durchgeführt. Ein großer Teil der Geologen war hauptsächlich mit Lehrtätigkeit beschäftigt. Nur im Sommer konnten sie Zeit für geologische Arbeiten abzweigen, wobei ihnen dafür nur äußerst kärgliche Mittel vom zaristischen Kabinett zugewiesen wurden. Die Geologen konnten die Arbeiten teilweise nur mit Hilfe zufällig erhaltener Mittel durchführen. Unter solchen Verhältnissen konnten nur Einzelne – Enthusiasten – arbeiten.

Trotz dieser Geringschätzung der geologischen Arbeiten seitens der zaristischen Regierung sind aus den Reihen der russischen Geologen viele bedeutende Gelehrte hervorgegangen, die Weltruf erlangten. Vor allem müssen hier die Akademiker FJEDOROW, TSCHERNISCHOW, KARPINSKIJ, WERNADSKIJ, MUSCHKETOW, GUBKIN, OBRUTSCHEW, FERSMAN u. a. hervorragende Gelehrte erwähnt werden.

Da sich die zaristische Regierung um die geologische Erforschung Rußlands keine Sorge machte, war die Erforschtheit seines Gebietes gering. 1928 betrug sie nur 10% der Gesamtfläche. Die kartierte Gesamtfläche im Maßstab 1:100000 und weniger betrug nur 0,5%, d. h. etwa 100000 km² der 23 Millionen km² Gesamtfläche Rußlands. Somit mußten die sowjetischen Geologen praktisch die ganze Arbeit des geologischen Studiums des Territoriums der Sowjetunion von allem Anfang an beginnen.

Die Völker des jungen Sowjetrußlands, welche sich mutig an den Aufbau des Sozialismus machten, konnten

[1]) Dieser Aufsatz, der auf Vorschlag der Redaktion für unsere Zeitschrift geschrieben wurde, ging uns am 12. 12. 1957 zu, konnte aus technischen Gründen jedoch nicht früher erscheinen. J. JANISCHEWSKIJ, Kandidat der geol.-mineral. Wissenschaften (nach deutscher Ordnung: Dr. min.) ist einer der führenden sowjetischen Erkundungsgeologen, der weit über die Grenzen der UdSSR hinaus, insbesondere auch in der DDR, bekannt ist. D. R.

ohne ausreichende eigene Mineralrohstoff-Basis nicht unabhängig von den kapitalistischen Staaten existieren. Daher richtete die Arbeiter- und Bauern-Regierung Sowjetrußlands neben anderen wichtigen Maßnahmen ihre besondere Aufmerksamkeit auf die Organisation der geologischen Arbeiten.

Unmittelbar nach Beendigung des Bürgerkrieges wurden neue geologische Fakultäten, technische Hochschulen und Kurse, geologische wissenschaftliche Forschungsinstitute und ein besonderes geologisches Komitee organisiert.

Infolgedessen untersuchten schon im 1. Planjahrfünft zahlreiche geologische Expeditionen, Erkundungsgruppen und -partien die Rohstoffbasis Sowjetrußlands. Wenn in den produktivsten Jahren vor der Revolution sich insgesamt 42 Menschen mit der geologischen Kartierung des europäischen Teils Rußlands befaßten, arbeiteten 1930 hier bereits an 500 geologische Erkundungstrupps. Dieses Wachstum der geologischen Erkundungsarbeit war im asiatischen Teil der UdSSR noch bedeutender, weil vor der Revolution das Gebiet der Kasachischen, Usbekischen, Tadshikischen, Kirgisischen u. a. nationalen Republiken nur von einzelnen Forschern studiert worden war.

Als Folge dieser breiten und großzügigen geologischen Erkundungsarbeiten stieg schon zu Beginn des 1. Planjahrfünfts die allgemeine geologische Erforschtheit des Territoriums Rußlands steil an und erreichte 36,3%, d. h. vermehrte sich fast um das Vierfache.

Das erste Jahrzehnt der Arbeit der Geologen in Rußland ist durch außerordentlich zahlreiche und in einer Reihe von Fällen geradezu grandiose Entdeckungen neuer Lagerstätten nutzbarer Bodenschätze gekennzeichnet: im europäischen Rußland, in Sibirien wie auch in den nationalen Republiken. Wichtig ist hier die Feststellung, daß sich zu diesem Zeitpunkt auch nationale Kader in die geologische Arbeit einreihten: Usbeken, Kasachen, Tadshiken u. a., die zum ersten Male in der Geschichte Hochschulbildung erhielten.

Die Entwicklung der geologischen Arbeiten stieß zu dieser Zeit auf besondere Schwierigkeiten in der Versorgung mit technischer Ausrüstung, insbesondere Bohrgeräten. Bohrgeräte wurden im zaristischen Rußland nicht hergestellt; sie mußten importiert werden. Jedoch schon 1928/29 ging der alte Ishorsker Betrieb (bei Leningrad) zur Produktion von Bohrgeräten über. Nach 5 Jahren waren bereits etwa 1000 Stück bei den Arbeiten im Einsatz.

Die technische Ausrüstung war im ersten Jahrzehnt der Entwicklung der geologischen Arbeiten im allgemeinen noch völlig ungenügend. Optische Geräte, Spezialvorrichtungen usw. waren nur wenige vorhanden; die Transportmöglichkeiten reichten nicht aus usw.

Ungeachtet der Schwierigkeiten und Unzulänglichkeiten hinsichtlich der Geräte und Ausrüstung begannen — zunächst Dutzende und Hunderte, dann Tausende — geologische Trupps den Boden und Untergrund des Sowjetlandes zu erforschen. Die Arbeiten wurden oft Tausende und mehr Kilometer von der Eisenbahnlinie entfernt durchgeführt. Viele Geologen mußten sich äußerst mühsam ihren Weg durch Urwälder, Sümpfe und Gebirge erzwingen. Sie alle waren jedoch von dem Wunsche beseelt, neue Lagerstätten aufzufinden; neue Bezirke zu erforschen, die noch keines Menschen Fuß betreten hatte; die Industrie der Heimat mit Rohstoffen zu versorgen, ihr Erdöl, Eisen, Kupfer, Gold, seltene Metalle usw. zu geben.

Das Ausmaß der geologischen Arbeit und die kurzen Fristen ihrer Durchführung waren großartig. Nirgends in der Welt hat sich die geologische Erkundung so rasch entwickelt. Die Arbeit in solch gigantischem Maßstabe konnte nur von einem sozialistischen Staat organisiert werden, dort wo Grund und Boden dem Volke gehören und im Interesse des Volkes genutzt werden.

Die Ergebnisse dieser grandiosen Arbeiten zeigten sich in kürzester Frist. Schon 1930 waren Hunderte und Tausende neuer Lagerstätten an Erdöl, Eisen, Kupfer, Blei und anderer nutzbarer Bodenschätze aufgefunden. Halten wir kurz die wesentlichsten Erfolge fest, die auf Grund der geologischen Arbeiten hinsichlich der wichtigsten einzelnen Bodenschätze erzielt wurden.

Erdöl und Erdgas

Die Sowjetmacht übernahm 1917 eine stark zerstörte Erdölindustrie mit veralteter Technik und geologisch schwach erforschten Lagerstätten. Erdöl wurde im Grunde nur (97%) im Bakuer und Grosnijer Bezirk (im Nordkaukasus) gefördert. Zu jener Zeit betrug die Förderung alles in allem 3 Mio t, während 1913 9 Mio t gefördert worden waren.

In der ersten Periode der Entfaltung der geologischen Erkundungsarbeiten auf Erdöl wurde die Hauptaufmerksamkeit auf die schon bekannten Lagerstätten gerichtet, insbesondere auf die Erforschung der tieferen Horizonte der alten erdölführenden Bezirke, welche vor der Revolution exploitiert worden waren. Die Entdeckung und Erkundung neuer Horizonte in diesen Bezirken gestattete es, schon 1927 die Förderung um das Dreifache zu erhöhen, d. h. das Vorkriegsniveau zu erreichen. Gleichzeitig brachten auch die Sucharbeiten auf Erdöl, welche in neuen Bezirken begonnen worden waren, die ersten Ergebnisse. Schon im 1. und 2. Planjahrfünft wurden für die Erdölförderung eine Reihe neuer großer Bezirke vorbereitet. Unter diesen müssen in erster Linie die Lagerstätten Baschkiriens genannt werden und eine der ersten, welche 1922 entdeckt wurde, die Lagerstätte Ischimbajewo. Anschließend wurde hier der größte Erdölbezirk der Welt, der Wolga-Ural-Erdölbezirk, festgestellt, der die Bezeichnung „Zweites Baku" erhielt.

Die Erdölförderung erreichte mit Hilfe der in Förderung genommenen und neu entdeckten Lagerstätten 1934 schon 24 Mio t, übertraf die Förderung des Jahres 1920 um das Sechsfache und die Vorkriegsförderung um das 2,6fache.

Die ständig erweiterte geologische Erkundungsarbeit auf Erdöl führte dazu, daß Dutzende und Hunderte neuer Erdöllagerstätten am Nordufer des Kaspischen Meeres (Emba), in Mittelasien, im Nordkaukasus und auf Sachalin festgestellt wurden. Allein im Laufe des 5. Planjahrfünfts wurden 265 neue Erdöl- und 99 Erdgaslagerstätten und -lager entdeckt. Der letzte Monat des Jahres 1957 brachte die wichtige Nachricht, daß auch in der Ukraine Erdöl vorhanden ist. Bis heute sind allein in dem bedeutendsten Bezirk, nämlich dem Wolga-Ural-Erdölbezirk, über 100 Lagerstätten entdeckt worden, von denen 68 schon in Förderung stehen.

Das Schwergewicht der Erdölförderung verlagerte sich vom Süden nach dem Osten: aus Baku in die Bezirke an der Wolga und des Urals. Gegenwärtig nimmt die UdSSR der Größe der erkundeten Erdölvorräte nach einen der ersten Plätze in der Welt ein.

Die Erdölförderung erreichte 1957 bereits 98 Mio t; bis Ende des 6. Planjahrfünfts soll sie bis auf 135 Mio t jährlich gesteigert werden, beinahe auf das Doppelte der Erdölförderung des Jahres 1955. Die UdSSR hat hinsichtlich der Höhe der Erdölförderung in der Welt den zweiten Platz fest besetzt.

Nach dem Perspektivplan ist vorgesehen, die Erdölförderung bis auf 350—400 Mio t zu steigern.

Unter der Sowjetmacht wurde ebenfalls eine bedeutende Anzahl Erdgaslagerstätten entdeckt, von denen man im zaristischen Rußland überhaupt nichts wußte. Unter diesen sind vor allem die Lagerstätten im Wolga-Gebiet, in der Ukraine, in der Komi ASSR, der Turkmenischen SSR, im Tjumen-Gebiet und in der Jakutischen SSR zu erwähnen. Die Stränge der Gasleitungen verlängerten sich um viele tausend Kilometer. Die Ferngasleitung Saratow—Moskau arbeitet schon mehrere Jahre. Der Bau der rund 1500 km langen Linie Stawropol (Nordkaukasus) —Moskau ist beendet. Aserbaidshan, Grusien und Armenien werden von Leitungsnetzen durchzogen.

Laut Plan des 6. Planjahrfünfts ist für 1960 eine Förderung von 40 Milliarden m³ Gas vorgesehen, d. h. fast viermal mehr als 1955. Im Laufe der nächsten 13—15 Jahre soll die Förderung nochmals um das 13- bis 15fache vergrößert werden. Aus Mitteilungen der letzten Zeit geht hervor, daß im Wiljui-Becken (Jakutien) eine mächtige Gasfontäne ausgebrochen ist. Das spricht für die Möglichkeit, ein neues Zentrum der Gasindustrie zu schaffen.

Kohle

Für die Entwicklung der Industrie spielen die Kohlen-Ressourcen des Landes eine sehr wichtige Rolle. Die Kohleförderung sank — verglichen mit 1913 — im Jahre 1920 bedeutend. Kohle wurde nur halb soviel gefördert, wie zur Befriedigung der Bedürfnisse der Industrie nötig war. Damals betrugen die Gesamtvorräte an Kohle 230 Milliarden t. Das zaristische Rußland nahm hinsichtlich seiner Kohlenvorräte den 6. Platz hinter den USA, Kanada, China und Deutschland ein.

Schon in den ersten Jahren nach Beendigung des Bürgerkrieges wurden großzügige Such- und Erkundungsarbeiten auf Kohle begonnen. Diese Arbeiten zeitigten gute Resultate. Viele neue Kohlenlagerstätten wurden gefunden und erkundet: im Bezirk Karaganda der Kasachischen SSR, im Petschora-Gebiet am Nordural, im Bezirk an der Tunguska, bei Kansk-Atschinsk, in Jakutien, im Agrensker Bezirk, in Mittelasien u. a. O. Die Petschora-Lagerstätte wurde in den ersten Jahren der Sowjetmacht entdeckt. Gegenwärtig werden ihre Vorräte mit 260 Milliarden t beziffert, d. h. mehr als die Gesamtvorräte des zaristischen Rußlands ausmachten. Die Kohlevorräte der Kansk-Atschinsker Lagerstätten betragen gegenwärtig 1200 Milliarden t, die der Tungusker (Sibirien) — 1500 Milliarden t. Den Vorräten nach bleibt hinter diesen Lagerstätten der unter der Sowjetmacht entdeckte Lenaer Kohlenbezirk in Jakutien nicht zurück, wo kolossale Vorräte verkokbarer Kohlen hoher Qualität festgestellt wurden.

Das ungeheuer große Ausmaß der erkundeten Vorräte ermöglichte es, in kurzen Fristen die Kohleförderung bedeutend zu steigern. 1927 betrug sie 35 Mio t, 1934 — 92 Mio t. Nach fast 20 Jahren, schon 1957 erreichte die Kohleförderung 462 Mio t. Zu diesem Zeitpunkt nahm die Sowjetunion in der Kohleförderung den zweiten Platz in der Welt ein. Die geologischen Gesamtvorräte an Kohle betragen gegenwärtig in der UdSSR 8670 Milliarden t; in dieser Hinsicht überholte die Sowjetunion weit alle anderen Länder und nimmt gegenwärtig den ersten Platz in der Welt ein.

In den Direktiven des XX. Parteitages der Kommunistischen Partei der Sowjetunion ist vorgesehen, die Kohleförderung bis 1960 fast bis auf 600 Mio t zu erhöhen. Gegenwärtig ist ein solches Ausmaß der Kohleförderung schon durch die festgestellten Vorräte völlig gesichert. Mehr noch, in Sibirien gibt es einige neue Kohlenfelder, auf denen die Förderung überhaupt noch nicht aufgenommen wurde und welche als Reserven dienen. Die Vorräte in diesen neuen Bezirken machen etwa ein Drittel aller Vorräte aus, die während der Sowjetmacht auf dem Gebiete der UdSSR festgestellt wurden.

Im Plan des 6. Planjahrfünfts werden schon Vorrichtungsarbeiten in Jakutien vorgesehen, um mit Hilfe der festgestellten Vorräte verkokbarer Kohlen und der hier aufgefundenen guten Eisenerze eine neue metallurgische Basis zu schaffen.

Dieser günstige Zustand der Rohstoffbasis in der Kohlenindustrie gestattete es, im Perspektivplan eine Erhöhung der Kohleförderung bis auf 650—750 Mio t vorzusehen gegenüber 479 Mio t, welche in den USA im Jahre 1956 gefördert wurden.

Eisenerze

Im Laufe der verflossenen 40 Jahre wurden unter der Sowjetmacht auch bei der Suche und Erkundung von Eisenerzen keine geringen Erfolge erzielt.

Im zaristischen Rußland wurden ihre Vorräte mit 2 Milliarden t angegeben, während zur gleichen Zeit die Vorräte in den USA 4,2 Milliarden t, in Deutschland 3,6 Milliarden t und in Frankreich 3,3 Milliarden t betrugen. Die breite Entfaltung der geologischen Erkundungsarbeiten, welche schon bald nach Beendigung des Bürgerkrieges begonnen wurden, führten zur Entdeckung einer ganzen Reihe neuer Eisenerz-Bezirke. Auch die Vorräte der alten Lagerstätten im Ural und von Kriwoj Rog in der Ukraine u. a. wurden vergrößert. Unter den neuen Bezirken sind in erster Linie die Lagerstätten der Kursker Magnetanomalie, Jakutiens, des Urals, des Krasnojarsker Gaues, der Kola-Halbinsel und des Fernen Ostens zu nennen. Erst in den allerletzten Jahren wurden die riesigen Eisenerzlagerstätten in Kasachstan (im Gebiet Kustanai) mit Vorräten von etwa 5 Milliarden t erkundet. Und vor nur 2—3 Jahren wurden reiche Eisenerzlager beinahe im Zentrum des europäischen Teiles der Sowjetunion entdeckt, im Bezirk der Städte Kursk und Belgorod. Die Gesamterzvorräte dieses Bezirks der Kursker Magnetanomalie werden gegenwärtig mit 10—12 Milliarden t beziffert. Einige mächtige Erzlager wurden in einer Teufe von etwa 100 Meter angetroffen. Das ermöglicht es, hier die Gewinnung im Tagebau zu organisieren.

Alle diese Erfolge trugen dazu bei, daß die Gesamteisenerzvorräte 35 Milliarden t erreichten, die Sowjetunion den ersten Platz in der Welt einnahm und die USA, Frankreich u. a. Länder überholte.

Gegenwärtig machen die geologischen Gesamtvorräte an Eisenerz in der Sowjetunion 41% der in der ganzen Welt vorhandenen Vorräte dieses Erzes aus.

Die geologischen Forschungen, die von den sowjetischen Geologen in verhältnismäßig kurzer Zeit durchgeführt wurden, schufen damit eine ausreichend feste Rohstoffbasis der Schwarzmetallurgie in der UdSSR. Dadurch konnte die Stahlproduktion 1957 auf 51 Mio t erhöht werden gegenüber 200000 t im Jahre 1920, d. h. die Erhöhung belief sich auf das 220fache. Wenn 1913 Rußland 2,5mal weniger Roheisen produzierte als England oder Frankreich, so wird gegenwärtig in der UdSSR bedeutend mehr Roheisen hergestellt als in England, Frankreich und Belgien zusammengenommen. Der Plan für das 6. Planjahrfünft sieht für das Jahr 1960 die Erhöhung der Stahlproduktion bis auf 68,3 Mio t und bei Roheisen bis 53 Mio t vor.

Manganerze

Manganerze haben für die metallurgische Industrie besondere Bedeutung. Die Sowjetunion besitzt gegenwärtig die größten Vorräte an diesen Erzen. Sie machen 88% der Weltvorräte aus. Die Hauptbezirke, in denen Manganerze gewonnen werden, sind die Ukrainische und Grusinische SSR.

Buntmetalle

Die Buntmetallindustrie war bis zur Revolution hauptsächlich in den Händen des englischen Kapitals. Ein großer Teil der Kupfer- und Blei-Zink-Bergwerke des Urals und Altais wurde von englischen Kapitalisten ausgebeutet. Im allgemeinen bewegte sich die Förderung dieser Erze in unbedeutender Höhe. Ebenso unbedeutend waren ihre erkundeten Vorräte. Über Vorräte an Nickel, Kobalt, Zinn und eine Reihe anderer Buntmetalle war praktisch überhaupt nichts bekannt.

Um eine sichere Rohstoffbasis dieser Buntmetalle zu schaffen, wurden noch vor dem 1. Fünfjahrplan besondere geologische Erkundungsorganisationen geschaffen. Hunderte Such- und Erkundungsgruppen wurden in den Ural, nach Sibirien und Mittelasien geschickt. Als Folge wurden jährlich Dutzende industriell wertvoller Lagerstätten entdeckt, so z. B. große Kupfervorräte im Ural. In der Kasachischen SSR wurde auf der Grundlage der erkundeten neuen Lagerstätten die große Balchasch-Kupferhütte gebaut, in Mittelasien auf der Basis der großen Blei- und Zinklagerstätten ein großes metallurgisches Werk. Zink-, Aluminium- und andere Werke wurden ebenfalls in einer Reihe anderer Bezirke errichtet.

Noch in den Jahren des 1. Fünfjahrplanes wurde im Ural eine außerordentlich große Bauxitlagerstätte entdeckt und erkundet. Das ermöglichte den Aufbau einer neuen Industrie, der Aluminiumindustrie.

Das Wachstumstempo der geologischen Erkundungsarbeiten ist auch recht gut aus den Resultaten abzulesen, welche während des 5. Planjahrfünfts erhalten wurden. Die Kupfervorräte vermehrten sich in dieser Zeit um 31%, Blei um 100%, Bauxite um 220%, Nickel um 94% und Zinn um 133%. Die UdSSR nimmt hinsichtlich der erkundeten Vorräte für Kupfer, Blei, Nickel und Bauxite den ersten Platz in der Welt ein.

Der Plan für das 6. Planjahrfünft sieht eine weitere Steigerung der Vorräte an Buntmetallen vor, darunter Kupfer, Bauxite, Titan um 40–45%, Blei um 30–35%. Die bis jetzt festgestellten Buntmetallressourcen der UdSSR machen durchaus die Erfüllung dieser wichtigen Aufgabe möglich.

Seltene Metalle

Besonders schlecht stand es im zaristischen Rußland um die Vorräte an sogenannten seltenen Metallen, zu denen in erster Linie Molybdän, Wolfram, Quecksilber, Antimon, Zirkon, Indium, Germanium und viele andere gehören.

Diese sehr wertvollen und für die Entwicklung der Technik wichtigen Metalle wurden im zaristischen Rußland überhaupt nicht gewonnen. Vorräte an Erzen dieser Metalle waren nur in verschwindend geringem Umfange bekannt.

Für solche seltene Elemente wie Molybdän, Wolfram, Zirkonium, Beryllium, Indium, Tantal und Niob und noch seltenere wie Germanium, Cer, Cäsium, Uran, Radium und andere wurden erstmalig während der Jahre der Sowjetmacht Vorräte erkundet und die Förderung aufgenommen.

Unter den allerverschiedensten klimatischen Bedingungen und Geländeverhältnissen entstanden in vielen Bezirken Sibiriens, des Urals, Kasachstans und Mittelasiens zahlreiche mit modernen bergtechnischen Mitteln reich ausgerüstete Bergwerke.

Die Entdeckung von Lagerstätten mit großen Vorräten machte es möglich, einige völlig neue Industriezweige zu schaffen und die wachsenden Bedürfnisse der sozialistischen Volkswirtschaft und insbesondere der modernen Technik zu befriedigen.

Besonders muß Titan erwähnt werden, dessen Bedeutung für die Entwicklung der Technik und der Spezialmetallurgie außerordentlich wichtig ist. Dank der Bemühungen der sowjetischen Geologen wurde eine verläßliche Rohstoffbasis auch dieses wertvollen Metalles geschaffen. Große Lagerstätten Rutils sind in den letzten Jahren in der Ukraine gefunden worden und in Westsibirien Titan-Zirkon-Erze.

Im zaristischen Rußland wurden nur 16 Elemente aus allen seltenen und Buntmetallen gewonnen. Gegenwärtig führt allein die Industrie der Bunt- und seltenen Metalle die Gewinnung von 63 chemischen Elementen durch.

Kalisalze und Phosphate

Ungeachtet dessen, daß das zaristische Rußland ein vorwiegend landwirtschaftliches Land war, interessierte sich die zaristische Regierung nicht dafür, wie die Erträge der landwirtschaftlichen Kulturen erhöht werden konnten. Der Bedarf an Kalisalzen wurde 1913 mit 5 Mio Pud angegeben. Er wurde durch Import befriedigt.

1924–1925 begannen die sowjetischen Geologen mit großzügigen Sucharbeiten auf Kali, welche glänzende Ergebnisse zeitigten. Diese Arbeiten führten zur Entdeckung der größten Kalilagerstätte der Welt – Solikamsk. Schon 1929 waren 6 Milliarden t K_2O festgestellt worden; zu Beginn des 2. Planjahrfünfts betrugen die Kalivorräte bereits 15 Milliarden.

Diese Vorräte übersteigen mehr als um das Dreifache alle übrigen Kalivorräte der Welt. Die UdSSR hat auch bei den Kalivorräten den ersten Platz in der Welt eingenommen.

Ein anderer wichtiger Rohstoff für die Produktion von Düngemitteln sind Phosphate. Im zaristischen Rußland wurden sie weder gesucht noch erkundet.

Nach der Großen Oktober-Revolution wurden sehr bedeutende Vorräte an Phosphoritrohstoffen festgestellt, welche der Sowjetunion den ersten Platz in der Welt sicherten. Die Gesamtressourcen an Phosphoritrohstoffen der UdSSR betragen einige Milliarden t, was mehr als die Hälfte der Weltvorräte ausmacht. Die geologischen Gesamtvorräte der Chibiner Lagerstätte von Apatit-Nephelin-Erzen (Halbinsel Kola) werden mit nicht weniger als 1 Milliarde t beziffert.

Diamanten

Zum Schluß sei an die bemerkenswerte Entdeckung ausgedehnter Diamant-Lagerstätten durch sowjetische Geologen erinnert. Bis in die jüngste Zeit waren in der Welt größere Diamantenlagerstätten nur in Afrika bekannt. Ihr Abbau wird im wesentlichen vom amerikanischen Kapital kontrolliert, das die Weltpreise diktierte; um sie auf hohem Niveau zu halten, drosselte man insbesondere die Gewinnung der Juwelier-Sorten.

In der Sowjetunion wurden umfassende Sucharbeiten auf Diamanten 1928—30 begonnen. Bedeutende Ergebnisse zeitigten sie nicht, obwohl alle geologisch höffigen Bezirke des Urals, Mittelasiens, der Ukraine und anderer geologisch erforschter Gebiete überprüft wurden.

Nach Beendigung des Großen Vaterländischen Krieges wurden intensive Sucharbeiten auf Diamanten in den noch wenig erforschten Bezirken Sibiriens begonnen. Man fand im Taiga-Bezirk der Jakutischen ASSR riesige Diamant-Lagerstätten im Zusammenhang mit Durchschlagsröhren, die mit Gesteinen vom Typ des Kimberlits ausgefüllt sind, welche für die berühmten afrikanischen Lagerstätten charakteristisch sind. Im Verbreitungsgebiet der Durchschlagsröhren wurde auch eine große Anzahl Diamant-Seifenlagerstätten festgestellt, was die relativ schnelle Organisation der Gewinnung möglich machte. Im ersten Jahr, das auf die Entdeckung dieser Lagerstätten folgte, wurden im Laufe zweier Monate parallel mit ihrer Erkundung 4—5mal mehr Diamanten gewonnen, als im vorhergehenden Jahr alle Betriebe des Landes zusammen geliefert hatten. Im Laufe von nur 3—4 Monaten des Jahres 1957 übertraf die Diamantgewinnung in Jakutien ihre Gewinnung während des Jahres 1955 um das 20fache.

Mit den oben dargelegten Arbeitsergebnissen der sowjetischen Geologen sind die Errungenschaften auf dem Gebiet des Aufsuchens und der Erkundung nutzbarer Bodenschätze während der 40 Jahre bei weitem nicht erschöpft. Die Aufzählung der erkundeten und von der Industrie genutzten Lagerstätten könnte noch fortgesetzt werden. Aus dem Dargelegten ist jedoch schon zu ersehen, daß innerhalb von nur 40 Jahren, einer verhältnismäßig sehr kurzen Zeit in der Geschichte der Entwicklung eines Landes, in der Sowjetunion — wie in keinem einzigen kapitalistischen Lande — eine solide Mineralrohstoffbasis geschaffen wurde, die völlig den Bedürfnissen aller Zweige der sozialistischen Volkswirtschaft entspricht. Infolge der Anstrengungen der sowjetischen Geologen und Bergleute können gegenwärtig alle Ansprüche der modernen Technik und Industrie hinsichtlich mineralischer Rohstoffe völlig aus eigenem Aufbringen befriedigt werden.

Heute gibt es buchstäblich kein einziges chemisches Element, das nicht aus den Erzen der eigenen Lagerstätten erhalten werden könnte. Alle neuesten Errungenschaften der Wissenschaft und Technik — das erste Atomkraftwerk der Welt und der Atomeisbrecher, die interkontinentalen ballistischen Raketen, die künstlichen Erdsatelliten und viele andere — waren u. a. auch deshalb möglich, weil die sozialistische Industrie der Sowjetunion völlig mit heimischen Mineralrohstoffen versorgt war.

Die Großartigkeit der Erfolge der sowjetischen Geologie im Laufe der 40 Jahre Sowjetmacht, die Versorgung der sozialistischen Industrie mit Mineralrohstoffen auf Jahrzehnte hinaus, führte dazu, daß bei der Planung der Entwicklung der Industrie über den Rahmen des Fünfjahrplanes hinausgegangen werden mußte. Das ZK der KPdSU und der Ministerrat der UdSSR faßten am 26. September 1957 den Beschluß „Über die Ausarbeitung eines Perspektivplanes der Volkswirtschaft der UdSSR". In diesem Beschluß wird gesagt: „In den letzten Jahren entdeckten die Geologen neue große Lagerstätten der verschiedensten Rohstoffarten und Energieträger. Auf der Grundlage dieser Ressourcen ist es möglich, neue Unternehmen und industrielle Zentren zu schaffen, welche in den Direktiven für den 6. Fünfjahrplan nicht vorgesehen waren. Dafür reichen die verbliebenen drei Jahre des 6. Planjahrfünfts nicht aus. Zur Verwirklichung solch großer Aufgaben sind nicht weniger als 5—7 Jahre erforderlich."

„Im Entwurf des Perspektivplanes muß in größerem Maßstabe die Nutzung der natürlichen Reichtümer der östlichen Bezirke des Landes vorgesehen werden, die schnelle Entwicklung der Schwarz- und Buntmetallurgie, der chemischen, Erdöl-, Gas- und anderer Zweige der Industrie."

Abschließend muß wohl noch gesagt werden, daß die Errungenschaften der sowjetischen Geologie ebenso wie die Errungenschaften vieler anderer Industriezweige der Sowjetunion eindeutig von den unbegrenzten Schöpferkräften des Volkes zeugen, welche durch die neue sozialistische Gesellschaft geweckt wurden, die vor 40 Jahren den Kapitalismus in Rußland ablöste.

Alle diese Errungenschaften und kurzen Arbeitsfristen konnten deshalb erzielt werden, weil in der UdSSR Grund und Boden, Industrie und Transport den Werktätigen gehören, weil unter Führung der Kommunistischen Partei die Arbeiter, Bauern, Intelligenz und das gesamte werktätige Volk der Sowjetunion eine feste sozialistische Gesellschaft errichteten, neue gesellschaftliche Verhältnisse schufen, neue Arbeitsmethoden, eine neue Moral.

Die Sowjetunion folgte der Lehre von Marx-Engels-Lenin und bewies während der 40 Jahre ihrer Existenz, daß der Sozialismus der Fortschritt ist, daß er Wohlstand des werktätigen Volkes bedeutet, daß er gleichbedeutend mit Frieden und Freundschaft zwischen den Völkern ist.

Neues über die mineralische Rohstoffbasis der Sowjetunion

FRIEDRICH STAMMBERGER, Berlin

Die Geologen und Volkswirtschaftler vieler Länder vermißten seit langem neuere Zahlenangaben über die mineralische Rohstoffbasis der Sowjetunion. Es war bekannt, daß die sowjetischen Erkundungsgeologen in den letzten Jahren mit außerordentlichem Erfolg gearbeitet hatten. Zahlenangaben lagen jedoch bisher nicht vor. Um so erfreulicher ist es, daß der Minister für Geologie und Lagerstättenpflege der UdSSR P. ANTROPOW in der „Prawda" vom 4. Dezember 1957 erstmalig einige genauere Angaben über die bisherigen Erfolge veröffentlicht[1]) und sie mit einem Programm neuer Erkundungsaufgaben verknüpft.

[1]) Diese Information konnte stark gekürzt werden, da J. JANISCHEWSKIJ (s. S. 49) analoge Angaben bringt.

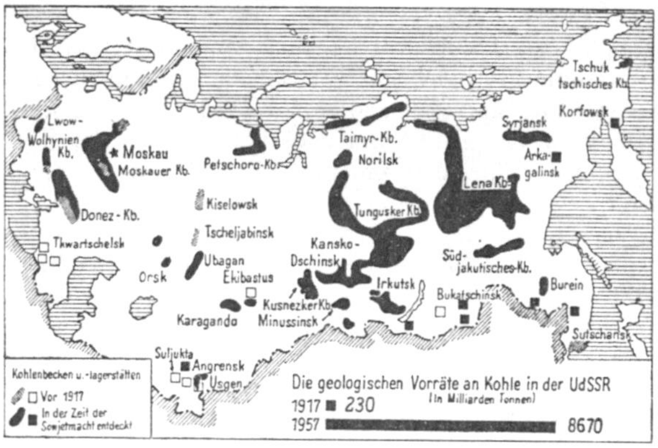

Es wäre zu wünschen, daß solche Autoren wie A. FRIEDENSBURG u. a. diese offiziellen Ziffern benutzen und ihre veralteten und daher unrichtigen Angaben über die Sowjetunion durch neue und richtige ersetzen.

Kohlenressourcen

Die Kohlenressourcen, d. h. die erkundeten Vorräte plus festgestellten, noch nicht erkundeten und daher nur geschätzten Vorräte des zaristischen Rußlands betrugen 230 Milliarden Tonnen. Die geologischen Vorräte der UdSSR betragen gegenwärtig nach Mitteilung ANTROPOWs 8670 Milliarden Tonnen. Dieser Zuwachs ist hauptsächlich auf die Entdeckung mehrerer großer neuer Lagerstätten zurückzuführen.

Auch die alten Kohlenbecken entwickelten sich durchaus günstig. Im Donbecken und im Kusbass wurden trotz der bedeutend gesteigerten Förderung soviel Vorräte nachgewiesen, daß neue Kapazitäten — welche der derzeitigen Förderung beinahe gleichkommen — hinsichtlich ihrer Rohstoffbasis durchaus gesichert sind. Auch die Grenzen des Moskauer Beckens konnten bedeutend erweitert werden.

Die bedeutenden Kohlenvorräte im Hohen Norden werden gegenwärtig nur in geringem Maße abgebaut. Hier bieten sich außerordentliche Möglichkeiten für die fernere Entwicklung der sowjetischen Kohleförderung.

Erdölressourcen

Für Erdöl bringt ANTROPOW keine Gesamtziffer, obwohl gerade diese Angabe für die Erdölgeologen unzweifelhaft besonders interessant wäre. Anscheinend sind die Vorratsberechnungen der neuentdeckten großen Erdölbezirke noch nicht abgeschlossen.

Hier kommt dem sog. „Zweiten Baku", dem großen Ural-Wolga-Bezirk, besondere Bedeutung zu. Es steht heute an der Spitze der Erdölförderung in der Sowjetunion.

Viele Dutzend neue Lagerstätten wurden außerdem in Mittelasien, Kasachstan, im Nord-Kaukasus, auf Sachalin, an der Uchta und in anderen Bezirken erkundet.

Erdgas

Erdgasvorräte waren im vorrevolutionären Rußland völlig unbekannt. ANTROPOW erwähnt die großen, neuentdeckten Gaslagerstätten an der Wolga, in der Ukraine, im Stawropoler Gau, in der Autonomen Komi-Republik, in Turkmenien, im Tjumensker Gebiet und in Jakutien. „Wenn wir die außerordentliche ökonomische Effektivität dieser Brennstoffart berücksichtigen und ihre Bedeutung für die Entwicklung vieler Industriezweige, insbesondere der Chemie, müssen alle Voraussetzungen geschaffen werden für einen schroffen Anstieg der Gewinnung von Erdgas." In den nächsten fünfzehn Jahren soll die Förderung um das 13—15fache gesteigert werden.

Eisenerzvorräte

Die erkundeten Eisenerzvorräte betrugen im alten Rußland 2 Milliarden Tonnen. Gegenwärtig besitzt die USSR 35 Milliarden Tonnen erkundeter Vorräte! Über einzelne Lagerstätten wurde in der Vergangenheit bereits in der „Zeitschrift für angewandte Geologie" berichtet. Wir beschränken uns daher auf eine Aufzählung der wichtigsten Lagerstättenbezirke: sie liegen in der Ukraine, in den Zentralteilen Rußlands, im Ural, in Kasachstan, in den nordwestlichen Bezirken, im Transkaukasus, in West- und Ostsibirien und im Fernen Osten. Zu den größten neuerkundeten Lagerstätten gehören die Kursker Magnetanomalie, die Kustanaier Lagerstätten und die westsibirischen.

Andere Rohstoffe

Ähnliche Erfolge sind — nach ANTROPOW — auch für die anderen Rohstoffarten zu verzeichnen. Riesige Lagerstätten von Titan, Kupfer, Uran, Wolfram, Molybdän, Zinn, ehedem „Defizit-Metallen" und anderen wurden erkundet (z. B. Naturschwefel, Rohstoffe für die Aluminium-Industrie usw.). Und schließlich seien noch die Diamantlagerstätten in Jakutien erwähnt. „Jetzt kann man sagen, daß die Sowjetunion über alle notwendigen Mineralrohstoffe in solchen Mengen verfügt, daß sie für die Bedürfnisse der wachsenden Volkswirtschaft ausreichen", schlußfolgert ANTROPOW am Schluß dieser Aufzählung.

Diese Schlußfolgerung wird sehr eindrucksvoll durch die angeführten Ziffern über den Anteil der in der SU liegenden Vorräte an den Weltvorräten einiger Mineralrohstoffe unterstrichen. Nach ANTROPOW besitzt die Sowjetunion:

41% aller erkundeten Eisenerzvorräte der Welt
88% aller Manganvorräte
54% aller Kalivorräte
fast 33% aller erkundeten Phosphatvorräte
60% aller Torfvorräte
57% aller geologischen Kohlenvorräte
und einen bedeutenden Teil der Erdölvorräte.

Nach Angaben des sowjetischen Ministers für Geologie steht die UdSSR mit erkundeten Vorräten an der Spitze der Welt für

Eisen	Kupfer	Nickel	Quecksilber
Mangan	Blei	Bauxit	Glimmer
Kohle	Zink	Wolfram	Kalisalze.

Bei Erdöl nimmt sie mit ihren erkundeten Vorräten einen der ersten Plätze in der Welt ein.

ANTROPOW weist darauf hin, daß trotz dieser günstigen Vorratsbilanz in einigen Fällen die geographische Lage der Rohstofflagerstätten ungünstig ist. So liegen z. B. hochwertige Titanlagerstätten in Gegenden ohne — gegenwärtig — billige Elektroenergie. Die erkundeten Molybdän- und Wolframvorräte sind zwar so groß, daß in beliebigem Maßstab gefördert werden könnte, doch ihre Qualität läßt zu wünschen übrig. Daher verlangt er, daß bei der weiteren planmäßigen Erkundung des Gesamtterritoriums der UdSSR und komplexen Sucharbeiten auf alle Rohstoffe schnellstens die Hauptprobleme der Rohstoffversorgung gelöst werden. „*Suchen und finden muß man nutzbare Bodenschätze dort, wo sie am dringendsten gebraucht werden.*" In dieser Forderung kommt — überraschend formuliert — nicht nur die Hauptaufgabe der sowjetischen Erkundungsgeologen zum Ausdruck, sondern auch der gegenwärtige Stand auf diesem Gebiete. Vom Geologen werden jetzt nicht nur irgendwelche Vorräte, sondern die ganz bestimmter Rohstoffe verlangt. Vorräte nicht beliebiger sondern hervorragender Qualität. Vorräte, die nicht irgendwo liegen, sondern in geographisch und volkswirtschaftlich günstigen Gebieten.

So stellt ANTROPOW den sowjetischen Erkundungsgeologen folgende Aufgaben:

1. Da in den östlichen Gebieten der UdSSR ein neues großes Zentrum der Metallurgie entstehen soll, müssen die bereits festgestellten Lagerstätten schnellstens so weit erkundet werden, daß ihre wirschaftliche Bewertung möglich ist. Außerdem muß die Suche nach neuen Eisen- und Manganlagerstätten in diesen Bezirken fortgesetzt werden.

2. Mit dem Bau der grandiosen Hydroelektrowerke an der Angara, dem Jenissej und am Amur entstehen billige Energiequellen für die Aluminium- und Titangewinnung. Derartige Rohstoffe liegen in diesen Gebieten in „praktisch unbegrenzten Mengen" vor. Es kommt jetzt darauf an, Rohstoffe hoher Qualität zu ermitteln. Bei Aluminium darf man sich nicht nur auf Bauxit beschränken. Die Nephelinsyenite z. B. sind ein komplexer Rohstoff für Aluminium, Soda, Zement usw. Verstärkt werden muß die Suche nach Flußspat in diesen Gebieten, da er für die Elektrolyse des Aluminiums gebraucht wird. Bei Titan ist das Hauptaugenmerk auf Seifen zu richten, wie sie z. B. in der Samotkansker Lagerstätte in der Ukraine vorliegen. Die ersten Erfolge liegen bereits vor: nicht weit von Tomsk in Westsibirien wurden bereits Titan-Zirkon-Seifen entdeckt.

Auch andere Rohstoffe sind für diese neuen Industriezentren notwendig, um sie allseitig zu entwickeln. Große Möglichkeiten bestehen in dieser Hinsicht für Eisen, Mangan und Lagerstätten des Norilsker Typs (sulfidische Kupfer-Nickel-Erze mit Platin, Palladium und anderen wertvollen Beimengungen).

3. Die wichtigste Aufgabe ist in den Ostgebieten die Ermittlung industrieller Lagerstätten an Erdöl und Erdgas. „Die östlichen Bezirke des Landes haben vorläufig praktisch keine eigenen Ressourcen dieser wichtigen Bodenschätze. Und natürlich nicht deshalb, weil es dort weder Gas noch Erdöl gibt, sondern deshalb, weil sie dort bisher schlecht gesucht worden sind." ANTROPOW kritisiert in dieser Hinsicht das ehemalige Ministerium der Erdölindustrie und rechnet auf Grund vieler Anzeichen damit, daß es in den Ostgebieten und insbesondere in Sibirien „unerschöpfliche Vorräte an Erdöl und Gas" gibt. Einen Beweis für diese Annahme sieht er in den jüngst entdeckten großen Erdgaslagerstätten in

Westsibirien und an der Lena. ANTROPOW hält auch die Nordwestgebiete Mittelasiens für sehr aussichtsreich hinsichtlich Erdöl, vor allem auch deshalb, weil sie an allen Seiten von Erdölfeldern und -provinzen umgeben sind.

4. Eine sehr wichtige Aufgabe ist ferner die Versorgung der Landwirtschaft mit künstlichen Düngemitteln. Unter der Sowjetmacht ist in dieser Hinsicht schon viel geleistet worden. Man denke nur an die großen Apatitlagerstätten in Chibini, die Kalilagerstätten von Solikamsk, die Phosphoritlagerstätten von Karatau usw. Im Osten sind jedoch verhältnismäßig wenig solcher Lagerstätten erkundet worden. ANTROPOW bezeichnet es als Pflicht der sowjetischen Geologen, in der Nähe der erschlossenen Neulandgebiete alle notwendigen mineralischen Rohstoffe für die Landwirtschaft aufzufinden und zu erkunden.

5. „Große Aufmerksamkeit muß in den nächsten Jahren der geologischen Erforschung Kasachstans gewidmet werden, dessen Mineralreichtum zweifellos einen besonderen Platz im Mineralschatz der UdSSR einnimmt."[2])

6. Größere Aufmerksamkeit muß den seltenen und dispersen Elementen erwiesen werden. In der Technik erhalten sie ein immer größeres Gewicht. Es handelt sich vor allem um Beryllium, Bor, Niob, Tantal, Zirkonium, Germanium, Selen, Tellur u. a. „Alle Neuigkeiten der modernen Technik sind in irgendeiner Weise mit der Verwendung solcher für die Industrie neuen Elemente verbunden. Man kann sie mit vollem Recht „Elemente der Zukunft" nennen. Die Erkundung der Rohstoffbasis seltener Elemente muß die laufenden Bedürfnisse der Industrie bedeutend übertreffen, da mit jedem Jahr sich immer neue Gebiete der Anwendung der seltenen Elemente eröffnen. Die weitere Entwicklung der Technik führt zweifellos zu einem schroffen Anstieg in ihrem Verbrauch." ANTROPOW weist darauf hin, daß in der UdSSR — ebenso wie bei uns — ein bedeutender Teil des Bedarfs an diesen Rohstoffen als Nebenprodukt bei der Verarbeitung anderer Produkte der Bergbauindustrie anfällt und günstig gewonnen werden kann. Daraus ergibt sich die Forderung nach a) komplexer Untersuchung der Mineralrohstoffe bei der laufenden Erkundung und b) nach Überprüfung der bereits zur Verarbeitung gelangenden Rohstoffe auf solche wertvollen Beimengungen. Abschließend fordert der sowjetische Geologieminister die Erkundungsgeologen auf, in kurzen Fristen solche Reserven erkundeter Vorräte zu schaffen, welche der Deckung des Bedarfs der Volkswirtschaft einen Vorlauf von 40—50 Jahren geben.

Im Zusammenhang mit der Reorganisation der sowjetischen Volkswirtschaftsleitung wurden die geologischen Abteilungen der einzelnen Ministerien zusammengelegt und mit dem Ministerium für Geologie und Lagerstättenpflege vereinigt. (Es handelt sich hierbei nicht um die betriebsgeologischen, sondern um die Erkundungstrupps.) Die Dezentralisierung der Wirtschaftsleitung durch die Bildung der Volkswirtschaftsräte wurde so nicht nur durch die Erhöhung der Aufgaben der Staatlichen Plankommission ergänzt, sie ging u. a. auch parallel mit der Konzentrierung der geologischen Kräfte und Arbeiten.

Wir deutschen Geologen wünschen unseren sowjetischen Kollegen für die Zukunft von ganzem Herzen noch größere Erfolge.

[2]) S. hierzu Z. angew. Geol. 1958, Heft 2/3, S. 141.

Nationalpreisträger Professor Dr. Dr. rer. nat. E. h. Serge von Bubnoff, 1888 bis 1957

HEINRICH KÖLBEL, Berlin

Einer der führenden Geologen Deutschlands, ein Geotektoniker von Weltruf und ein Förderer der regionalen Tektonik Europas wie auch speziell unserer Heimat ist aus der Höhe seines Schaffens, kurz vor Abschluß seines 70. Lebensjahres, von uns gegangen.

Am 15. Juli 1888 in St. Petersburg geboren, studierte er in den Jahren 1906—1910 Geologie und promovierte 1912 zum Dr. phil. nat. als Schüler von W. DEECKE in Freiburg im Breisgau. Mit seiner Dissertation „Die Tektonik der Dinkelberge bei Basel", die 1912 in Heidelberg erschienen ist, nahm er seinen wissenschaftlichen Weg vom Studium der saxonischen Tektonik aus, ebenso wie in letzter Zeit so viele seiner Schüler. Seit 1919 stand er im Hochschuldienst, 1919 bis 1921 als Assistent in Heidelberg bei W. SALOMON-CALVI, seit 1921 als Privatdozent und seit 1925 als apl. außerordentlicher Professor in Breslau, 1929 bis 1950 als ordentlicher Professor in Greifswald und schließlich seit 1950 bis zum Ablauf des Studienjahres 1956/57 als Professor mit Lehrstuhl an der Humboldt-Universität in Berlin. In dieser Eigenschaft wie als Leiter des Geotektonischen Institutes der Deutschen Akademie der Wissenschaften zu Berlin war er Nachfolger von H. STILLE, seitdem dieser sich gänzlich seinen wissenschaftlichen Arbeiten widmete.

Ein Teil seiner wissenschaftlichen Arbeiten war durch die jeweilige Umgebung des Hochschulortes angeregt, so u. a. seine Habilitationsschrift „Die herzynischen Brüche im Schwarzwald" (1921) und andere Arbeiten über dieses Gebirge, Arbeiten über die Erbohrung der Heidelberger Radium-Sol-Therme, über die westfälische Sedimentation und die asturische Phase in der Innersudetischen Mulde, über Eiszeit und Untergrundsbau, über Aufgabe und Arbeiten der geologischen Landessammlung von Pommern, über die geologische Auswertung einer erdmagnetischen Vermessung in Vorpommern, über die Geologie Ostmecklenburgs und seiner Grenzgebiete.

Hier sind auch Arbeiten über die Granite von Bornholm (1938 und 1942) zu erwähnen, die er ebenso wie den Granit von Suhl-Zella (1924) vom tektonischen Standpunkt betrachtete. Wie sehr ihn die Granittektonik auch weiterhin beschäftigt hat, zeigen die auf seine Anregung und unter seiner Anleitung in den letzten Jahren durchgeführten Diplomarbeiten auf diesem Gebiet.

In die Welt hinausgegangen ist sein Ruf vor allem durch seine großen regionalgeologischen Werke, wie die mehrbändige „Geologie von Europa" (z. T. auch in russischer Sprache erschienen) und „Fennosarmatia", durch seine Lehrbücher „Grundprobleme der Geologie" (auch russisch) und „Einführung in die Erdgeschichte", die nicht nur für den Studenten, sondern auch für den berufstätigen Geologen wertvolle Nachschlagewerke darstellen, und durch seine Arbeiten über die zyklische Gliederung der Erdgeschichte, die unabhängig von der Frage der Anwendbarkeit auf die einzelnen Gebiete von großer prinzipieller Bedeutung sind.

Während seiner Tätigkeit in Breslau hat er sich mit seinen Beiträgen zu dem Werk „Deutschlands Steinkohlenfelder" (Stuttgart 1926), in denen er vor allem Ober- und Niederschlesien behandelt hat, auf das Gebiet der angewandten Geologie begeben, ebenso wie schon in dem Werk „Die Kohlenlagerstätten Rußlands und Sibiriens" (Berlin 1923) und in verschiedenen Arbeiten über die Kohlensäureausbrüche im Niederschlesischen Steinkohlenbecken.

Mit seinen Arbeiten über die Geologie Osteuropas hat er in hohem Maße nicht nur die Kenntnis der Geologie dieses großen Gebietes, sondern auch das Wissen um die hervorragenden Leistungen der russischen und sowjetischen Geologen in der Welt gefördert. Er war damit ein Mittler zwischen Ost und West auf unserem Fachgebiet im Weltmaßstabe, ebenso wie er innerhalb unserer Heimat immer bemüht war, über die künstliche Grenze hinweg die wissenschaftliche Zusammenarbeit zu erhalten und zu fördern und damit an seinem Platze der Einheit unseres Vaterlandes zu dienen.

Sein Wirken hat die äußere Anerkennung gefunden durch seine Berufung zum Mitglied der Deutschen

Akademie der Wissenschaften zu Berlin, der Deutschen Akademie der Naturforscher in Halle (Leopoldina), der Naturforschenden Gesellschaft in Moskau, zum korrespondierenden Mitglied der Göttinger Akademie der Wissenschaften und der Geological Society of America, zum Ehrenvorsitzenden der Geologischen Gesellschaft in der DDR, zum Ehrenmitglied der Deutschen Geologischen Gesellschaft und des Oberrheinischen Geologenvereins, durch die Verleihung der Leopold-v.-Buch-Plakette seitens der Deutschen Geologischen Gesellschaft, des Nationalpreises 1. Klasse durch die Regierung der DDR, der Steinmann-Medaille seitens der Geologischen Vereinigung und der Würde des Dr. rer. nat. E. h. durch die Technische Hochschule zu Hannover.

Sein Andenken bleibt durch sein Werk lebendig, sein Vorbild ist uns Verpflichtung.

Der Begriff „Erzfeld der endogenen Ganglagerstätten und Erzbezirke“[1)]

L. W. GROMOW, Moskau

In der modernen geologischen Literatur und der Praxis der geologischen Erkundung gibt es bis heute noch keine einheitlichen Ansichten über den Begriff „Erzfeld“. Dies ist die Folge davon, daß eine leitende Theorie der Erzbildung fehlt. Alle bekannten Standpunkte sowie die Definitionen des Begriffes „Erzfeld“ lassen sich prinzipiell in zwei Hauptgruppen gliedern: in die Meinungen der Anhänger der genetischen und der Anhänger der tektonischen Schule.

Ein klassischer Vertreter und einer der Ideologen der genetischen Schule ist A. G. BETECHTIN (1939), der in den Begriff „Erzfeld“ eine Gruppe von Erzlagerstätten einbezieht, „die genetisch mit einem Eruptivgesteinsmassiv zusammenhängen, das aufgeschlossen ist oder in der Nähe der Oberfläche liegt“. Etwa dieselbe Position bezogen seinerzeit W. A. OBRUTSCHEW (1939), H. EMMONS (1937), I. F. GRIGORJEW (1948), A. N. SAWARIZKI (1932) und einige andere Forscher.

Im Gegensatz zu diesen Ansichten stehen die der anderen Schule, insbesondere der Tektoniker M. M. TETJAJEW (1940), W. M. KREJTER (1940, 1950), F. I. WOLFSON (1953) und anderer. Jedoch auch hier werden für den Begriff „Erzfeld“ verschiedene Formulierungen gegeben. So ist nach der von W. M. KREJTER bereits 1948 ausgesprochenen Ansicht „unter einem Erzfeld ein Bereich der Erdrinde mit einer Serie nahe beieinanderliegender Lagerstätten zu verstehen, die sich häufig durch Deformationsstrukturen und bisweilen durch die genetischen Verhältnisse auszeichnen“. In seiner 1956 erschienenen Arbeit „Die Strukturen der Erzfelder und Lagerstätten“ formuliert W. M. KREJTER diesen Begriff schon auf folgende Weise: „Unter einem Erzfeld (Knotenpunkt, Gruppe) ist ein Bereich der Erdrinde zu verstehen, der eine Serie räumlich beieinanderliegender oder zeitlich und genetisch verwandter endogener Lagerstätten umfaßt, aber auch analoge Lagerstätten, die hier aufgeschlossen werden können und von den anderen erzführenden Gebieten durch große erzfreie Zwischenräume getrennt sind. Gewöhnlich nimmt ein Erzfeld eine Fläche von mehreren Quadratkilometern maximal 10—20 km² ein, selten bis zu mehreren Dutzend Quadratkilometern“ (S. 83).

Bereits durch den Titel des Buches „Strukturen der Erzfelder und Lagerstätten“ nimmt W. M. KREJTER eine falsche Konfrontation der Begriffe vor, wobei er den Fehler in der Darstellung des Buches noch erweitert und vertieft.

F. I. WOLFSON (1955) ist folgender Ansicht: „Unter einem Erzfeld hydrothermaler Lagerstätten ist die Gesamtheit der Lagerstätten zu verstehen, die an einander naheliegende lokale tektonische Elemente geknüpft sind und mit regionalen tektonischen Störungen und anderen Äußerungen der Tektonik in Gebieten in Verbindung stehen, in denen für den Erzabsatz günstige Nebengesteine auftreten.“ Auch diese Formulierung können wir nicht als richtig anerkennen. Sie kommt der Definition von W. M. KREJTER nahe, ist sehr ungenau und ihr liegt nicht die Wechselbeziehung zwischen genetischen und formalen Merkmalen zugrunde.

Der Geologe W. A. KRYROW hält es für zweckmäßig, den Begriff „Erzfeld der Lagerstätte“ einzuführen, wobei er davon ausgeht, daß dieser Ausdruck in der Praxis eine weite Verbreitung erfuhr. Nach seiner Meinung „versteht man unter einem Erzfeld der Lagerstätte einen Bereich der Erdrinde, der durch eine lokale Struktur mit allen, darunter auch unaufgeschlossenen, ihr untergeordneten Erzkörpern begrenzt ist“. Diese Definition ist einseitig, sie läßt viele Elemente, darunter auch die Bildungsbedingungen, unberücksichtigt. Aus dem Angeführten geht hervor, daß sich in der Sowjetunion noch keine genaue und klare Vorstellung darüber herausgebildet hat, was ein Erzfeld ist. Daher ist auch verständlich, daß in der geologischen Literatur und in der Praxis verschiedene Synonyme für diesen Begriff existieren. Am verbreitesten sind die Ausdrücke „Erzknotenpunkt“, „Erzgruppe“, „Erzbezirk“, „Erzfläche“, „Erzterritorium“ u. a.

Die fehlende Klarheit in dieser Frage können wir auch aus der im „Geologischen Wörterbuch“ angegebenen Formulierung erkennen, wo gesagt wird: „Erzfeld — ein großer Bereich der Erdoberfläche (und der Erdtiefe), der eine Reihe von Erzlagerstätten umschließt, die sich hinsichtlich ihrer Zusammensetzung und der Genese ähneln. Bis heute existiert noch keine allgemein anerkannte Definition dieses Begriffs, und in der Literatur über Erzlagerstätten wird dieser Ausdruck in verschiedenem Sinn angewandt, bisweilen auch auf Bereiche einzelner Lagerstätten, was nicht richtig ist.“ (Band II, 1956, S. 225.)

Die Erz-Gangfelder sind eine sehr weit verbreitete Form der Erzvorkommen im oberen Teil der Erdkruste. Sie sind praktisch bei den verschiedensten geologischen Bedingungen zu beobachten und sie wurden aus Gebieten mit sedimentären, metamorphen und Eruptivgesteinen bekannt. Am häufigsten kommen die Erz-Gangfelder in Faltungsgebieten vor, d. h. innerhalb von Bedingungen, die für die Bildung verschieden geformter, die Erdoberfläche erreichender Deformationen günstig sind. Offen-

[1)] Erster Teil eines am 11. 12. 1957 im Wissenschaftlich-Technischen Kabinett der Staatlichen Geologischen Kommission gehaltenen Vortrages. Der zweite, größere Teil wird in einem der folgenden Hefte dieser Zeitschrift veröffentlicht.

sichtlich in Zusammenhang damit führte W. M. KREJTER (1956) neben dem Begriff „Erzfeld" noch die zusätzliche Definition „Struktur des Erzfeldes" ein. Darunter versteht er „die Gesamtheit der Strukturelemente (in der historischen Aufeinanderfolge der Entwicklung), die die Verteilung, die Lokalisierung und den Charakter der endogenen Lagerstätten beeinflussen und miteinander durch die Gemeinsamtkeit der Genese verbunden sind".

Der praktische Sinn dieser Formulierung besteht nach Meinung von W. M. KREJTER in der Bestimmung der Rolle der kontrollierenden und der die Erzverteilung bewirkenden Strukturen bei der Bildung der Lagerstätten. Gleichzeitig scheidet W. M. KREJTER noch die Struktur der endogenen Lagerstätten aus, worunter er „die Gesamtheit der die Lagerstättenform bestimmenden Strukturelemente" versteht. Die praktische Bedeutung dieser Definition besteht nach W. M. KREJTER in der erstrangigen Notwendigkeit der Ermittlung der „Genese der Form" der Lagerstätte.

Die strukturelle Form der Lagerstätte steht mit der Gesamtstruktur des Erzbezirkes in Wechselwirkung. Daher wird die Abtrennung der Struktur „des Erzfeldes" und „der Lagerstätte" durch keinerlei Notwendigkeit hervorgerufen. Ein solches Vorgehen kompliziert lediglich die Begriffe und damit auch die Vorstellung über den Gegenstand.

Die Praxis, die erst die Lebenskraft der Theorie beweist, erfordert vor allem Einfachheit der Begriffe, d. h. in ihnen muß der ideelle und praktische Gehalt der Terminologie zum Ausdruck kommen; ferner fordert sie, daß alle Begriffe und Ausdrücke von einer großen Anzahl von Geologen zu verstehen sind. Auf diese Weise hat sich die Situation ergeben, daß der Begriff „Erzfeld" in gleichem Maße von dem praktischen Geologen sowohl auf die Lagerstätte als auch auf einen Teil einer metallogenetischen Provinz oder auf einen Erzbezirk bezogen wird. Der Ausdruck „Erzfeld" besitzt praktisch einen weiten Sinn und große Bedeutung, was keinesfalls ignoriert werden darf. Und tatsächlich gibt es das Erzfeld bei einer Lagerstätte, es ist auch bei einer Gruppe nahe beieinanderliegender Lagerstätten vorhanden (Erzbezirk), die an eine geologische Struktureinheit geknüpft sind oder an der Grenze verschiedener Strukturen liegen. In beiden Fällen haben wir es mit einem (relativ) kleinen Bereich der Erdkruste zu tun, in dem eine Serie nahe beieinanderliegender, oft nicht ausbeißender, mit Erzmineralien erfüllter Spalten (Gänge) eine oder mehrere Lagerstätten metallischer Bodenschätze bildet.

Die Erzfelder werden in diesen Bereichen durch das Auftreten verschiedener Strukturelemente charakterisiert, die den Verlauf des Erzbildungsprozesses sowie Form der Verteilung und Lokalisierung der Bodenschätze bestimmen.

Die Arten und Formen der in der Natur anzutreffenden Erzvorkommen sind sehr zahlreich und verschiedenartig. Nichtsdestoweniger kann und muß der Begriff „Erzfeld" für alle Gangerzlagerstätten und Gangbezirke (Knotenpunkte, Zentren, Bezirke) gemeinsam bleiben. Dieser Begriff muß erschöpfend, einfach und klar sein.

Unter der Bezeichnung „Erzfeld" ist ein einzelner Bereich der Erdkruste (innerhalb einer metallogenetischen Provinz) zu verstehen, in dem Spalten-(Erzgang-)Strukturen entwickelt sind, die an eine geologisch-strukturelle Einheit geknüpft sind und in einem Bündel bzw. Knotenpunkt (endogene Lagerstätte) oder in einer Gruppe voneinander getrennter, aber ähnlich mineralisierter Bündel (Erzbezirk) verschieden orientierter Systeme und nicht selten verschiedenen Alters zusammenlaufen.

Die Ermittlung des historischen Ablaufs bei einer Entwicklung der Struktur des Erzfeldes ist von außerordentlich wichtiger Bedeutung, wie W. M. KREJTER (1956) richtig anführte: „Eine gegebene Struktur zu verstehen, das bedeutet in erster Linie den Wechsel und die Aufeinanderfolge der geologischen Ereignisse in dem zu untersuchenden Gebiet zu verstehen" (S. 78). Der Werdegang einer Erzstruktur durchläuft nicht selten mehrere Epochen und tektonische Akte. Dieses kommt im Auftreten überprägender Bewegungen zum Ausdruck, die ein kompliziertes Spaltensystem schaffen. Jeder Paroxismus findet immer eine gewisse Widerspiegelung innerhalb des Erzfeldes. Die direkten und die abgeprägten Bewegungen in einem gegebenen und in den benachbarten Gebieten bedingen nicht selten das Wiederaufleben alter und sogar die Bildung neuer, zeitweilig mineralisierter Spalten (östliches Transbaikalien, Altai, Südböhmen, Deutschland usw.).

Die Bildung der Erzfelder befindet sich in direkter Abhängigkeit von einer Anzahl Faktoren, dazu gehören: der geologische Bau des Gebiets, die Zusammensetzung und die physikalisch-mechanischen Eigenschaften der Gesteine, der Charakter und die Intensität der Bewegungen, ihre Wiederholbarkeit, die Zusammensetzung der Hydrothermen und der Gasausscheidungen, die durch die Spalten des oberen Stockwerkes der Erdkruste hindurchdringen. Eines der wichtigsten Strukturkriterien, die die Möglichkeit geben, die Konsequenz in der Entwicklung der Struktur des Gangerzfeldes einer Lagerstätte zu ermitteln, sind die Dykestrukturen, die sich in den verschiedenartigsten Höhlungen der Erdkruste bilden. Mit dieser Frage befassen sich eine Anzahl von Untersuchungen, insbesondere von N. I. & M. B. BORODAJEWSKIJ (1957), F. I. WOLFSON (1957) und anderen Geologen, daher lassen wir die Behandlung dieser Frage absichtlich weg.

Der Unterschied zwischen dem Gangerzfeld einer Lagerstätte und dem Gangfeld eines Erzbezirkes resultiert vor allem aus dem unterschiedlichen Maßstab dieser beiden Territorien. Bei der regionalen Untersuchung der Erzfelder ist es möglich, die allgemeinen strukturellen Züge und Verhältnisse, die für einen gegebenen Bezirk, eine oder mehrere endogene Lagerstätten charakteristisch sind, hervorzuheben und zu ermitteln. Die Festlegung und Aufeinanderfolge der Spaltenbildung und der Strukturen der Nebengesteine, der Bedingung für die Lokalisierung der Erze in den letzteren und die Klärung einer Anzahl allgemeiner strukturgenetischer Momente der Erzbildung ist bei der Untersuchung der Gangfelder der Erzbezirke leichter zu entscheiden. Bei der eingehenden Untersuchung des Erzfeldes einer Ganglagerstätte gewinnt die Bestimmung der Form der Erzkörper und der strukturgeologischen Bedingungen für die Lokalisation nutzbarer Komponenten in ihm wichtige Bedeutung.

Jedoch müssen bei der Untersuchung des Erzfeldes einer einzelnen Ganglagerstätte auch andere für die Ermittlung der Genese der Lagerstätte wesentliche Fragen strukturellen Charakters gelöst werden, wie die Rolle der Erzwanderwege, der erzverteilenden, der abschirmenden Strukturen usw. Als Fazit der angeführten Erörterungen resultiert der Vorschlag, in unsere geologische Literatur und die praktische geologische Erkundung für die endogenen Erzlagerstätten und die Bezirke folgende Ausdrücke einzuführen:

„Erzfeld der Ganglagerstätte", „Erzfeld eines Erzbezirkes". Ein typischer Vertreter des ersten Begriffes ist z. B. die Wolframitlagerstätte Belucha im östlichen Transbaikalien, die Lagerstätte Sarala im Kusnezker Alatau, ferner die Lagerstätte Djogtjar im Ural usw. Zur Illustration des zweiten Begriffes ist der Kupfer-Molybdän-Erzbezirk von Chakassien anzuführen (die Lagerstätten Julia, Kamyschta usw.), der Golderzbezirk von Artjomowsk im östlichen Sajan, das Erzfeld von Tarny-aus im Nordkaukasus usw.

Im Bereich eines Erzfeldes kann es mehrere Grubenfelder geben, d. h. Gruben oder einzelne Schächte, die für den Abbau des mineralischen Rohstoffes eingerichtet wurden. Der Begriff „Grubenfeld" ist ein rein montantechnischer Begriff und man darf ihn nie mit dem Begriff „Erzfeld" konfrontieren.

Die Lokalisierung der voneinander getrennten Erzfelder innerhalb einer linear gestreckten Bewegungszone (Schwächezone) in der Erdkruste führt zur Bildung einer metallogenetischen Zone (eines Gürtels, einer Provinz), die gewöhnlich durch eine Mineralisation verschiedener Art und verschiedenen Alters gekennzeichnet wird. Die Bezeichnung „metallogenetische" Zone bestimmt von sich aus ihre Bedeutung und ihr Wesen.

Die Ererbtheit der Strukturen und die Wiederholbarkeit nachfolgender Bewegungen an ihnen im Verlauf von zwei bis drei Epochen ist ein charakteristisches Merkmal der Bewegungszonen der Erde. Sie sind charakteristisch für das obere Stockwerk der Lithosphäre und sie werden in Tafelgebieten, Randtiefen und Geosynklinalgebieten beobachtet.

Davon ausgehend müssen die metallogenetischen Zonen günstig sein für das Auftreten einer pulsierenden magmatischen Tätigkeit, die etappenweise auftritt. Wenn man sich zwischen geologischen Zonen verschiedener Mobilität befindet, kommen die metallogenetischen Zonen (Gürtel, Provinzen) deutlich auf kleinmaßstäblichen geologischen Karten zum Ausdruck.

Richtig ist die Ansicht von W. M. KREJTER, daß zur Zahl der metallogenetischen Zonen (Gürtel, Provinzen) die Gebiete der Erde zu rechnen sind, die auf der geologischen Karte im Maßstab 1 : 2500000 gut hervortreten. Dies ist eine in jeder Beziehung bequeme Bestimmung, die man für eine umfassende Anwendung empfehlen kann.

Wir führten den ersten Versuch aus, das große Material zu dieser Frage zu verallgemeinern und eine Lösung zu finden, die den aktuellen Anforderungen der Wissenschaft und Praxis entspricht. Die weiteren Untersuchungen auf dem Gebiet der Strukturen der Erzfelder müssen auch zur Lösung vieler anderer Fragen führen, insbesondere zur Schaffung einer Klassifikation der Strukturen der Erz-Gangfelder, die für die Ausarbeitung theoretischer Probleme der Erzbildung und als Hilfsmittel für die praktischen Geologen äußerst wichtig ist.

Literatur

BETECHTIN, A. G.: Zur Frage der Untersuchung von Erzlagerstätten. — Nachr. Akad. Wiss. UdSSR, Geol. Ser. Nr. 2, 1939.
BORODAJEWSKIJ, N. I.: Das Erzfeld von Berjosowsk. — Metallurgisdat 1947.
WOLFSON, F. I.: Probleme der Untersuchung hydrothermaler Lagerstätten. — Nachr. Akad. Wiss. UdSSR, 1952.
— Geologie der Erzlagerstätten der Weststaaten der USA, Übers. der 1. amerik. Auflage, ONTI, 1937.
GRIGORJEW, I. F.: Der Zusammenhang der Vererzung mit Intrusivgesteinen. — Nachr. Akad. Wiss. UdSSR, Geol. Ser., Nr. 6, 1948.
KREJTER, W. M.: Das Aufsuchen und Erkunden mineralischer Rohstoffe.
— Deformationsstrukturen und endogene Erzlagerstätten. — Nachr. Akad. Wiss. UdSSR, Geol. Ser., Nr. 6, 1948.
— Die Strukturen der Erzfelder und Lagerstätten.
SMIRNOW, W. I.: Die geologischen Grundlagen für das Aufsuchen und Erkunden von Lagerstätten. — Verlag des Moskauer Erkundungsinstituts, 1947.
TETJAJEW, M. M.: Die Technik der Erzfelder vom Gangtyp. — Probl. sowjet. Geol., Nr. 8—9, 1940.
CHJULIN, K. D.: Die strukturellen Bedingungen für den Erzabsatz. — Übers. aus dem Engl. Abh. Moskauer Erkundungsinstitut, Nr. 11, 1938.
EMMONS, W. H.: Einführung in die Erzlagerstättenkunde, 1925.

Neue Aufschlüsse im Zwitterstock zu Altenberg

GERHARD HEDRICH, Altenberg

I. Allgemeines

Die umfangreichen Auffahrungen, welche zur Erweiterung der Zinnproduktion in Altenberg im Laufe des ersten Fünfjahrplanes durchgeführt wurden, brachten auch eine ganze Reihe Aufschlüsse, die die geologischen Erkenntnisse in diesem Bereich erweitern und es ermöglichen, vorhandene Anschauungen über die Bildungsvorgänge dieser Lagerstätte zu revidieren sowie die Darstellung ihrer Geologie genauer zu fassen.

In groben Zügen wurden in der unlängst erschienenen Veröffentlichung über den Zinnbergbau in Altenberg in der „Bergbautechnik" diese neuen Erkenntnisse bereits mit berücksichtigt; jedoch ist es notwendig, der Schilderung der geologischen Verhältnisse einen weiteren Raum zu geben, als es der Rahmen jenes Aufsatzes, der mehr die bergbauliche Situation darstellen sollte, gestattete.

Der bereits dort gebrachte Hinweis, daß im Falle Altenberg spezielle Untersuchungen früherer Bearbeiter spärlich sind, gilt auch hier. Es finden sich lediglich einige Angaben in der „Beschreibung zur Geologischen Spezialkarte" (Blatt Altenberg) von DALMER (1890) und gelegentliche Bemerkungen in Akten und Rissen der Zwitterstocks-AG. In der Darstellung der pneumatolytischen Lagerstätten des Erzgebirges von O. OELSNER (1952) ist für uns der allgemeine Teil wichtig, den es auf den Fall Altenberg sinngemäß anzuwenden gilt.

Die Ursache für diesen Mangel an neueren geologischen Untersuchungen ist rasch gefunden: Die Angabe von DALMER, daß der überwiegende Teil des Streckennetzes bereits in bergbaulichen Bruchmassen steht und auch die Aufschlüsse über Tage im wesentlichen aus solchen bestehen, dürfte die Geologen veranlaßt haben, diesem Wirrwarr aus dem Wege zu gehen.

Eine Erkenntnis wäre allerdings jederzeit möglich gewesen, nämlich die, daß infolge ihrer ungleichmäßigen Verteilung die Aufschlüsse durch bergmännische Arbeit gerade ausreichen, die Grenze des Greisenkörpers im Bereich des Römerschachtes genau festzulegen. Alle übrigen Probleme — selbst das der Ausdehnung der Bruchmassen — mußten offen bleiben. Trotz umfangreicher Auffahrungen trifft diese Feststellung für wichtige Fragen auch heute noch zu. So insbesondere für die Beziehungen zwischen Granit, Porphyren und deren Vergreisungsprodukten im Norden und Nordwesten der Altenberger Pinge, für die geochemischen Verhältnisse in tieferen Stockwerken des Altenberger Plutons usw. Hier sind wir nach wie vor auf Vermutungen angewiesen, die allerdings durch Analogieschlüsse und durch vorliegende allgemeine Erkenntnisse über die Bildungsbedingungen derartiger Lagerstätten heute einen größeren Grad von Wahrscheinlichkeit haben, als es noch vor 5 oder 10 Jahren der Fall gewesen wäre.

Es sei dem Autor gestattet, auf eine Wiederholung der Darstellung der allgemeinen geologischen Verhältnisse des Raumes Altenberg im Rahmen dieser Arbeit zu verzichten.

Für die allgemeine Orientierung über die geologische und bergbauliche Situation sei auf unsere unlängst erschienene Veröffentlichung in der „Bergbautechnik" verwiesen.

Somit kann mit der Beschreibung der neuen Aufschlußergebnisse begonnen werden. Hier wären zunächst die Auffahrungen innerhalb des Pyknitkörpers bedeutungsvoll.

Das bekannte, durch seine gelben Topasnadeln und dunklen Glimmer farbenfreudige und daher bei Sammlern geschätzte Gestein fand bereits sehr früh Erwähnung. So verweist schon DALMER auf eine ältere Angabe, wonach dieses Gestein in früherer Zeit bei Auffahrungen angetroffen worden sein soll. Jedoch wird bis in jüngster Zeit von einer „Pegmatitschliere" gesprochen. Ein genetischer Zusammenhang mit dem Altenberger Granit und seinen pneumatolytischen Umwandlungsprodukten war nicht erkannt.

Wie die Grubenkartierung zeigt, handelt es sich bei diesem ringsum von Altenberger Zwitter, dem allgemein bekannten sehr feinkörnigen, dunklen, meist glimmerreichen Zinngreisen umgebenen „Pegmatit" um einen glockenförmigen Körper. Das läßt natürlich sofort Analogien zu anderen solchen glockenförmigen „Pegmatiten" vermuten, etwa wie in Sadisdorf. Es soll später gezeigt werden, daß diese — was die äußere Form betrifft — wohl bestehen, daß jedoch in genetischer Hinsicht Unterschiede vorhanden sind.

II. Geologisch-petrographischer Aufbau der Lagerstätte

Zunächst sollen die Aufschlüsse beschrieben werden, wie sie sich im Horizont der Abbausohle, 545 m über NN., das sind rund 200 m unter der Tagesoberfläche und schätzungsweise 150 m unter der ursprünglichen Granitoberfläche (SPENGLER 1949), zeigen.

1. „*Die Greisenbreccien*"

Nähert man sich der Pegmatitkuppe von Süden her, aus dem Zwitter kommend, so fällt bereits in einem Abstand von über 30 m auf, daß dieses feinkörnige, dunkelgrüne Gestein von verquarzten, eckig begrenzten Partien von Nuß- bis Kopfgröße unterbrochen wird.

Die hellen und dunklen Stücken sind aber fest miteinander verwachsen, so daß der Eindruck einer durch Gesteinsneubildung verheilten Breccie oder eines Mylonites entsteht. Schon im Anschliff zeigt sich bei geringer Vergrößerung, daß hier glimmerarme und glimmerreiche Partien sonst sehr ähnlichen Gesteins vorliegen. Ein auch mikroskopisch nachweisbarer scharfer Kontakt besteht nicht, vielmehr scheinen die verschieden zusammengesetzten Greisenbruchstücke bereits vor Abschluß der Kristallisation zusammengepreßt und dann fertig kristallisiert zu sein. Der petrographische Begriff „Mylonit" trifft also nicht zu. Diese Greisen-„Breccien" sind erheblich reicher vererzt als die gewöhnlichen dunklen Zwitter. Zinnstein tritt hier in mehrere Millimeter mächtigen Nestern auf, die ihrerseits wieder bauchige Anschwellungen an Klüften oder Trümern verlaufender Erzschnüren darstellen. Die Einzelindividuen dieser Zinnsteintrümer sind jedoch auch hier fast immer kleiner als 100 μ. Viellinge herrschen durchaus vor, häufig sind die sogenannten Visiergraupen. Im glimmerreichen Gebiet läßt die Zinnsteinführung des Gesteins sofort nach. Nur an quarz- und topasführenden Trümern, die in die glimmerreichen Partien hineinsetzen, zieht sich auch der Zinnstein, immer in der vorbeschriebenen Form, in die glimmerreichen Partien ein, und zwar sitzt er dann zwischen der Trumfülle und dem normalen Greisen. Ein paar einzelne Individuen bzw. Viellinge verlieren sich gelegentlich noch im Abstand von 1—2 mm von dem Trum zwischen den Greisengemengteilen. Diese Art des Auftretens von Zinnstein ist auch sonst im Altenberger Zinngreisen durchaus normal, so daß man für die überwiegende Masse des Zinns eine Zufuhr auf Klüften bzw. Flächen

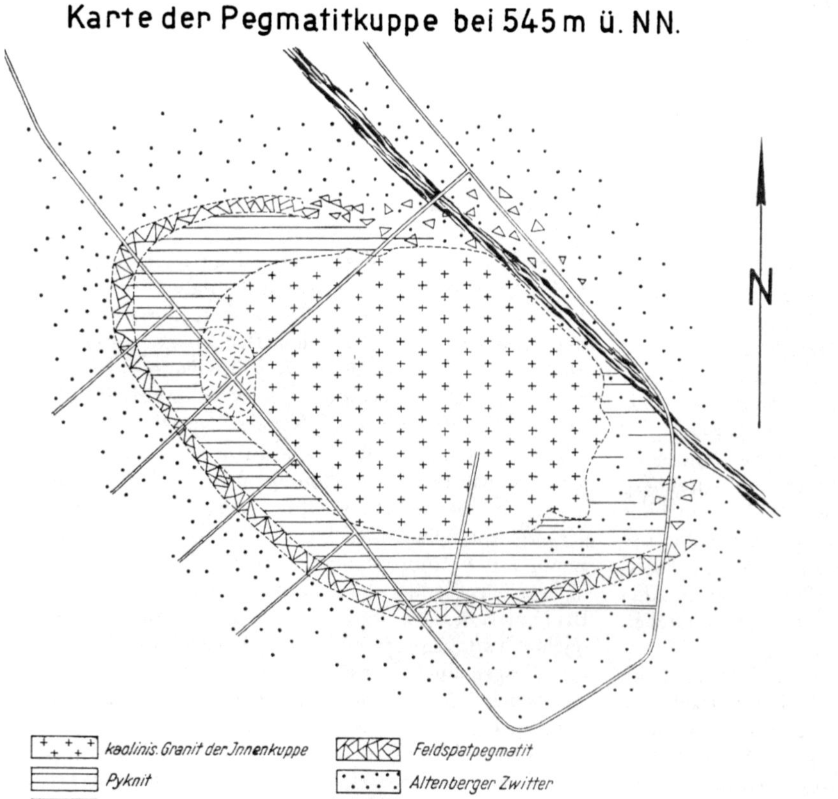

Abb. 1

Abb. 2

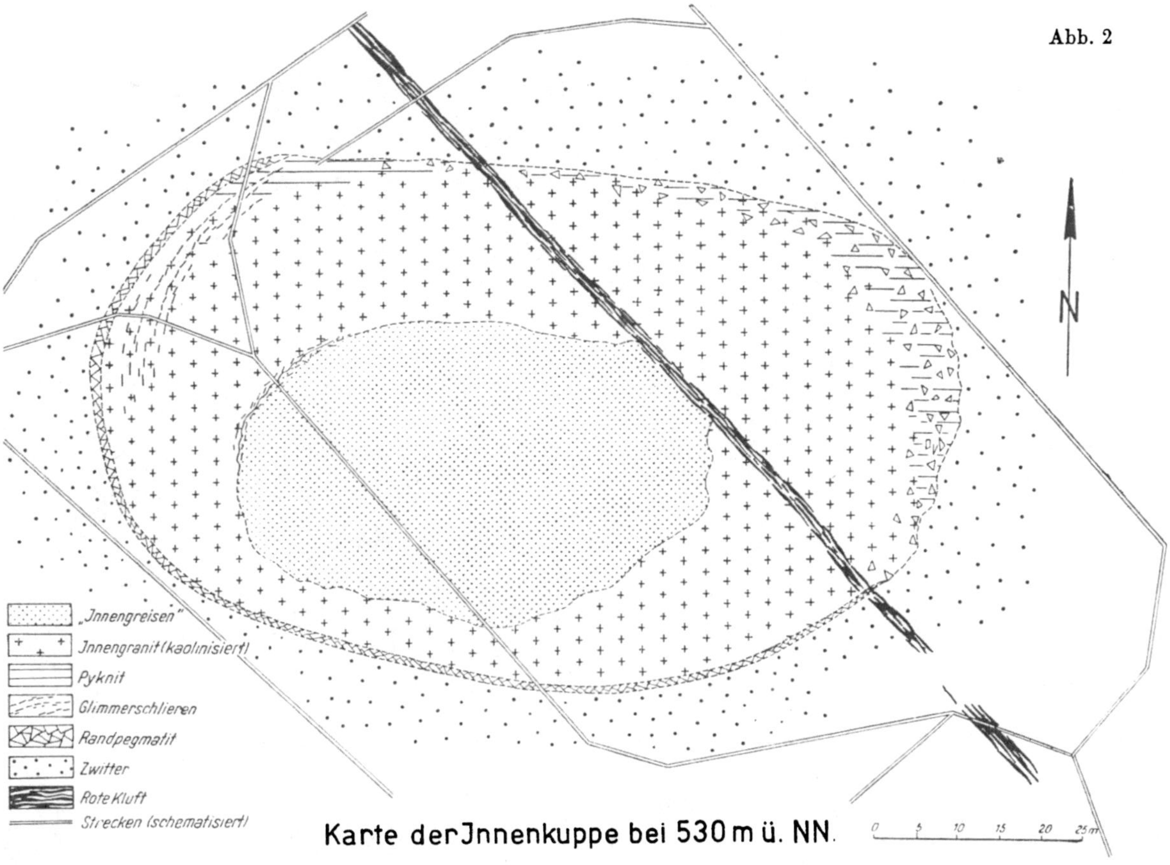

Karte der Jnnenkuppe bei 530 m ü. NN.

geringerer Festigkeit annehmen darf. Nur für die geringen Entfernungen, in denen pneumatolytischer Zinnstein im Abstand von solchen, im Anschliff immer recht gut erkennbaren Klüften auftritt, muß man eine Stoffwanderung auf den Intergranularräumen annehmen. Das sind, wie erwähnt, Entfernungen von wenigen cm. Diese Beobachtungen sind im Anschliff wesentlich besser als im Dünnschliff auszuführen, da ersterer eine größere Fläche und zugleich die Möglichkeit bietet, etwas in das Probestück hineinzuschauen. Die Art des Auftretens von Zinnstein in der Nähe der Pegmatitkuppe ist nicht grundsätzlich anders als im Zwitterstock. Größer ist nur die Häufigkeit, wodurch reich vererzte Partien entstehen.

2. *Die molybdänglanzführenden Trümer*

Auffällig ist dagegen die Häufung von wolframit- und molybdänglanzführenden Quarztrümern in der Umgebung der Pegmatitkuppe. Diese durchschwärmen in Mächtigkeiten von wenigen Millimetern bis zu einigen Zentimetern schon den dunklen Zwitter. In den Greisen-„Breccien" durchsetzen sie sowohl die glimmerarmen als auch glimmerreiche Partien, neigen jedoch in ersteren dazu, sich in denselben aufzusplittern. Dabei tritt Molybdänglanz häufig in modellgerecht ausgebildeten Kristallen auf, die frei im Quarz schweben. Auch der Wolframit läßt meist einfach Kristallformen erkennen. Die Individuen der beiden zuletzt genannten Mineralien sind allgemein größer als die Zinnsteinkristalle. Fast stets ist gediegen Wismut vergesellschaftet. In den mächtigen Trümern bildet Molybdänglanz oft Tafeln von über 1 cm Durchmesser. Die Trümer haben auch eine größere Ausdehnung, manchmal über 10 m. Eines derselben war schon einmal Gegenstand des Abbaues auf Molybdänglanz.

Bei weiterer Annäherung an die Pegmatitkuppe verschwindet das geschilderte Bild, und der Zwitter ist durch eine intensive Durchklüftung gekennzeichnet. Auf den Klüften sind Tonminerale, meist Kaolinit und feindisperser Hämatit abgeschieden.

Das geklüftete Gestein ist Zwitter, jedoch ohne glimmerarme Partien, manchmal sogar sehr glimmerreich. Die molybdänglanzführenden Wolframittrümer treten stark zurück. Dort, wo sie noch auftreten, sind sie stark zerdrückt; der Wolframit ist ausgelaugt, und zwischen die Molybdänglanzschichten ist Hämatit gedrungen.

3. *Pegmatithaube*

Die äußerste Schale der Pegmatitkuppe ist bei 545 m über NN. etwa 1 m mächtig und besteht aus rosa Orthoklas. Er hat die typische Ausbildung des Stockscheiders, wie wir ihn auch von anderen erzgebirgischen Stock-Graniten kennen. Die grobkristalline Feldspatmasse wird von sehr schmalen Trümern durchzogen, auf denen in feinen Schüppchen pneumatolytischer Glimmer abgeschieden ist. Ferner finden sich schwache aplitische Gänge. Auf Grenzflächen der Feldspatkristalle erscheint manchmal ein speckiges, kryptokristallin-schuppiges, gelblich-grünes Mineral, wahrscheinlich „Gilbertit". Die Form dieser Feldspatschale geht wie auch die Verteilung der übrigen Gesteine der Pegmatitkuppe aus dem Horizontalschnitt bei 545 m über NN., dem Horizont der Abbausohle des VEB Zinnerz Altenberg (Abb. 1), und dem daraus und auf Grund älterer Angaben konstruierten Vertikalschnitt (Abb. 4) hervor. Wie ersichtlich, ist eine klare Trennung der einzelnen Schalen nur im NW und S deutlich. Im O und NO löst sich der Feldspatpegmatit in einzelnen Putzen und Schlieren in dem umgebenden, meist

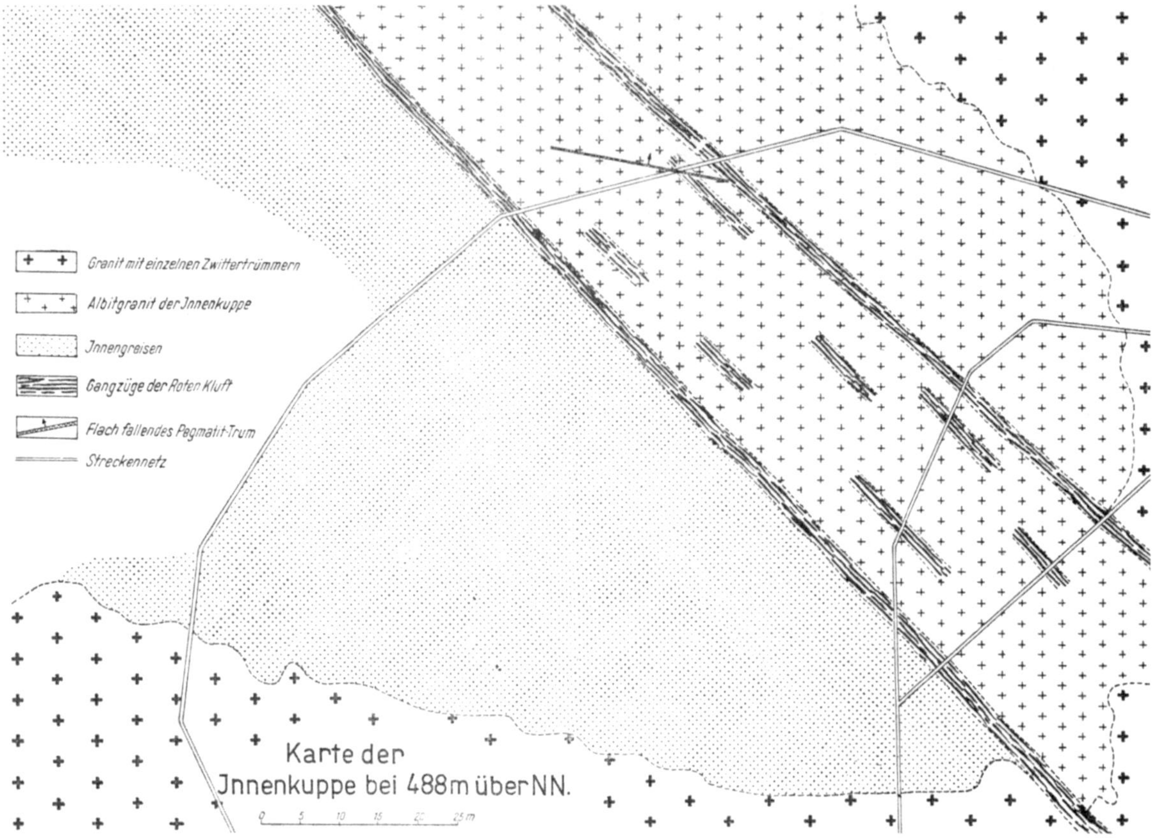

Abb. 3

mehr oder weniger zersetzten Greisen auf. Auch diese Schlieren sind kaolinisiert. Erst bei einigen Metern nach W zu tritt der Pegmatit mit reichlich frischem Orthoklas auf. Unter der Feldspathaube erscheint dann der Pyknit. Zwischen beiden findet sich meist noch eine Schicht mittelkörniger, sehr glimmerreicher Greisen. Das berühmte Pyknitgestein besteht aus den bis zu 2 cm starken, mehrere dm-langen, goldgelben bis graugelben, manchmal grün- oder violettstichigen Pyknitstengeln und 0,5–2 cm großen Quarzkörnern und Glimmerpaketen. An der Ostflanke ist die Struktur der unregelmäßig im Greisen auftretenden Pyknittrümer kleinkörniger; auch an der Westflanke treten manchmal zwischen der eigentlichen Pyknitmasse und der Feldspatschale in dem glimmerreichen Greisen solche geringmächtigen Trümer mit entsprechend kleineren Mineralaggregaten auf. Sie verlaufen hier dem Feldspatpegmatit und der großen Pyknitschale konform. Die Topaskristalle sind dabei stets mehr oder weniger radial eingeregelt, sowohl die großen der mehrere Meter mächtigen Schale als auch die kleinen der parallel laufenden Trümer. Gleichsinnig mit den Topasstengeln eingerichtet treten gelegentlich auch Palisadenfeldspäte mitten im Pyknitgestein auf. Sie sind genau so groß und geformt wie die Pyknitstengel. Bei oberflächlicher Betrachtung fallen sie gar nicht auf. Es erweckt diese Art von Feldspatrelikten durchaus den Anschein, als ob die Pyknitstengel sämtlich aus der pneumatolytischen Umwandlung der Palisadenfeldspäte hervorgegangen wären. Ein solcher grobpegmatitischer Stockscheider allein aus Feldspat findet sich z. B. in Sadisdorf (OELSNER 1952). Quarz und Glimmer sind dagegen regellos. Allenfalls beim Glimmer läßt sich eine Neigung zur Orientierung auf die Pyknitnadeln erkennen, und zwar stehen die Blätter senkrecht auf denselben. Der Glimmer scheint der gleiche zu sein, der auch sonst als wesentlicher Gesteinsgemengteil in den Greisen des Altenberger Stockes große Verbreitung besitzt. Er soll bewußt in dieser Abhandlung nur als „grüne Glimmer" aufgeführt und nicht näher definiert werden, da eine exakte mineralogische Untersuchung zur Zeit durchgeführt wird. Nach einer persönlichen Information durch Herrn Prof. Dr. SCHÜLLER ist er mineralogisch nicht einheitlich, sondern es treten mehrere Glimmerarten auf. Eine Bezeichnung des Altenberger Glimmers schlechtweg als „Zinnwaldit" oder „Phlogopit" ist jedenfalls nicht gerechtfertigt. Ein mehrere Kubikmeter großes Nest dieses Glimmers befindet sich im Nordwestteil der Kuppe und ist durch ein Streckenkreuz gut aufgeschlossen. Es ist völlig frei von Quarz und Topas. Der Glimmer zeigt leichte Zersetzungserscheinungen unter Neubildung von feindispersem Hämatit. Der ganze Innenteil, daß heißt also die Kuppe selbst, wird von Granit eingenommen. Dieser ist zumindest in seinen obersten Lagen vollständig zersetzt. Man spricht in diesem Fall allgemein von „Kaolinisierungen", obwohl eine mineralogische Untersuchung noch fehlt.

Diese erscheint auch noch aus einem anderen Grunde von Interesse: In Pegmatiten sind ganz allgemein solche Stoffe angereichert, die auf Grund ihrer Atomradien oder auch sonstigen chemischen Eigenarten in den „normalen" Kristallisationsablauf nicht hineinpassen. Sie bilden hier häufig seltene Mineralien, die auf Grund der günstigen Kristallisationsbedingungen im Pegmatit auch meist solche Größe erreichen, daß sie bei einiger Aufmerksamkeit nicht übersehen werden können. Hier in Altenberg vermißt man nun dieselben. Sofern das Magma aber überhaupt solche Stoffe, etwa Beryll, Niob, Tantal, enthalten hat, müssen sich diese in der Kuppe unter der Pyknithaube befinden und könnten hier beträchtlich angereichert sein. In der 20 m tiefer gelegenen Sohle bietet an der entsprechenden Stelle nur eine Strecke Einblick in die Verhältnisse. Diese verläuft in NW-Richtung. In zwei Strecken, die dieser parallel laufen und die Innenkuppe gerade berühren, tauchen an den entsprechenden Stellen ganz zersetzte Feldspatfragmente im Greisen auf, so daß die Nähe der Innenkuppe hierdurch angezeigt ist. In der mittelsten Strecke zeigt sich von S nach N folgendes Profil: Bereits im Abstand von mehr als 20 m von der Kuppe ist der grüne, feinkörnige Greisen besonders stark geklüftet. Mit der Feldspatschale beginnt die Innenkuppe. Die Mächtigkeit ist hier geringer als eingangs erwähnt, nur etwa 50 cm, frisch ist das Gestein nirgends mehr; im Süden jedoch noch deutlich als Feldspat, wenn auch von außen und von durchziehenden Rissen aus kaolinisiert, zu erkennen. Im Norden dagegen ist die Zersetzung bis zur Unkenntlichkeit fortgeschritten. Weiter nach innen, wo eigentlich der Pyknit zu erwarten wäre, erscheinen hier grobkörnige (etwa 1 cm-körnig) Quarz-Glimmeraggregate, in denen die Glimmerpakete so angeordnet sind, daß zickzackförmige, der Grenze der Innenkuppe parallel laufende Streifen entstehen. Eine derartige Anordnung der Gemengteile scheint in pneumatolytisch überprägten Pegmatiten häufig vorzukommen; denn in Ehrenfriedersdorf und Sadisdorf ist ganz Ähnliches zu beobachten.

Ferner finden sich auch die typischen „Palisadenfeldspäte" von 15 cm bis 25 cm Länge, die ebenfalls radial angeordnet sind. Solche sind auch auf der 20 m höher gelegenen Sohle an einer Stelle, unmittelbar am Pyknit aufgeschlossen. Zusammen mit dem weiter oben beschriebenen Auftreten einzelner gut erhaltener, höchstens leicht kaolinisierter Feldspatkristalle im Pyknit, spricht auch dieser Aufschluß dafür, daß der Pyknit aus der Umwandlung von Palisadenfeldspäten hervorgegangen ist. Wie im Greisen wäre demnach die Topasierung jünger als der Feldspat und der pegmatitische Stockscheider.

Im Norden reicht Pyknit, wenn auch nur in einem schmalen Streifen, bis in dieses Niveau herab, ist aber stark zersetzt und nicht nur chemisch, sondern auch mechanisch angegriffen. Die Topasstengel sind zerbrochen und gegeneinander verschoben. Überhaupt ist die Störung der ursprünglichen Verhältnisse an der ganzen Nord- und Nordostseite der Innenkuppe zumindest im selben Ausmaß auf mechanische wie auf chemische Einflüsse zurückzuführen. Auf die möglichen Ursachen soll später eingegangen werden.

4. Die Albitgranite und Greisen

Nach der verschieden ausgebildeten und erhaltenen, aber im Niveau der 530 m-Sohle noch ringsum deutlich erkennbaren Pegmatitschale folgt nach innen eine über 10 m mächtige Zone desselben völlig zersetzten Granites, der auf der darüberliegenden Sohle den Innenteil der Kuppe darstellt. Das Innere der Kuppe wird in diesem Niveau von einem neuen Gestein gebildet. Es sieht fast rein weiß aus, ist ziemlich feinkörnig und nur ganz wenig geklüftet.

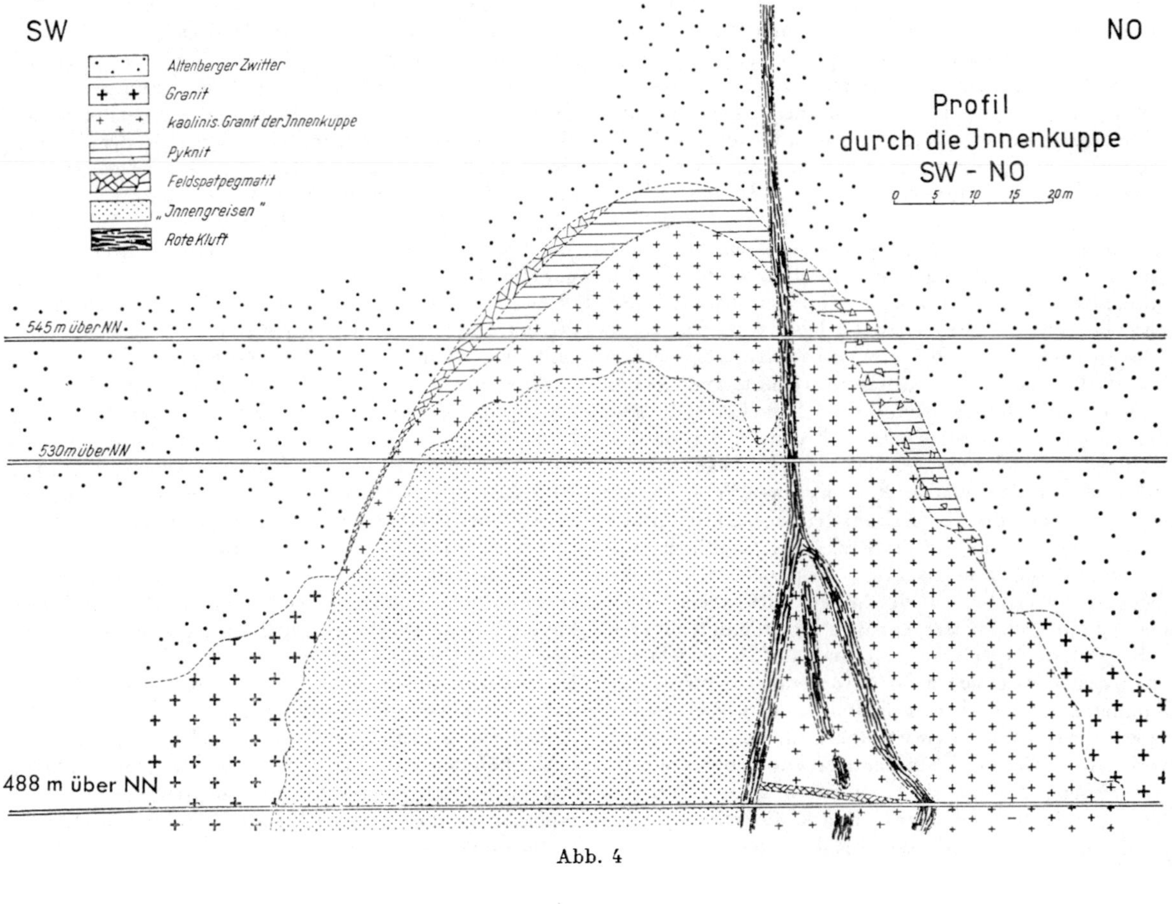

Abb. 4

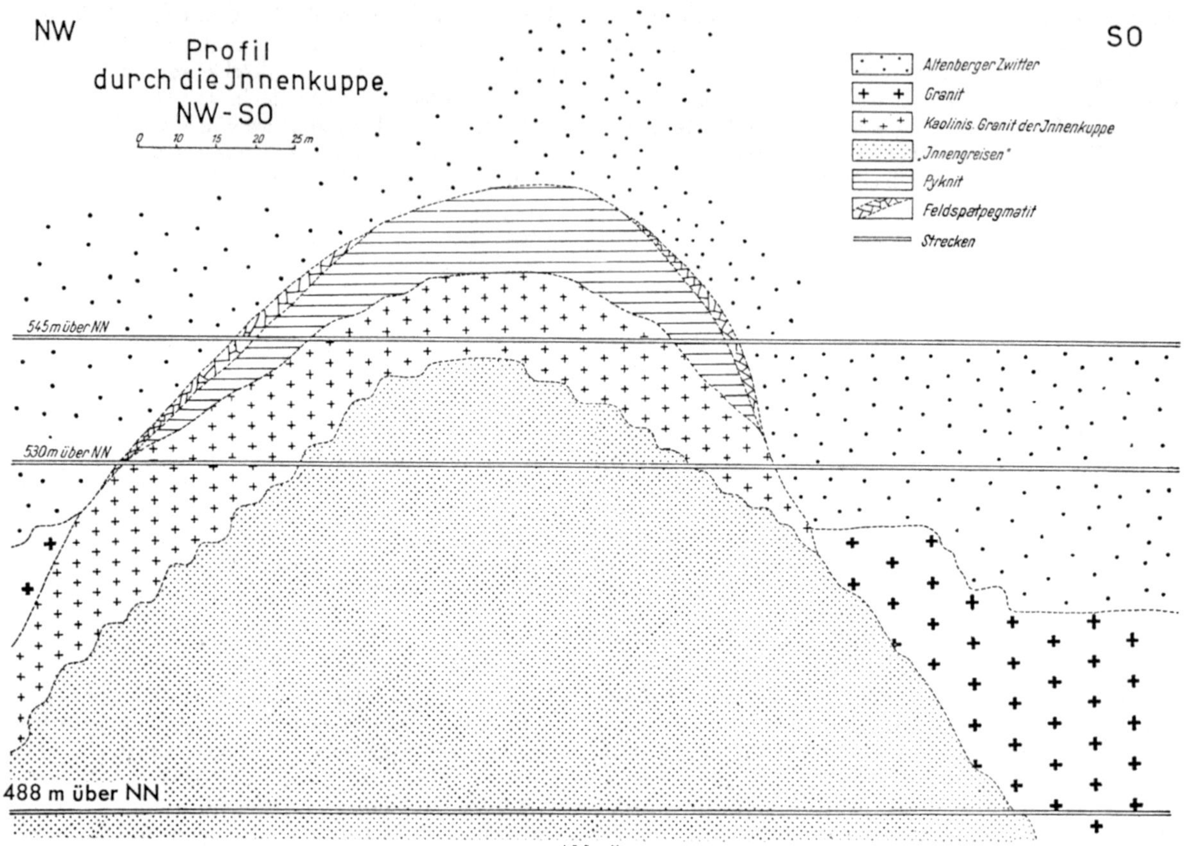

Abb. 5

Nach bisher vorliegenden petrographischen Untersuchungen von A. SCHÜLLER handelt es sich um Muscovit-Albit-Granite, teilweise lepidolith-topasführend. Im nordwestlichen Übergangsgebiet zwischen diesem Gestein und dem zersetzten Granit treten, noch im Albitgestein, 5–10 cm mächtige, nicht auf die Gesteinsgrenzen orientierte Gänge mit ausschließlich grünem, pneumatolytischen Glimmer auf. Es scheint derselbe wie der übrige grüne, pneumatolytische Glimmer des Zwitterstocks zu sein, wenn auch die Kristallbüschel etwas mehr langgestreckt erscheinen. Sie wachsen auf den Salbändern senkrecht und werden in die Salbandzone hinein immer feinkörniger, so daß hier schmale Greisensalbänder entstehen. Auf der 20 m höher gelegenen Sohle befindet sich an der entsprechenden Stelle das schon erwähnte Glimmernest. Die nächsten Aufschlüsse nach unten befinden sich erst 40 m tiefer, so daß die Frage nach dem Verhalten des Albitgesteins nach unten weitgehend offen bleiben muß. Auf dieser bei 488 m über NN. gelegenen Sohle wurde der feinkörnige, dunkle Greisen, der sogenannte Altenberger Zwitter, der die Zinnerzlagerstätte bildet, bis auf einen kaum 8 m mächtigen Schlauch nicht mehr angetroffen. Vielmehr wird das gesamte Areal unter dem Altenberger Zwitter, ebenso wie sein unmittelbares Nebengestein, in welchem u. a. auch der Römerschacht geteuft ist, von einem mehr oder weniger albitisierten, glimmerarmen Granit eingenommen, der von einzelnen dunklen, sogenannten Zwittertrümern, durchschwärmt wird. Dieses Gestein ist in der Literatur schon vielfach beschrieben worden, jedoch sei hier auf einen Irrtum, die Veröffentlichung eines Bildes betreffend, hingewiesen. Ein solches wurde scheinbar zuerst von BECK veröffentlicht; verschiedene Autoren haben es aber mit der falschen Bezeichnung „Altenberger Zwitter“ übernommen. Als „Zwitter“, also als Roherz für die Zinngewinnung, bezeichnet man in Altenberg nur den grünen Greisen, während der Granit mit Zwittertrümern Nebengestein ist. Es kommt jedoch Zinnstein auch hier als accessorischer Gemengteil (Zinnstein der „Deuterischen Phase“ nach OELSNER) sowie gelegentlich auch auf den Trümern in geringen Mengen vor.

Im Raume unter der Pegmatitkuppe findet sich ein Gestein, das mit dem Zinnwalder Greisen eine gewisse äußere Ähnlichkeit hat. Es ist grobkörniger als der umgebende Granit und hat im Gegensatz zu diesem durchaus keine Neigung zu porphyrischer Ausbildung einzelner seiner Gemengteile.

Eine mineralogische Untersuchung des Glimmers sowie eine genaue petrographische Untersuchung ist in Angriff genommen. In seiner typischsten Ausbildung tritt Feldspat (Albit) und Topas weitgehend zurück. Mit dem „Granit mit Zwittertrümern“ ist er fest verwachsen und nicht durch irgendeine Randfacis getrennt, jedenfalls ist eine solche nicht zu erkennen. Der Feldspatpegmatit, der auf den höheren Sohlen noch eine deutliche Grenze zwischen dem Greisen der Innenkuppe bildet, keilt also nach unten aus. Jedoch ist das Gestein in diesem Horizont auch nicht einheitlich. Es wird von außen (vom „Granit mit Zwittertrümern“ her) nach innen glimmerärmer und geht stellenweise in dasselbe weiße Albitgestein über, welches auch auf der nächsthöheren Sohle angetroffen wurde. Der Übergang von einem Gesteinstyp in den anderen vollzieht sich innerhalb weniger Meter, jedoch ist eine bestimmte Grenze nicht festzulegen.

5. Die „Rote Kluft“

Ganz unübersichtlich werden die Verhältnisse besonders an der Nordostflanke der Innenkuppe durch einen einwandfrei jüngeren Gang, die sogenannte „Rote Kluft“. Diese zieht sich mit nordwestlichem Streichen als Schwarm zahlreicher parallel laufender, sich scharender und auch wieder zerschlagender Trümer durch die ganze Lagerstätte. In ihrem Bereich ist es zu einer weitgehenden hydrothermalen Zersetzung des Nebengesteins gekommen, welche im unvergreisten Granit vor allem in Kaolinisierung bzw. Pyrophyllitisierung bestand, im Greisen setzte sich vor allem Hämatit und Gelquarz (Jaspis usw.) ab. Ein Teil der Substanz für diese jüngeren Minerale mag aus dem angegriffenen Nebengestein stammen, der überwiegende Teil aber ist zugeführt.

Außer dem chemischen Einfluß der Kluft ist auch noch ein mechanischer zu bemerken: An vielen Stellen ist die Kluft mit einer regelrechten Breccie des Nebengesteins gefüllt. Die Nebengesteinsbröckchen, die 10 bis 20 mm groß sind, sind kaum veränderter Greisen. Selbst der Glimmer ist meist noch vorhanden. Wenn die Substanz für die Mineralneubildung dem Nebengestein entstammen würde, dann müßten die Bröckchen stärker ausgelaugt sein. Die Kluft setzt ohne Rücksicht auf das vordem vorhandene Gestein durch den ganzen Greisenstock hindurch und auch in die Innenkuppe hinein. Da die Kluft an der Nordostflanke die Innenkuppe berührt und ebenfalls nach NO einfällt, wird der obere Teil der Kuppe nur berührt. Da sie aber steiler einfällt, setzt sie dann in die Kuppe. Im Horizont 488 über NN., der 7. Sohle des VEB Zinnerz Altenberg, besteht die Kluft aus zwei im Abstand von 20 m parallel laufenden Zügen, in deren Einflußbereich alle Gesteine völlig zersetzt sind.

Rutschharnische weisen darauf hin, daß Bewegungen stattgefunden haben. Die „Verwerfernatur“ der „Roten Kluft“ wird durch eine Beobachtung besonders deutlich:

In dem Zwischenstück zwischen den beiden Zügen ist ein ganz flach fallender, etwa 25 cm mächtiger Pegmatitgang in den albitisierten Granit eingelagert, welcher sonst nicht wieder angetroffen wurde. Östlich der Kluft sind die Gesteine der Innenkuppe meist etwas grobkörniger, ebenfalls stark albitisiert oder auch noch weiter zersetzt, scheinen aber primär glimmerärmer gewesen zu sein, Diese Beobachtung ist bemerkenswert im Zusammenhang mit der Tatsache, daß eine glimmerfreie Spielart des Altenberger Greisens, der sogenannte „Mikrogranit“ nach DALMER, ein Gestein, welches vorwiegend aus Quarz und Topas mit unregelmäßig verteilten Hämatiteinlagerungen besteht, nordöstlich der „Roten Kluft“ in den oberen Teilen des Zwitterstockes weitgehend an Stelle des Zwitters, also des dunklen, glimmerführenden Greisens tritt. Da die Kluft, wie sich aus dem verworfenen Pegmatitgang sowohl als auch aus der Bildung von Greisenbreccien ergibt, jünger ist als alle Vorgänge, die zur Lagerstättenbildung führten, so könnte man der Ansicht zuneigen, daß vordem bereits eine Fläche vorhanden war, die einen Raum abgrenzte, nordöstlich desselben die Kristallisationsbedingungen für Glimmer nicht so günstig waren wie südwestlich desselben. Die Stoffbilanz der verschiedenen Gesteine, beiderseits der Ebene der „Roten Kluft“, ist nämlich merkwürdigerweise ähnlich. Vor allem der Eisengehalt ist gleich. In den „Mikrograniten“, in denen das Eisen weder in das Kristallgitter des Topas, noch des Quarzes eingebaut werden konnte, mußte es eben selbständig kristallisieren als Hämatit.

Auf der 7. Sohle, wo ebenfalls nordöstlich der „Roten Kluft“ Glimmer seltener ist, ist der Feldspat röter, also eisenreicher.

III. Genese der Lagerstätte

Nach der nunmehr vorliegenden Beschreibung aller Aufschlüsse drängt sich der Versuch auf, die Vorgänge, die zur Ausbildung dieser Lagerstätte führten, zu deuten. Solche Versuche sind bisher im Anschluß an jede Beschreibung der geologischen Verhältnisse gemacht worden und, was das Grundsätzliche anbetrifft, ist auch kein Anlaß, die bestehenden Anschauungen zu ändern. Nach den vorliegenden neuen Aufschlüssen ist es aber möglich, noch einige Einzelheiten zu ergänzen, zu bestätigen oder auch zu berichtigen.

1. Die tektonischen Hauptrichtungen

Nach DONATH sind die pneumatolytischen Lagerstätten des Ost-Erzgebirges an die Vergitterungszonen der herrschenden Hauptkluftrichtungen gebunden, die damit zu Gebieten geringerer Festigkeit werden. Vorherrschend ist dabei die Bindung an den NNW—SSO streichenden Teplitz-Dippoldiswaldaer-Granitporphyr-Quarzporphyr-Zug. Dieser wird im Raume Altenberg geschnitten von einem dem Erzgebirgsrandbruch parallel (NO) laufenden Klüfteschwarm. Das ist die Richtung des Sayda-Berggieshübler Gangporphyrschwarmes. Porphyrgänge dieses Types fehlen in Altenberg vollständig. Bei Oberfrauendorf, etwa 20 km weiter nördlich, ist der Porphyr eines solchen Ganges kontaktpneumatolytisch überprägt, d. h. von Greisentrümern durchschwärmt. Nicht weit davon wird der Porphyr dieser Gänge vom Granitporphyr des Teplitz-Dippoldiswaldaer-Zuges überdeckt. Die Anlage der den beiden Gangporphyrtypen zugehörigen tektonischen Elemente ist also zweifellos älter als die Intrusion der Granitkuppen, die zur Bildung der osterzgebirgischen pneumatolytischen Lagerstätten führten, sodaß DONATHs Annahme wohl zu Recht besteht. Die beiden Richtungen sind jedoch später wiederholt wirksam geworden. So z. B. im Erzgebirgsrandbruch selbst, der dieselbe Richtung hält wie die älteren Gangporphyre, andererseits in Gestalt der Quarzbrecciengänge vom Typ des Schlottwitzer Achatgangs, in welchem sich die Richtung des Teplitz-Dippoldiswaldaer Zuges wiederholt. Ein Gang des gleichen Typs ist die in den älteren geologischen Karten (DALMER) fälschlich als „Gang der Zinnerzformation“ bezeichnete „Rote Kluft“. Wohl ist dieser Gang bevorzugt auf Zinnerz bebaut worden. Nähere Untersuchung zeigt jedoch, daß es sich um eine Gangbreccie handelt, nur die Nebengesteinsbruchstücke sind zinnerzhaltiger Greisen. Die Gangmasse ist roter jaspisartiger Quarz oder Quarz-Ton-Roteisenletten. Die Richtungen der den Zwitterstock äußerst dicht durchschwärmenden, mit feindispersem Hämatit und Tonmineralien besetzten Klüfte zeigen ihr deutliches Maximum bei den Richtungen NO und NW. Nicht in diese Konzeption paßt eine Störung, welche OELSNER im Norden als unmittelbare nördliche Begrenzung der Lagerstätte beschreibt: Diese ist nur einmal im Horizont von 520 m durchfahren worden. Aus diesem Aufschluß sowie aus Zersetzungserscheinungen des Greisens in verschiedenen Strecken, die nach Norden in dieser Richtung getrieben sind, leitete OELSNER ein Ost-westliches Streichen dieser Störung ab. Leider ist außer der erwähnten keine weitere Strecke durch das fragliche Gebiet gefahren worden. Auch die Auffahrungen im Gebiet der Innenkuppe reichen nicht soweit, so daß auch die Beziehungen der Innenkuppe zu dieser Störung ungeklärt bleiben. Bemerkenswert ist jedenfalls, daß Kluftrosenmessungen in den am nächsten gelegenen Strecken auch dasselbe NO- und NW-Maximum zeigten wie sonst im Zwitterstock auch.

Beim Durchfahren soll hinter der Störung (der Aufschluß ist heute nicht mehr zugänglich) Granitporphyr angetroffen worden sein.

Wie schon oben erwähnt, fungiert die „Rote Kluft" als Verwerfer. Nimmt man nach Norden zu ein Einlenken der „Roten Kluft" in mehr westlicher Richtung an, so wäre der erwähnte Aufschluß auch ohne Annahme einer neuen Störung zu erklären, ebenso die stärkere Klüftung und Zersetzung aller Gesteine im ganzen nordöstlichen Viertel, welche identisch sind mit der stärkeren Durchklüftung und anderen petrogenetischen Erscheinungen (Zurücktreten des Glimmers) im Hangenden der Kluft.

2. *Die Granitintrusion*

Die primäre Intrusionstektonik ist demgegenüber verhältnismäßig einfach: Der Granit ist in Form einer oben stumpfen Kuppe mit ziemlich steilen Flanken (70 Grad) in den Porphyr eingedrungen. Dabei scheint dieser nur in dem über dem höchsten Punkt des Granitkörpers gelegenen Punkt bereits erstarrt gewesen zu sein, denn hier sind Spalten aufgerissen, in welchen die Metallverbindungen, und zwar Bi, As, neben W, Mo und Sn, in den entsprechenden Erzmineralien auskristallisierten. Namentlich Bi und As fehlten dem eigentlichen Greisen des Granitkörpers weitgehend. Bereits 100 m tiefer war der (an den Flanken des Granites anliegende) Granitporphyr noch warm, wahrscheinlich gerade erst im Auskristallisieren begriffen. Beide Gesteine sind hier fest miteinander verzahnt. Da sich leicht Handstücke schlagen lassen, die halb aus Granitporphyr, halb aus Granit bestehen, ist diese Verzahnung im Anschliff sehr schön zu sehen (Abb. 7). Irgendwelche abweichenden Kristallisationsbedingungen in der Nähe der Gesteinsgrenze sind nicht zu bemerken. Der Granit hat aber Neigung, Apophysen in den Porphyr zu schicken. Solche beschreibt schon DALMER, und sie wurden auch jetzt in tieferen Horizonten beobachtet. Ein schönes Handstück befindet sich in der Sammlung des Geologischen Dienstes in Freiberg.

Während aus tieferen Stockwerken des Magmas die Entgasung weiterging, hatte von oben her die Abkühlung und eigentliche Gesteinsbildung bereits begonnen. Die bei der Erstarrung aufgerissenen Kontraktionsspältchen erleichterten die Entgasung, wurden aber rasch wieder durch Mineralbildung (Quarz, Topas, Zinnstein) verstopft, wodurch ein Stau des in Bewegung befindlichen Gasstromes eintrat, der diesen in die Poren des Gesteins drückte, von wo aus pneumatolytische Umwandlung erfolgte. In dieser ständigen Wechselwirkung zwischen Stau und Entgasung vollzog sich die Umwandlung sowohl des überlagernden Granitporphyrs als auch des oberen Teiles der Granitkuppe selbst. Dabei nahmen die Gase ihren Weg aus dem Zentrum der Intrusion geradewegs nach oben,

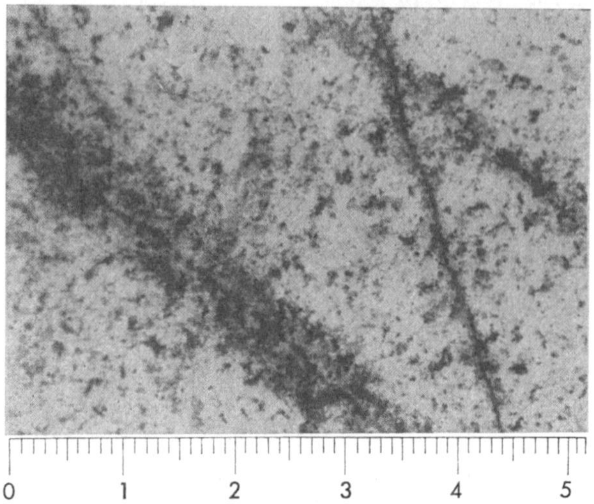

Abb. 6. Granit mit Zwittertrümern aus den Randgebieten der Altenberger Granitkuppe (angeschliffen) Mächtigkeit der Trümer ohne die Greisensalbänder um 0,5 mm. Dieses Gestein wurde in älterer Literatur häufig als Altenberger „Erz" dargestellt. Eine bauwürdige Vererzung stellen jedoch die auf den Mittellinien der Trümer gelegentlich auftretenden Zinnsteinkristalle nicht dar

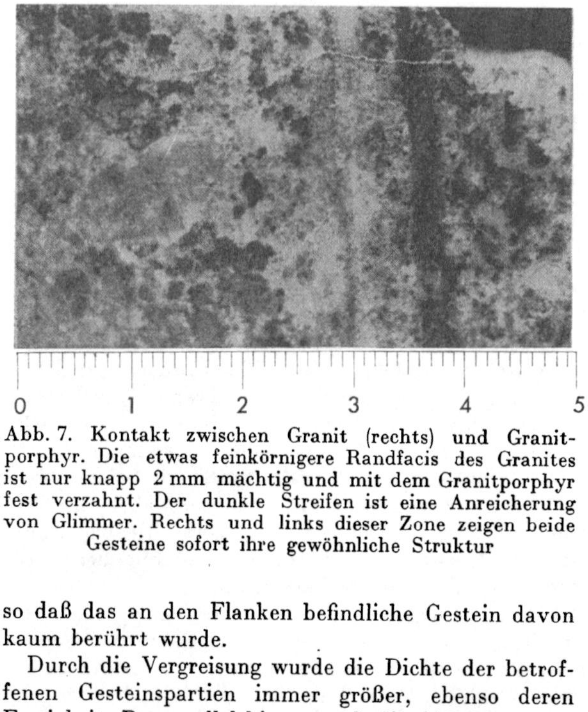

Abb. 7. Kontakt zwischen Granit (rechts) und Granitporphyr. Die etwas feinkörnigere Randfacis des Granites ist nur knapp 2 mm mächtig und mit dem Granitporphyr fest verzahnt. Der dunkle Streifen ist eine Anreicherung von Glimmer. Rechts und links dieser Zone zeigen beide Gesteine sofort ihre gewöhnliche Struktur

so daß das an den Flanken befindliche Gestein davon kaum berührt wurde.

Durch die Vergreisung wurde die Dichte der betroffenen Gesteinspartien immer größer, ebenso deren Festigkeit. Da parallel hierzu auch die Abkühlung des gesamten Komplexes (Porphyr und Granit) weiter fortschritt, sackte der entgaste Granit unter dem Greisen zusammen. Der dadurch entstandene große kuppelförmige Hohlraum nahm pegmatitische Lösungen auf, die bis dahin wegen ihrer relativ größeren Viscosität hinter den pneumatolytischen Stoffen zurückgeblieben waren. Es kristallisierten wohl zuerst pegmatitischer Quarz und große Palisadenfeldspäte aus; da aber die Entgasung aus tieferen Zonen fortlaufend weiterging, blieben auch diese nur zum Teil und in einzelnen Relikten erhalten. Der größere Teil wurde in pneumatolytischen Glimmer und Topas umgewandelt, wie bereits oben dargestellt. Die Umwandlung vollzog sich hierbei

Gitterelement für Gitterelement, bis der große Kristall vollständig ersetzt war.

Die in dieser Phase entweichenden Gase hatten aber schon eine etwas andere chemische Zusammensetzung, insbesondere fehlten die Schwermetalle, so daß von nun an und in den darunterliegenden Stockwerken keine Erzgreisen mehr entstanden. So kommt es, daß schon der umgewandelte Pegmatit, der Pyknit, als auch die darunter gelegenen Gesteine, Albit-Granite und zinnwalditführende Granite, praktisch keine Erze mehr enthalten. In diese zuletzt geschilderte Phase ist jedoch noch eine Erscheinung einzuordnen: Außer den im Granitporphyr auf Spalten und Trümern auftretenden Molybdänit-Wolframit-Paragenesen treten solche Trümer, und zwar in relativ größeren Mächtigkeiten (bis zu 5 cm), im granitischen Greisen in unmittelbarer Umgebung der Innenkuppe auf. Da aber dieser Teil bereits in bergbauliche Bruchmassen umgewandelt war, läßt sich deren Beziehung nicht mehr feststellen. Eine in diesen Bruchmassen gefundene Verwachsung zwischen

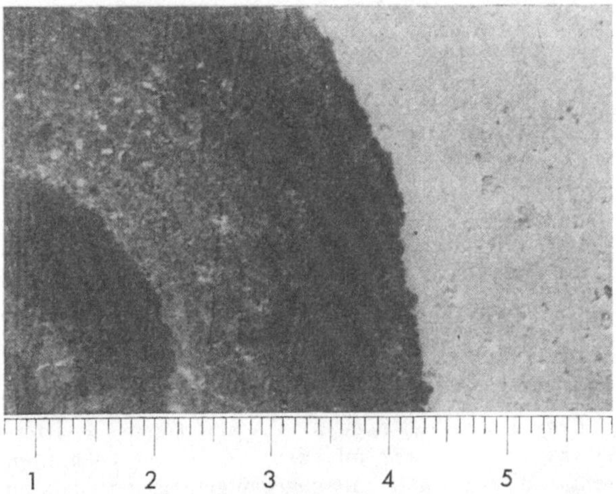

Abb. 8. Sogenannter Mikrogranit (angeschliffen), ein glimmerfreier Quarz-Topas-Greisen. Der dunkle Fleck stellt eine rhythmische Imprägnation mit Fe_3O_3 dar, die für dieses Gestein charakteristisch ist. Die Quarze haben Neigung zu porphyrischer Ausbildung. Sie werden 1,5—2 mm groß

Abb. 9. Breccie aus der „Roten Kluft" (angeschliffen). Die Greisenbrocken, die im Bild nur einige cm groß sind, aber oft bedeutend größer werden, sind mit Gelquarz und Gelhämatit verkittet. Zinnstein findet sich nur in den Greisenbrocken, nicht im Bindemittel

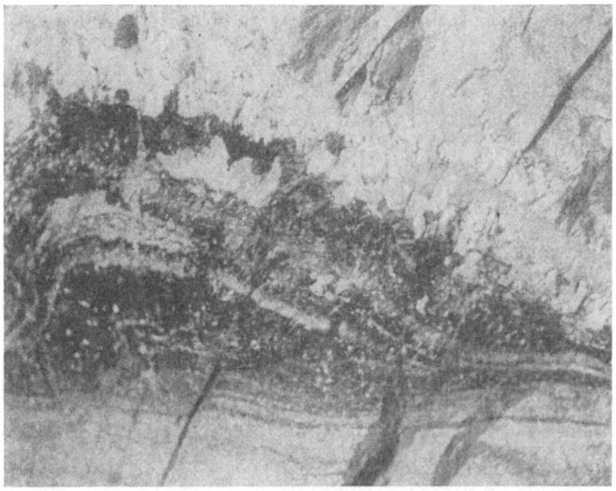

Abb. 10. Sogenannte „eingefrorene Gasblase" (Stoßaufnahme). Eine mit pegmatitischen Lösungen gefüllte Blase, die bei der Erstarrung des Granits an Ort und Stelle auskristallisierte. Sie ist etwa 30 cm hoch und wurde durch den Streckenvertrieb auf der 488 m-Sohle angefahren. In ihrem oberen Teil (im Bilde links) finden sich grobkristalliner Feldspat und Glimmer, beide mineralogisch nicht einheitlich. Nach der Basis werden die Kristalle immer kleiner. Sie sind im oberen Teil schalig angeordnet und werden von Lagen kristallinen Quarzes unterbrochen. Im Liegenden der Blase feinkörniger Granit, dessen Quarzschichten auf aplitische Entmischungen hindeutet

Einige Geologen betrachten die gesamte Pegmatitkuppe als solche Gasblase. Im Hinblick auf den Größenunterschied (diese hat einen Durchmesser von 30 cm, die Pegmatitkuppe einen von 50 m!), auf die räumliche Lage in der Altenberger Granitkuppe und die Beziehungen zum Nebengestein muß man aber trotz der Ähnlichkeit von dieser Auffassung abgehen.

Pyknit und Molybdänglanz läßt aber vermuten, daß hier ein enger genetischer Zusammenhang besteht. Das würde bedeuten, daß Molybdän in den zuerst entwichenen Dämpfen sowie in den ziemlich zum Schluß entweichenden Gasen gelöst war, eine Erscheinung, die mit Beobachtungen auf anderen Lagerstätten übereinstimmt.

In dem Maße, in dem der Gesteinskörper abkühlte und auskristallisierte, konnten tektonische Kräfte in dem nunmehr starren Gestein wirksam werden. Vielleicht war ein Druck von NO her bereits während der Lagerstättenbildung vorhanden. Es muß im Verlauf der jetzigen „Roten Kluft" eine Fläche vorhanden gewesen sein, die als Scheidewand gewirkt hat. Die Annahme einer solchen Fläche ist die nächstliegende Erklärung für die verschiedenartige Ausbildung der Gesteine nordöstlich und südwestlich derselben.

Bedeutende Dislokationen haben nirgends stattgefunden, vielmehr muß man sich die tektonischen Kräfte in diesem Falle als eine den gesamten Komplex beherrschende Spannung vorstellen, die den mit der weiteren Abkühlung entstehenden Kontraktionsklüften Richtung gab. Das geht schon daraus hervor, daß außer den Hauptkluftrichtungen auch alle anderen Richtungen vorkommen. Die Rote Kluft selbst macht eine Ausnahme: Hier sind Verwerfungen im Ausmaß von mehreren Metern nachgewiesen.

Die Abwanderung aller leichtflüchtigen Stoffe aus den tieferen Teilen des Magmas war bis dahin weitgehend abgeschlossen. Der Weiterweg war aber diesen Stoffen verlegt, da etwa im Porphyr aufgerissene Spalten sofort mit pegmatitisch-pneumatolytischen Paragenesen ausgefüllt wurden. Alle etwa noch vorhandenen Poren des Gesteins waren also mit wässerigen (hauptsächlich Eisen-)Lösungen gefüllt, zunächst noch über der kritischen Temperatur des Wassers. Bei der Abkühlung traten sie aus den Poren heraus und deponierten ihren Lösungsinhalt auf den Klüften, wo dieser als feindisperser Hämatit und verschiedene Tonmineralien kristallisierte. Setzten solche Klüfte durch Gesteinspartien, die aus irgendeinem Grunde von der Vergreisung verschont geblieben waren, so wurden diese mehr oder weniger stark hydrothermal umgewandelt, d. h. der Umformung, hauptsächlich der Feldspäte aber z. T. auch der Glimmer, unterworfen, die man gemeinhin als „Kaolinisierung" bezeichnet, die aber in Wirklichkeit recht komplizierte Vorgänge sind und bei denen es auch zur Neubildung einer ganzen Reihe anderer Mineralien als Kaolinit kommt. Das gilt sowohl für derartige Gesteinspartien im Inneren der Lagerstätte als auch in den Randgebieten. Waren jedoch unvergreiste Gesteinspartien nicht geklüftet, so konnten keine hydrothermalen Lösungen dorthin gelangen, und sie blieben frisch. Soweit es sich dabei um Granit handelt, zeigt die reichliche Albitführung, daß auch das Natron mit in den Differentiationszyklus einbezogen ist, so daß von der Natronmetasomatose bis zur hydrothermalen Überprägung eine kontinuierliche Entwicklung vorliegt.

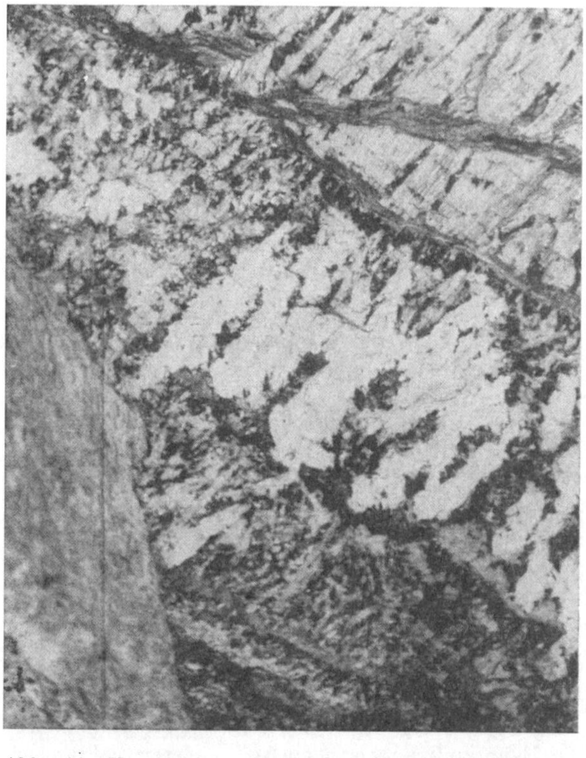

Abb. 11. Unvergreister Pegmatit zwischen vergreistem, in Pyknit umgewandelten Pegmatit. (Stoßbild auf 545 m-Sohle)

Im Bild oben rechts und unten Pyknit. Dazwischen eine etwa 30 cm mächtige, von zwei aplitischen Trümern begrenzte und der Kuppenoberfläche konforme Bahn, auf welcher die großen Palisadenfeldspate noch erhalten sind. Im linken oberen Teil hat allerdings schon eine Umwandlung der Palisadenfeldspate in Pyknit begonnen

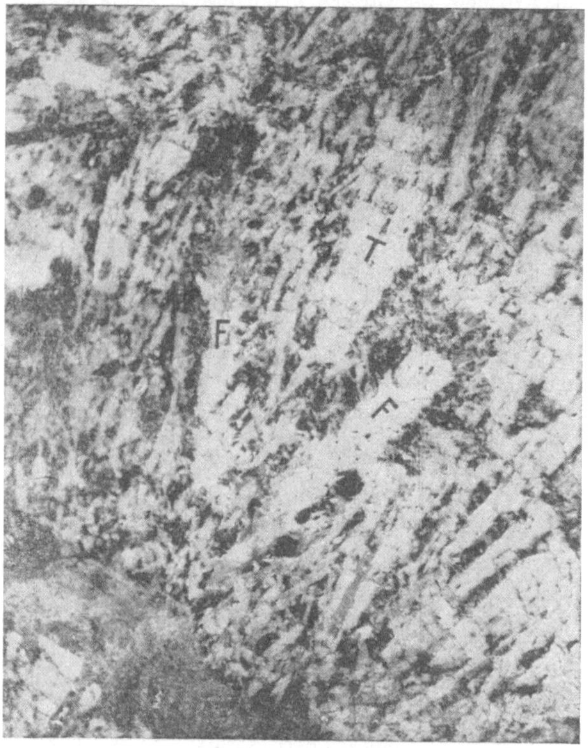

Abb. 12. In der Bildmitte zwei V-förmig divergierende Palisadenfeldspate zwischen sonst vollständig ausgebildeten Pyknitbüscheln. (Stoßbild 545 m Sohle)
F = Feldspat
T = Topas

IV. Abweichungen und Ähnlichkeit gegenüber anderen erzgebirgischen Zinnlagerstätten

Zum Schluß soll noch die Lagerstätte des Zwitterstocks zu Altenberg mit den am besten bekannten größeren Lagerstätten der gleichen genetischen Stellung Zinnwald, Sadisdorf und Ehrenfriedersdorf verglichen werden.

Dieser Vergleich soll zweckmäßigerweise nur die Grundprinzipien betreffen und einmal dazu dienen, aus der vorliegenden Beschreibung das zu erkennen, was evtl. Allgemeingültigkeit bei der Bildung derartiger Lagerstätten hat, andererseits helfen, die Besonderheiten des Zwitterstocks herauszustellen.

1. Vergleich mit Zinnwald

In Zinnwald ist der überwiegende Teil der leichtflüchtigen Differentiate der Granitaufwölbung in den parallel der vermutlichen Landoberfläche (nicht parallel der Granitoberfläche) aufgerissenen Kontraktionsspalten abgeschieden. Aus dem Krümmungsradius berechnet SPENGLER (1944) den Abstand dieser Oberfläche von der Granitkuppe mit rund 600 m. Die Zinnwalder Granitkuppe ist etwas flacher als die Altenberger Kuppe. Das mag für die Ausbildung dieser flachen Kontraktionsspalten (für die in Altenberg außer in der Pegmatitkuppe jedes Anzeichen fehlt) von Bedeutung gewesen sein. Der Hauptgrund ist aber wohl darin zu suchen, daß der Teplitzer Quarzporphyr etwas älter als der Granitporphyr, die Intrusion des Zinnwalder Granitstockes jedoch etwas jünger als die der Altenberger Kuppe ist, der Unterschied im Erstarrungsgrad und in der Temperatur also dort bedeutender war als hier. Über die Altersbeziehungen zwischen Teplitzer Quarzporphyr und Granitporphyr geben zahlreiche Beobachtungen Auskunft, die auch in der Literatur beschrieben sind.

Beim Vergleich der Altersbeziehungen zwischen den beiden Granitkuppen ist man nur auf die allgemeine Beobachtung angewiesen, daß Bi und As mit zu den zuerst und am weitesten nach außen abwandernden Elementen gehören. Diese sind für Altenberg kennzeichnend. Wolfram und Li kommen nach. Letztere sind für Zinnwald kennzeichnend. Neigung zur Einhaltung dieser Reihenfolge ist sogar innerhalb der einzelnen Lagerstätte zu erkennen, wenn sie nicht durch andere Umstände überprägt ist. Auf den Abkühlungsspalten kristallisierte pegmatitische Bildungen wurden pneumatolytisch umgewandelt. Auch der auf der Randkluft zwischen Teplitzer Quarzporphyr und Granitoberfläche (die in Altenberg ebenfalls fehlt) gebildete „Stockscheider" ist größtenteils pneumatolytisch umgewandelt und unterscheidet sich dann kaum von den normalen „Flözparagenesen".

2. Vergleich mit Sadisdorf

Hier bestehen wieder größere Ähnlichkeiten. Dem Sadisdorfer „Außengreisen" entspricht in Altenberg der vergreiste Granitporphyr. Zwar sind die Ausgangsgesteine ein Porphyr des Sayda-Berggieshübler-Gangporphyrschwarmes bzw. Gneis, also Gesteine, die bei Beginn der Granitintrusion bestimmt schon kalt waren, wenn auch eine gewisse Erwärmung durch die Porphyre des Teplitzer Quarzporphyrspaltenzuges im gesamten Raum angenommen werden muß; aber die Bildung der Sadisdorfer Lagerstätte vollzog sich in mehreren Phasen, und durch die vor der eigentlichen Kuppe aufsteigende Gasaureole wurde das Deckgebirge vorgeheizt und zum Teil sogar umkristallisiert (granitisiert). Diese Umwandlungsprodukte vergreisten dann unter dem Einfluß von Gasen ähnlicher Zusammensetzung wie in Altenberg. Nachdem der erste Gasschub abdestilliert war, sackte die Granitkuppe etwas zusammen, es bildete sich ein ganz ähnlich wie in Altenberg geformter Hohlraum, der pegmatitische Bildungen aufnahm.

Nur riß er hier dort auf, wo es normalerweise erwartet werden darf, nämlich im Scheitel der Kuppe, an der Grenze zum ursprünglichen Deckgebirge. Auch die weitere Entwicklung verlief anders als in Altenberg: Während dort nach Bildung der Pegmatitkuppe die Entgasung schon weitgehend beendet war und vor allem in den Gasen die typischen Elemente der pneumatolytischen Phase, Sn, W, Li, schon fehlten, so daß die Greisenbildung unter der Kuppe chemisch und quantitativ unvollständig verlief, ist in Sadisdorf unter der Pegmatithaube ein vollständiger großer Greisenkörper vorhanden. Es ist sogar aus einem Anwachsen der Sn- und W-Gehalte in 150 m Tiefe eine Wiederbelebung der Gaszufuhr zu erkennen. Auch der Pegmatit ist bis auf Reste an den Flanken pneumatolytisch umgewandelt. Zur Pyknitbildung kam es allerdings nicht, obwohl die gleichen Palisadenfeldspäte vorhanden waren wie in Altenberg. Ob dies auf die chemische Zusammensetzung der Gase zurückzuführen ist, kann erst erörtert werden, wenn eine geochemische Untersuchung der neugebildeten Glimmer sowohl für Sadisdorf als auch Altenberg vorliegt.

3. Vergleich mit Ehrenfriedersdorf

Im Vergleich zu Ehrenfriedersdorf (OELSNER 1952) sehen wir, wie sich etwa derselbe Vorgang wie in Altenberg bei kaltem, starren Deckgebirge abspielt: Es sind Spalten aufgerissen, durch welche der überwiegende Teil der leichtflüchtigen Stoffe entweichen konnte, unter Bildung pneumatolytischer Gänge. Selbst die pegmatitischen Lösungen drangen in die untersten Regionen der Spalten ein Stück ein, füllten diese aber aus, so daß die überwiegende Menge des Pegmatits als Stockscheider in dem sich zwischen Granitoberfläche und der Glimmerschieferdecke bildenden Kontraktionshohlraum kristallisierte.

Unter dieser Pegmatithaube stauten sich die Nachzügler an überkritischen Lösungen. Wie in Altenberg handelt es sich um relativ kleinere Mengen, im Gegensatz zu Altenberg aber waren auch diese noch sehr reich an SnF_4, so daß sich unter den Pegmatitkuppeln in Ehrenfriedersdorf (der Granit hat dort mehrere Kuppen) kleine, aber reichvererzte Greisenkörper bilden konnten. Eine Vergreisung des Pegmatits selbst erfolgte nicht.

Zusammenfassung

Der Zwitterstock zu Altenberg befindet sich schon seit dem Mittelalter in bergmännischer Nutzung. Die Möglichkeit zu einer umfassenden geologischen Bearbeitung wurde aber erst durch die umfangreichen Auffahrungen in den letzten 5 Jahren geschaffen. Die neu hinzukommenden Aufschlüsse werden beschrieben, aus den Erscheinungen wird eine genauere Formulierung der Vorgänge bei der Lagerstättenbildung versucht, als in den bisher vorliegenden Beschreibungen der Fall war. Es wird ein Vergleich mit den Granitkuppen von Zinnwald, Sadisdorf und Ehrenfriedersdorf durchgeführt. Das beigefügte Bildmaterial soll besonders wesentliche und typische Erscheinungen der Altenberger Lagerstätte belegen.

Am Ende der Arbeit möchte ich nicht versäumen, Herrn Prof. Dr. SCHÜLLER, Berlin, für Mitteilungen über Ergebnisse petrographischer Untersuchungen Altenberger Gesteine, sowie für wertvolle Hinweise und Ratschläge meinen herzlichsten Dank auszusprechen. Mein besonderer Dank gilt auch der Betriebsleitung des VEB-Zinnerz Altenberg, durch die unsere geologische Arbeit zu einem wichtigen Teil der bergbaulichen Entwicklung des Betriebes gemacht worden ist.

Literatur

DALMER, K.: Erläuterungen zur geologischen Spezialkarte Sektion Altenberg–Zinnwald, B. 119. – Leipzig 1890.

DONATH: Magmatische und tektonische Abhängigkeit der Zinnerzlagerstätten des östlichen Erzgebirges. – Unveröff. Manuskript.

OELSNER, O.: Die pegmatitisch-pneumatolytischen Lagerstätten des Erzgebirges mit Ausnahme der Kontaktlagerstätten. – Freib. Forschungshefte, C 9, (1952).

PRZYBYLSKI, R. & G. HEDRICH: Die Zinnerzlagerstätte von Altenberg, Geologie und Bergbau. – Bergbautechnik, Jg. 6, H. 4, S. 188 bis 194 (1956).

SCHÜLLER, A.: Persönliche Mitteilungen sowie Berichte für das Archiv der Staatl. Geolog. Kom. 1952–1957.

SCHNEIDERHÖHN, H.: Erzlagerstätten. Jena 1955 VEB Gustav Fischer Verlag

SPENGLER, E.: Über die Abtragung des varistischen Gebirges in Sachsen. –Abh. geol. Landesanst. Berlin, N. F., H. 212, (1949).

VEB Zinnerz Altenberg: Akten und Risse.

Ein Fund von *Peregrinella* cf. *peregrina* D'ORBIGNY in der Unteren Kreide Norddeutschlands

(Gebiet Werle in Mecklenburg)

GREGOR CHRYPLOFF, Berlin

Kurze Synonymie

1847 *Rhynchonella peregrina* (v. BUCH) D'ORBIGNY: Paléontologie française, terrains crétacés, t. IV, p. 16, pl. 493.

1887 *Peregrinella peregrina* (D'ORBIGNY) OEHLERT in P. FISCHERS Manuel de chonchyliologie,p. 1505, Paris 1887.

1906 *Rhynchonella peregrina* D'ORB., E. ASCHER: Die Gastropoden, Bivalven und Brachiopoden der Grodischter Schichten, Beiträge zur Paläontologie von Österreich-Ungarn, Bd. XIX, S. 135–172, Tab. XIV, Fig. 11.

1924 *Peregrinella multicarinata* DE LAMARCK, RENNGARTEN: Sur les Pérégrinelles du Caucase, Bull. Com. géol., Leningrad, vol. 42, pp. 119–127, avec 2 planches.

Beschreibung

Es kann im folgenden nur der Steinkern der oberen Dorsal-Schale, der verletzt und nicht vollständig ist, beschrieben werden (s. Abb.). Zwei weitere Exemplare aus derselben Schicht (Bohrung Werle 5) sind noch schlechter erhalten und bestehen nur aus Bruchstücken.

Die Form ist rund (pectinoid), schwach gewölbt, im unteren Teil breit, im oberen Teil schmal. Sie hat gerade, einfache Rippen und besitzt weder einen Sinus noch andere dieser Gattung sonst eigene Krümmungen. Die konzentrischen Wachstumsringe treten auf der Schale nicht deutlich hervor. Die Anzahl der noch vorhandenen Rippen beträgt 28; da jedoch die Schale nicht vollständig ist, dürfte die ursprüngliche Rippenzahl größer gewesen sein.

Nach D'ORBIGNY handelt es sich bei dieser Art um etwa 50 Rippen; nach Ansicht anderer Paläontologen schwankt die Anzahl der Rippen zwischen 30 und 40.

Die Maße der vorliegenden Exemplare können aus dem obengenannten Grunde nicht genau nachgeprüft werden. Alle drei Exemplare gehören, verglichen mit den alpinen Arten, zu den jungen Typen.

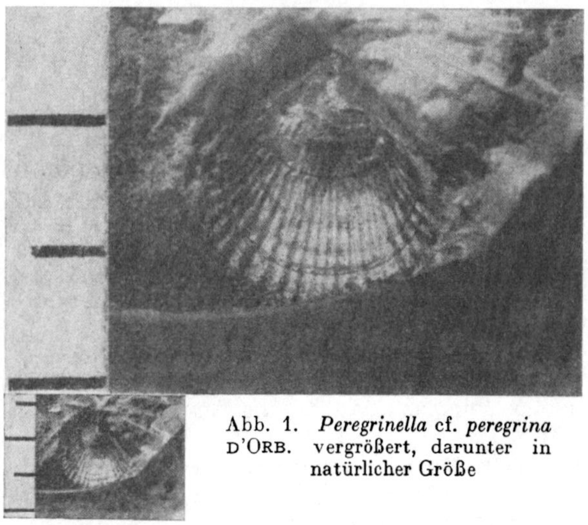

Abb. 1. *Peregrinella* cf. *peregrina* D'ORB. vergrößert, darunter in natürlicher Größe

Historische Notizen

Erstmalig wurde die hier besprochene Art von DE LAMARCK unter dem Namen *Terebratula multicarinata* in seinem klassischen Werk „Histoire des animeaux sans vertèbres", I. ed., t. VI, p. 253, Paris 1813, aufgeführt.

Kurze Zeit danach wurde durch v. BUCH in einem Artikel über *Terebratula* in den Phys. Abh. der Akademie d. Wissenschaften, Berlin 1833, eine neue Beschreibung gegeben, die aber weit mehr durch die französische Übersetzung in den „Mémoires de la Société géologique de France", t. III, p. 156, pl. XV, Fig. 28, bekannt wurde.

Lange Zeit wurden Funde dieser Art im Gebiet von Chatillon im Département Drome in Frankreich gemacht. Von hier gelangten viele Exemplare in die Sammlungen der ganzen Welt.

In den 80er Jahren des vorigen Jahrhunderts wurde die Art bei Montpellier in Frankreich, dann in den Schlesischen Karpaten (Teschener Gebiet), in den Rumänischen Karpaten (Siebenbürgen), auf dem Monte Gargano in Apulien (Italien) und in den 20er Jahren unseres Jahrhunderts im Kaukasus gefunden. Während dieser langen Zeit änderte sich auch die Artbezeichnung des Fossils, wie man aus den Synonymen ersehen kann. Aus den obigen Ausführungen geht bereits hervor, daß die Art während dieser ganzen Zeit in der alpinen Zone bekannt war; daher rollt ihr Fund in Bohrungen Norddeutschlands eine Reihe interessanter Probleme auf. Zunächst scheint es bewiesen, daß diese Art über die alpine Zone und, genauer ausgedrückt, aus den polnischen Karpaten über Oberschlesien eingewandert ist, zumal mit ihr zusammen auch andere alpine Fossilien auftreten. In der alpinen Zone bilden die Schichten mit *Peregrinella peregrina* sogar den leitenden Horizont im Oberen Hauterive.

Andererseits ist in Nordamerika (Kalifornien) eine ähnliche Art bekannt, die *Rhynchonella whitneyi* GABB (1869) genannt wird und sich dort im Valendis findet. Daher kann auch die Vermutung ausgesprochen werden, daß unsere *Peregrinella* möglichenfalls aus Amerika über Alaska, Grönland und Westskandinavien nach Mecklenburg eingewandert ist und von dort aus in die alpine Zone gelangte. Einige Anhaltspunkte, über die Verf. verfügt — abgesehen von *Peregrinella* —, sprechen ebenfalls dafür; jedoch müßte diese Form erst in Alaska und Grönland angetroffen werden; dann erst würde es keine Zweifel mehr geben.

In Werle ist es zur Zeit wegen der vielen Kernverluste bei Bohrungen schwer zu bestimmen, in welchem Teil des Hauterive sich die Art findet. Es sind auch noch nicht alle Kerne überprüft worden.

Literatur

W. M. GABB, Palaeontology of California, vol. II, p. 35, pl. 12, Fig. 62; p. 204, pl. 34, Fig. 105, 1869.

T. W. STANTON, The fauna of the Knoxville-beds, Bull. of the U. S. Geological Survey, Nr. 133, p. 32, pl. I, Fig. 5–10, 1895.

F. M. ANDERSON, Lower cretaceous deposits in California and Oregon, p. 93. Geological Soc. of Am., Special Papers, Nr. 16, 1938.

Zur Feinstratigraphie der Werraanhydrite (Zechstein 1) im Bereich der Sangerhäuser und Mansfelder Mulde

(Vorläufige Mitteilung[1])

WOLFGANG JUNG, Sangerhausen

Bei der Bearbeitung von Kupferschieferuntersuchungsbohrungen im südöstlichen Harzvorland und bei Arbeiten in den Kupferschiefergruben hat sich immer wieder das Fehlen einer einheitlichen Anhydritnomenklatur, die die notwendige Voraussetzung zur feinstratigraphischen Arbeit darstellt, als großer Mangel herausgestellt. Auf Grund von Untersuchungen in den Zechsteinanhydriten der Sangerhäuser und Mansfelder Mulde wird unter Berücksichtigung bisher unterbreiteter Vorschläge [H. R. v. GAERTNER (1932), H. GAERTNER (1953), E. KAUTZSCH (1953), B. STEINBRECHER (1953), K. WÜNSCHMANN (1953), A. HERRMANN & G. RICHTER-BERNBURG (1955) und E. v. HOYNINGEN-HUENE (1956)] der Versuch unternommen, ein einheitliches Schema zur Beschreibung von Anhydritgesteinen nach makroskopischen Gesichtspunkten zu erstellen.

Die Verschiedenartigkeit der Anhydritgesteine ist bedingt durch die sehr vielgestaltige Art, in welcher Dolomit-Tonsubstanz usw. den Anhydriten eingelagert ist. Da also die *nichtanhydritische* Substanz die vielgestaltigen Anhydrittypen hervorbringt, wird im Gegensatz zu den anderen Vorschlägen, hier zur ersten Kennzeichnung des Gesteins immer deren charakteristische Form verwandt. Danach wird ihre Variationsbreite gekennzeichnet und zur weiteren Bestimmung des Gesteins die der anhydritischen Substanz eigene Form beschrieben.

[1]) Vorliegende Mitteilung stellt eine Zusammenfassung der von der Friedrich-Schiller-Universität Jena genehmigten Inauguraldissertation dar. Die Arbeit wird unter gleichem Titel demnächst a. a. O. in ungekürzter Form erscheinen.

Oft wird sich das letztere erübrigen, weil die Dolomit- oder Tonsubstanz die gleiche Form aufweist wie die anhydritische bzw. deren Form bestimmt.

Das im folgenden wiedergegebene Schema dürfte zur Kennzeichnung der Zechsteinanhydrite im südöstlichen Harzvorland ausreichen, bedarf aber für andere Gebiete der Ergänzung.

Das Untersuchungsgebiet ist durch folgendes Normalprofil in der Werraserie (Zechstein 1) gekennzeichnet:

20,00—30,00 m Oberer Werraanhydrit
0,00—12,00 m Steinsalz der Werraserie
25,00—35,00 m Unterer Werraanhydrit
3,00— 6,00 m Zechsteinkalk
0,30— 0,40 m Kupferschiefer
1,00— 3,00 m Zechsteinkonglomerat.

Sowohl der Untere als auch der Obere Werraanhydrit können auf Grund textureller Unterschiede exakt in mehrere Zonen gegliedert werden. Diese Gliederung wird im folgenden wiedergegeben.

Während der Untere Werraanhydrit sich immer in der angegebenen Weise gliedern läßt, zeigt der Obere Werraanhydrit 3 verschiedene Ausbildungen. Die im Profil angegebene Entwicklung habe ich vorgeschlagen „Bottendorfer Fazies“ zu nennen, weil im Bereich des Bottendorfer Höhenzuges der Obere Werraanhydrit in der angegebenen Weise gegliedert werden kann. Im Bereich der Sangerhäuser Mulde liegt über der Zone kappa nur noch dolomitisch regelmäßig eng und fein gestreifter Anhydrit. Diese Entwicklung ist „Sangerhäuser Fazies“ genannt worden. In der Mansfelder Mulde, hauptsäch-

Schema zur einheitlichen Beschreibung von Anhydritgesteinen

Texturtyp, unterschieden nach der Form der nichtanhydritischen Substanz	Weiter untergliedert nach deren Breite	Verlauf	und Abstand zueinander	Weitere Charakterisierung nach Form der Anhydritsubstanz, deren Anordnung und Häufigkeit des Auftretens von Anhydritperlen
Gestreift	fein (bis 1 mm) mittel (1 – 3 mm) grob (3 – 5 mm)	a) regelmäßig, mit folgenden die Regelmäßigkeit im ganzen nicht störenden Variationen: schwach wellenförmig verbogen, stark wellenförmig verbogen, schwach gezähnelt, stark gezähnelt, schwach gekröseartig verbogen, stark gekröseartig verbogen; b) unregelmäßig, mit folgenden Zusätzen: schwach ausgefranst, stark ausgefranst, schwach brekziös zerrissen, stark brekziös zerrissen, knotenartig verdickt	eng (bis 3 mm) weit (> 3 mm)	1. Form: a) Perlen (klein bis 5 mm ∅) (groß 5 mm – 1 cm ∅) b) Augen (klein = größter ∅ bis 5 cm) (groß = größter ∅ > 5 cm) c) Knollen (klein bis 5 cm ∅) (groß > 5 cm ∅) d) Wolken (klein = größter ∅ bis 1 cm) (groß = größter ∅ > 1 cm) 2. Anordnung: verstreut, zonar 3. Häufigkeit der Anhydritperlen: minimal, vereinzelt, mäßig, stark, sehr stark
Gebändert	schmal (5 mm – 1 cm) breit (1 – 3 cm) sehr breit (> 3 cm)		eng (bis 1 cm) weit (> 1 cm)	
Gemasert	fein (bis 5 mm) grob (> 5 mm)	immer unregelmäßig, nur gelegentlich mit hindurchschimmernder Regelmäßigkeit		
Geadert	fein (bis 5 mm) grob (> 5 mm)	immer unregelmäßig, bezüglich der Länge kurz < 2 cm, lang > 2 cm		
Marmoriert	kleinfleckig (bis 5 mm) großfleckig (> 5 mm)	immer unregelmäßig		

Profil zur feinstratigraphischen Gliederung der Werraanhydrite im Bereich der Sangerhäuser- und Mansfelder Mulde

Gruppe	Zone	Texturtyp	Durchschnitts-mächtigkeit in m
Oberer Werra-Anhydrit	ny	Anhydrit, dolomitisch regelmäßig eng und fein gestreift, oft geperlt und mehrmals mit Anhydritaugen	11,00 – 13,00
	my	Anhydrit, dolomitisch unregelmäßig eng bis weit fein gestreift bis schmal gebändert	1,00 – 3,00
	lambda	Anhydrit, dolomitisch regelmäßig eng und fein gestreift, ± stark geperlt	5,00 – 7,00
	kappa	Anhydrit, dolomitisch unregelmäßig weit schmal bis breit gebändert	2,00 – 3,00
	jota	Anhydrit, dolomitisch regelmäßig eng und fein gestreift, schwach klein geperlt	1,00 – 2,00
	theta 2	Anhydrit, dolomitisch unregelmäßig eng bis weit fein bis grob gestreift; unmittelbar am Salz in verschwommene, regelmäßige Feinstreifung übergehend	1,00 – 2,00
		Steinsalz der Werraserie (nur lokal auftretend)	0,00 – 12,00
Unterer Werra-Anhydrit	theta 1	Anhydrit, dolomitisch unregelmäßig eng bis weit fein bis grob gestreift, gelegentlich gebändert, unmittelbar am Salz in verschwommene, regelmäßige Feinstreifung übergehend	3,00 – 4,00

Gruppe	Zone	Texturtyp	Durchschnitts-mächtigkeit in m
Unterer Werra-Anhydrit	eta	Anhydrit, dolomitisch regelmäßig eng und fein gestreift, meist geperlt	1,50 – 2,00
	zeta	Anhydrit, dolomitisch eng bis weit unregelmäßig fein bis grob gestreift; nur gelegentlich schmal gebändert	2,00 – 3,00
	epsilon	Anhydrit, dolomitisch regelmäßig eng und fein gestreift, schwach klein geperlt	2,00 – 3,00
	delta	Anhydrit, dolomitisch unregelmäßig eng bis weit fein bis grob gestreift, nur gelegentlich schmal gebändert	7,00 – 8,00
	gamma	Anhydrit, dolomitisch regelmäßig eng und fein gestreift, gelegentlich in feine dolomitische Maserung übergehend, stark geperlt und öfter mit Anhydritknollen	6,00 – 7,00
	beta	Anhydrit, dolomitisch verschieden weit und sehr breit gebändert, verschiedentlich dolomitisch unregelmäßig fein bis grob gestreift und gemasert	5,00 – 6,00
	alpha	Anhydrit, dolomitisch fein bis grob gemasert, meistens wolkig	1,50 – 2,50

lich in deren Ostteil, liegt über der Zone theta 2 nur dolomitisch regelmäßig eng und fein gestreifter Anhydrit; demzufolge habe ich diese Ausbildung „Mansfelder Fazies“ genannt.

Mit Ausnahme der Schwellengebiete, die durch wesentlich erhöhte Anhydritmächtigkeiten ausgezeichnet sind, scheint diese Gliederung — entweder Mansfelder oder Sangerhäuser Fazies — im gesamten Harzrandgebiet durchführbar zu sein. Das von E. v. HOYNINGEN-HUENE aufgestellte Profil, was er auch als zutreffend für die Sangerhäuser- und Mansfelder Mulde bezeichnet, muß in der angegebenen Weise erweitert werden.

Im Bereich des Thüringer Beckens und im Werragebiet weisen die Zonen alpha und beta gleiche oder ähnliche Texturen wie im speziellen Untersuchungsgebiet auf.

Ausgehend von den Beobachtungen über Anhydritaugen und -knollen (fälschlicherweise Alabasterknollen genannt), deren Entstehung eindeutig als frühdiagenetisch-konkretionär erkannt wurde, wird die Auffassung vertreten, daß die im Untersuchungsbereich und in Gebieten mit analog aufgebautem Profil zur Ablagerung gekommenen Werraanhydrite primär dolomitisch fein gestreift waren. Die jetzt vorliegenden verschiedenartigen Anhydrittypen werden als Produkte ± intensiv verlaufender frühdiagenetisch-konkretionärer Umwandlungen angesehen, die z. T. unter nicht unerheblichen Substanzverschiebungen vor sich gegangen sind.

Das Dreieckdiagramm – ein Hilfsmittel zur Kontrolle und Auswertung von Kalkstein- und Dolomitanalysen

KARL-HEINZ BERNSTEIN, Freiberg/Sachsen

Kalksteine und Dolomite bestehen im Normalfall aus 3 Hauptbestandteilen: 1) Kalzit $CaCO_3$, 2) Dolomit $CaMg(CO_3)_2$) und 3) aus Nichtkarbonaten. Man kann deshalb die mineralogischen und chemischen Beziehungen der einzelnen Komponenten in einem Dreieckdiagramm darstellen.

In chemischen Analysen von Kalksteinen und Dolomiten werden meist folgende Bestandteile angegeben: CaO, MgO, CO_2, R_2O_3 (bzw. Al_2O_3 und Fe_2O_3), SiO_2 und der Löserückstand. Seltener werden noch H_2O, S (bzw. SO_2), FeO, MnO u. a. zusätzlich bestimmt. Während CaO, MgO und CO_2 meist fast vollständig als Kalzit oder Dolomit gebunden sind, stellen die übrigen Komponenten die verschiedenartigsten Nichtkarbonate dar, deren chemische Zusammensetzung ebenfalls sehr wechselnd ist. In der Regel sind sie nur mit einigen Prozenten

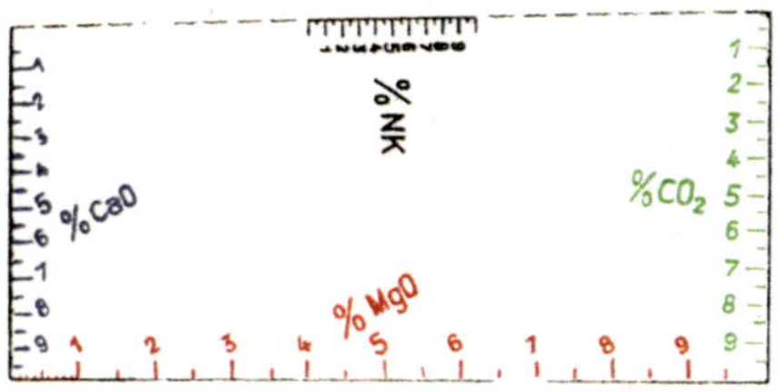

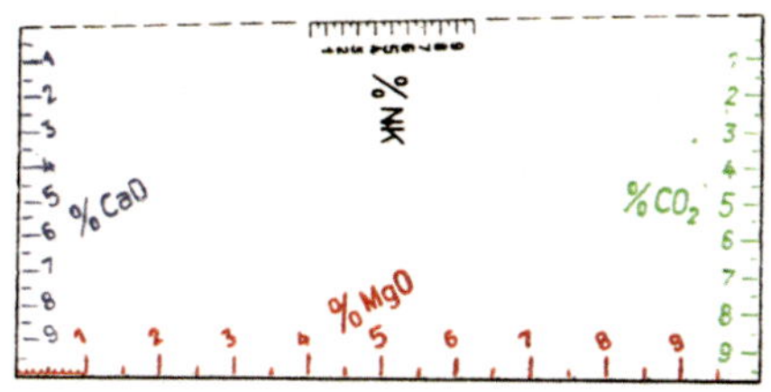

Abb. 1a

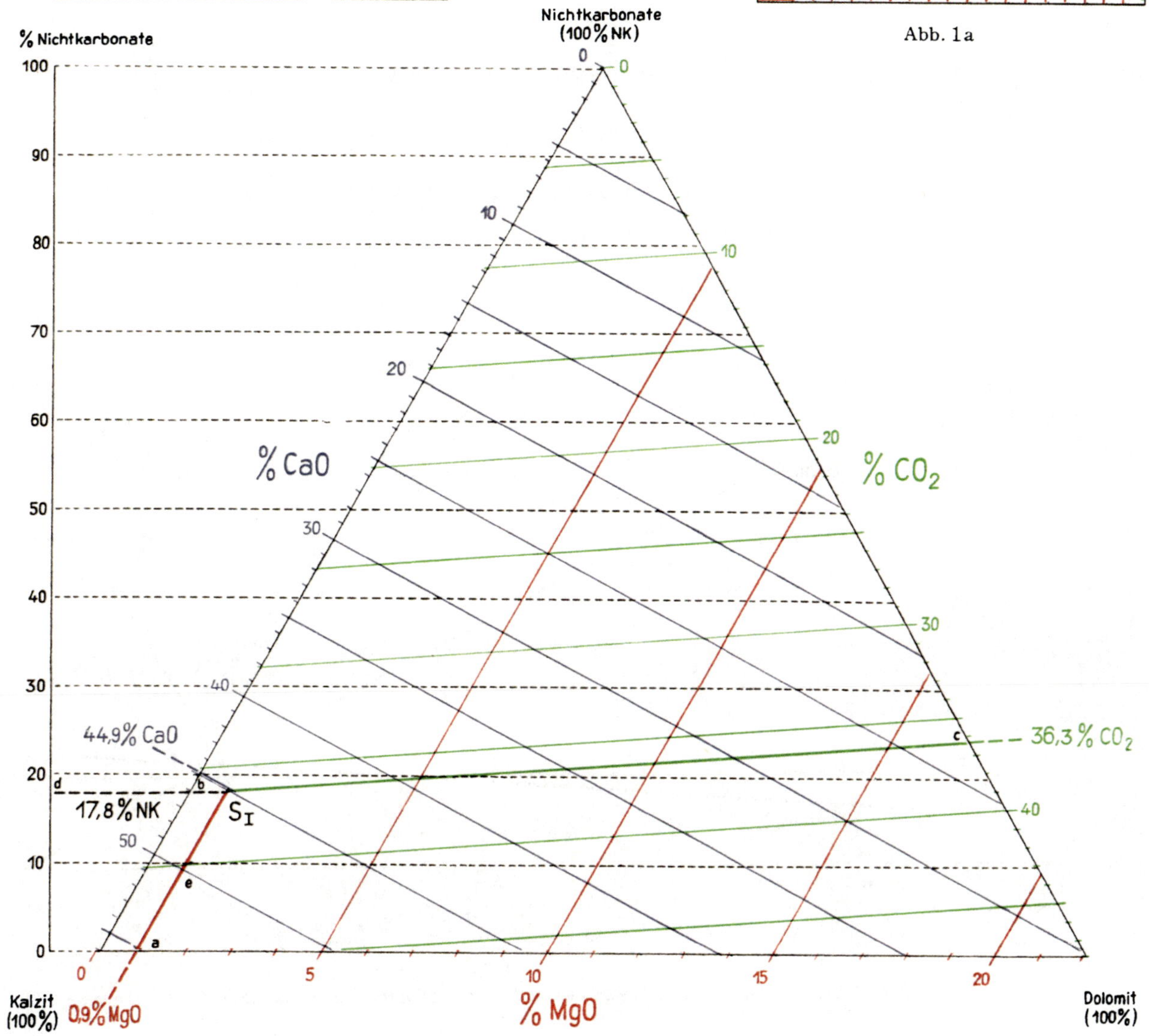

Abb. 1. Kontrolldiagramm für Kalkstein- und Dolomitanalysen
Abb. 1a (rechts oben). Schiebeskala zum Ausschneiden und Aufkleben

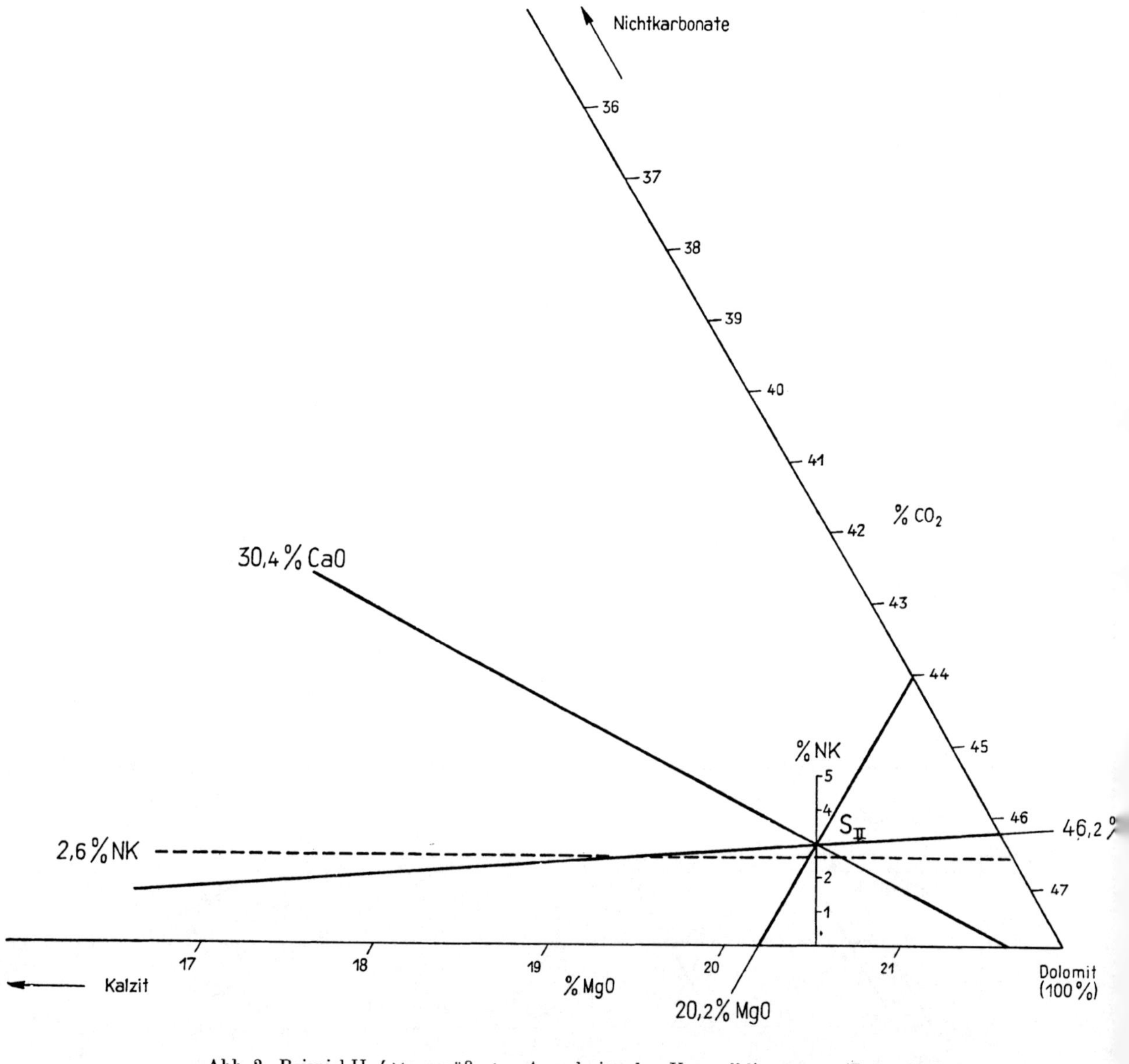

Abb. 2. Beispiel II. 4 × vergrößerter Ausschnitt des Kontrolldiagramms (Dolomitecke)

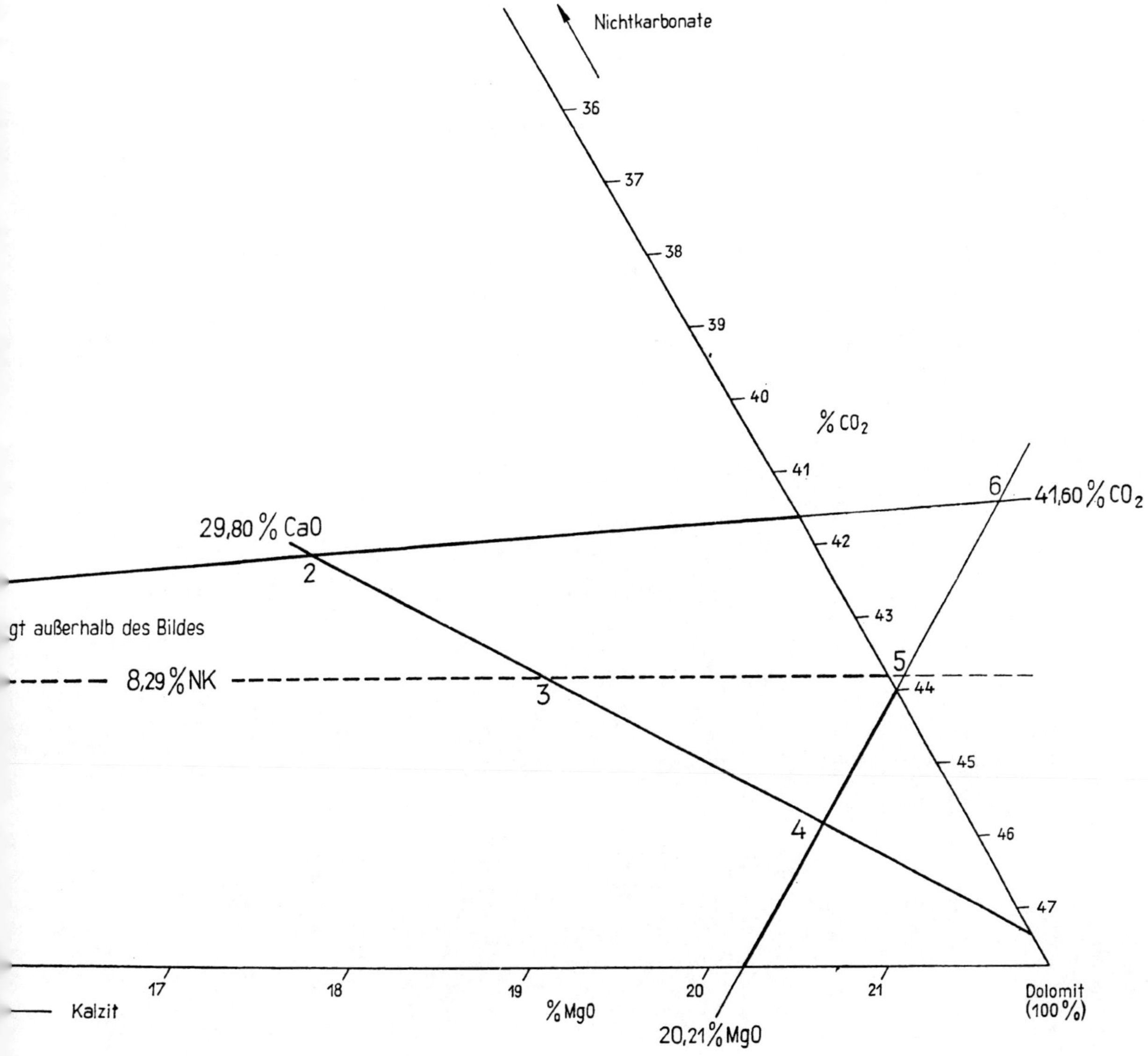

Abb. 3. Beispiel III. 4 × vergrößerter Ausschnitt des Kontrolldiagramms (Dolomitecke)

an der Zusammensetzung der Karbonatgesteine beteiligt.

Da die Genauigkeit der Karbonatanalysen oft zweifelhaft ist, ist eine einfache Kontrollmöglichkeit wünschenswert. Zwar läßt sich mit Hilfe von ausführlichen Umrechnungstabellen (PIETZSCH 1950) aus dem CaO-Gehalt der $CaCO_3$-Gehalt feststellen und umgekehrt — das gleiche kann auch für MgO und FeO vorgenommen werden —, jedoch sind für eine weitere Kontrolle (vor allem, ob zuviel MgO bestimmt wurde) umständliche Rechnungen nötig. Außerdem wird auf den $CaMg(CO_3)_2$-Gehalt, der erheblich bedeutungsvoller als der $MgCO_3$-Gehalt ist, in den Tabellen nicht eingegangen. Aus diesem Grunde wird das beigegebene Kontrolldiagramm als eine einfache und weitergehende Kontrollmöglichkeit vorgeschlagen.

Das Kontrolldiagramm (Abb. 1)

Die drei Eckpunkte des Diagramms werden von Kalzit, Dolomit und der Summe der Nichtkarbonate (diese werden im folgenden meist mit NK bezeichnet) gebildet. Um die Gültigkeit des Diagramms zu gewährleisten, dürfen außer Kalzit und Dolomit keine anderen Karbonate vorliegen (zumindest nicht in nennenswerten Mengen). Diese Voraussetzung ist aber bei den meisten Kalksteinen und Dolomiten erfüllt. Z. B. sind nur für sehr wenige sächsische Kalksteine und Dolomite Siderit- bzw. Ankeritanteile nachgewiesen worden. (So ist vom ehemaligen Kalkwerk Tharandt ein „Kalk an der Kluft" bekannt, der 26,7% $FeCO_3$ enthält.)

Die chemische Analyse gibt nicht die Gehalte an Kalzit, Dolomit und Nichtkarbonaten an. Deshalb sind folgende Bemerkungen notwendig: CaO und MgO sind meist fast vollständig karbonatisch gebunden. Nennenswerte Mengen von CaO und evtl. MgO in silikatischer und nicht in karbonatischer Bindung liegen in manchen unreinen Kalksteinen vor. Obwohl beim normalen Lösen der Karbonatgesteine mit HCl diese CaO-Mengen meist nicht als Chlorid in Lösung gehen, sondern mit Kieselsäure u. a. als Löserückstand erscheinen, muß auch mit der Möglichkeit gerechnet werden, daß nichtkarbonatisch gebundene CaO-Anteile in der Analyse als CaO auftreten. Für diese Gesteine läßt sich das Dreieckdiagramm nicht unmittelbar anwenden. Der analytisch *bestimmte* CO_2-Wert erlangt dann eine große Bedeutung. Der aus CaO und MgO *berechnete* CO_2-Wert ist in diesem Fall falsch und irreführend. — Sehr oft wird anstelle von CO_2 nur der Glühverlust bestimmt. Dieser liegt etwas höher als der CO_2-Gehalt, da er im Normalfall noch etwa 0,1 bis 1,5%, durchschnittlich 0,8% H_2O enthält. Entsprechend reduziert, kann der Glühverlust in der Auswertung als CO_2 angesehen werden. Falls H_2O durch Vortrocknen entfernt oder gesondert bestimmt wurde, kann der CO_2-Gehalt dem Glühverlust gleichgesetzt werden. — Die Summe der Nichtkarbonate (NK) ergibt sich durch Addition der Gewichtsprozente von R_2O_3 (bzw. Al_2O_3 und Fe_2O_3), SiO_2, Löserückstand (Unlösliches), H_2O, S u. a.

Die Konstruktion des Kontrolldiagramms (Abb. 1)

Die Eckpunkte des gleichseitigen Dreiecks werden von 100% Kalzit, 100% Dolomit und 100% Nichtkarbonaten gebildet. Zwischen diesen 3 Bestandteilen sind die Beziehungen untereinander recht übersichtlich (Abb. 6). Aufgabe des Kontrolldiagramms soll jedoch auch die Kontrolle der analytisch bestimmten Gehalte an CaO, MgO und CO_2 sein. Während ein bestimmter MgO-Gehalt (dem 2,09fachen $MgCO_3$- und) dem 4,57fachen Dolomitgehalt entspricht, z. B. 21,9% MgO = 100% Dolomit, so sind die Verhältnisse für CaO und CO_2 komplizierter. Beide sind sowohl im Kalzit wie im Dolomit zu finden:

In 100% Kalzit sind gebunden:
56,0% CaO — 44,0% CO_2
In 100% Dolomit sind gebunden:
30,3% CaO; 21,9% MgO; 47,8% CO_2

Diese Werte entsprechen den Eckpunkten des Diagramms.

An der linken Seite des Diagramms (Abb. 1) fällt demnach der CaO-Gehalt von 56,0% (bei 100% Kalzit) bis auf 0% (bei 100% NK). An der rechten Seite sinkt der CaO-Gehalt von 30,3% (bei 100% Dolomit) bis auf 0% (bei 100% NK). Durch Verbinden der gleichen Gehalte auf der Kalzit- und Dolomitseite des Dreiecks erhält man dann die Linien gleicher CaO-Gehalte (blaue Linien). In Abb. 1 sind nur die Linien für die Fünferprozente gezeichnet worden, um die Übersichtlichkeit zu wahren. Die Konstruktion der CO_2-Linien (grün) wird auf gleiche Weise vorgenommen.

Die Anwendung des Kontrolldiagramms

An Hand des *Beispiels I* soll nun der Gebrauch des Kontrolldiagramms erläutert werden:

Kalkstein der Kreideformation (Pläner)
Fundort: Strehlen bei Dresden, Bruch Scheumann
(aus WUNDER, HERBRIG & EULITZ 1867, S. 17)

CaO	44,9%
MgO	0,9%
CO_2	36,3%
R_2O_3	2,2%
Unlöslich	15,6%
	99,9%

Wie oben angegeben, wird die Summe der Nichtkarbonate (NK) aus R_2O_3 und dem Unlöslichen ermittelt. NK beträgt in diesem Beispiel 17,8%. — Nun werden die einzelnen Werte auf den betreffenden Skalen aufgesucht (Abb. 1):

MgO (rot) an der Basis des Dreiecks (a),
CaO (blau) an der linken (b) und
CO_2 (grün) an der rechten Seite des Dreiecks (c).
NK (schwarz) wird an der senkrechten Skala links vom Dreieck abgelesen (d).

Wegen der Übersichtlichkeit ist es nur möglich, im Dreieck die Linien für die Fünferprozente anzugeben. Die ganzen Prozente sind an den Seiten des Dreieckdiagramms zu finden; im Diagramm müssen sie mit Hilfe einer Schiebeskala aufgesucht werden. Diese Schiebeskala ist auf Abb. 1 mit abgebildet. Zur bequemeren Handhabung ist die Schiebeskala als Abb. 1a nochmals beigegeben. Zweckmäßigerweise wird die letztere ausgeschnitten und auf dünnen Karton geklebt. Beim Gebrauch der Schiebeskala ist zu beachten, daß die Teilskalen für die betreffenden Bestandteile jeweils senkrecht auf den Linien der entsprechenden Zehnerprozente stehen und nur genau zwischen diesen verschoben werden. Auch dürfen die Zahlen der jeweils aufgesuchten Komponenten nicht schiefwinklig zur Basis des Dreiecks stehen. Die Dezimalstellen der einzelnen Gewichtsprozente müssen interpoliert werden. Dies ist im Hinblick auf die Analysengenauigkeit durchaus genügend.

Zuerst wird unter Verwendung der Schiebeskala von der Basis des Dreiecks (a) aus die MgO-Linie 0,9% nach rechts oben verfolgt. Nun markiert man einen vorläufigen Schnittpunkt (e) auf der Zehnerprozentlinie von CaO, die dem CaO-Wert (44,9%) etwa am nächsten liegt. Darauf wird die Schiebeskala von b ausgehend zwischen den Linien für 40 und 50% CaO nach rechts unten bis zum Schnittpunkt (e) mit der 0,9% MgO-Linie geführt. Jetzt kann der endgültige Schnittpunkt S_I

der MgO-Linie 0,9 mit der CaO-Linie 44,9 mit Hilfe der Schiebeskala genau festgelegt werden. Der Schnittpunkt S_I entspricht der Lage des Kalksteins vom Beispiel I im Dreieckdiagramm. Das Verfolgen der Linien für CO_2 (36,3%) von c aus und NK (17,8%) von d aus, das auf grundsätzlich gleiche Weise wie bei CaO und MgO vorgenommen wird, ergibt den gleichen Schnittpunkt S. Das ist nicht verwunderlich, denn durch zwei dieser Werte sind die beiden anderen eindeutig festgelegt, falls die drei Voraussetzungen zutreffen: 1) CaO und MgO sind nur karbonatisch, nicht silikatisch oder anders gebunden; 2) nur CaO und MgO, nicht FeO und MnO, liegen als Karbonate vor; 3) die Analyse ist richtig. Für Beispiel I bedeutet das: Nur der CO_2-Wert von 36,3% und der NK-Wert von 17,8% können zu den angeführten CaO- und MgO-Werten gehören. — Ebenso ist die Lage im Diagramm eindeutig, falls nur MgO und NK oder NK und CO_2 usw. bekannt sind. Sind nur NK und CO_2 bekannt, so ist die Lagegenauigkeit im Diagramm allerdings gering, da sich die NK- und CO_2-Linien sehr spitzwinklig schneiden.

In vielen Fällen wird eine geringe Abweichung der einzelnen Schnittpunkte voneinander vorhanden sein. Diese kann entweder auf kleinere Ungenauigkeit der Analysenwerte oder auf die nicht genügende Einhaltung zwei der oben genannten (S 73). Voraussetzungen zurückgeführt werden. Abweichungen unter 0,5% sind ohne Bedeutung und können deshalb ohne weiteres vernachlässigt werden.

Als *Beispiel II* wird nun ein Dolomit angeführt:

Dolomit der Zechsteinformation
Fundort: Ostrau in Sachsen, Bruch Eulitz
(aus WUNDER, HERBRIG & EULITZ 1867, S. 17)

CaO	30,4%
MgO	20,2%
CO_2	46,2%
R_2O_3	1,4%
Unlöslich	1,2%
	99,4%

Die Ermittlung des Schnittpunktes (in Abb. 2 in einem Ausschnitt des Kontrolldiagramms dargestellt) wird wie bei Beispiel I vorgenommen. Bei der Kontrolle ergibt sich, daß der NK-Wert um etwa 0,5% zu niedrig liegt, während die Linien für CaO, MgO und CO_2 sich in einem Punkt S_{II} schneiden. Ein Blick auf die Summe zeigt, daß dort 0,6% an 100% fehlen. Werden diese 0,6%, bei denen es sich möglicherweise um H_2O oder um Alkalien handeln kann, noch zu NK hinzugerechnet, dann wird auch hier eine hinreichende Übereinstimmung der Schnittpunkte erreicht.

Im *Beispiel III* soll eine vollständig falsche Analyse dargestellt werden (Abb. 3):

Dolomit („Kaule") des Oberdevons
Fundort: Borna, Kreis Pirna, VEB Kalkwerk Borna
Werksanalyse Borna 1
(aus ENGERT 1956, S. 9)

CaO	29,80%
MgO	20,21%
Glühverlust	41,60%
Fe_2O_3	0,80%
Al_2O_3	0,90%
Löserückst.	6,10%
H_2O	0,08%
SO_3	0,51%
Summe	100,00%
$CaCO_3$	53,20%
$MgCO_3$	42,49%

NK wird aus Fe_2O_3, Al_2O_3, Löserückständen, H_2O und SO_3 berechnet. Bei der Addition ergibt sich NK = 8,39%. — Da H_2O gesondert bestimmt wurde, kann für eine Kontrolle der Glühverlust mit dem CO_2-Gehalt gleichgesetzt werden (siehe auch S. 73). Die Darstellung der Analyse im Diagramm zeigt Abb. 3. Statt eines Schnittpunktes wie z. B. in Beispiel I (Abb. 1) erhält man sechs, z. T. weit voneinander entfernte Schnittpunkte (1—6; der Schnittpunkt (1) der CO_2-Linie mit der NK-Linie liegt aber so weit von den übrigen Schnittpunkten entfernt, daß er nicht mehr in Abb. 3 dargestellt werden kann). Das bedeutet: Mindestens zwei Komponenten sind falsch bestimmt worden. Wäre nur *eine* Komponente falsch bestimmt, z. B. MgO, so würden in Abb. 3 die Schnittpunkte 1, 2 und 3 zusammenfallen; die Schnittpunkte 4, 5 und 6 würden sich nicht verändern (siehe auch Beispiel II). — Bei Betrachtung der von ENGERT errechneten $CaCO_3$- und $MgCO_3$-Werte (53,2 und 42,49%) fällt der hohe Karbonatgehalt, insgesamt 95,69%, auf. Zählt man nun die Summe der Nichtkarbonate hinzu (8,39), so erhält man eine Gesamtsumme von 104,08%. Demgegenüber steht die vom Labor angegebene Summe von 100,00%. Es ist auffällig, daß diese Differenzen bei den in der Arbeit von ENGERT 1956 angeführten Analysen mehrfach auftreten (z. B. S. 15: Werksanalyse Borna 5: 99% als Summe angegeben; die Kontrollrechnung ergibt 102,11% als Gesamtsumme), jedoch nur bei den Werksanalysen des Kalkwerkes Borna. Bei den von Dr. E. WOHLMANN 1953 ausgeführten Analysen, die ebenfalls bei ENGERT (auf S. 9 und 15) veröffentlicht sind, treten bei gleichgearteten Proben diese Fehler nicht auf. Deshalb können die Unstimmigkeiten im Diagramm (Abb. 3) und bei der Kontrollrechnung nicht durch verschiedene Zusammensetzung der Proben bedingt sein, sondern müssen auf die Unrichtigkeit der Analysen zurückgeführt werden.

Aus dem angeführten Beispiel ist auch ersichtlich, daß es nutzlos ist, die $CaCO_3$- und $MgCO_3$-Werte zu errechnen, ohne die übrigen Komponenten, insbesondere den Glühverlust, zu berücksichtigen. Man erhält auf diese Weise oft Werte, die von dem wirklichen Karbonatgehalt erheblich abweichen und nur theoretische Werte darstellen.

Auch *Beispiel IV* soll auf fehlerhafte Analysen eingehen (Abb. 4):

Dolomit der Zechsteinformation
Fundort: Ostrau in Sachsen
(Aus Akten des Geologischen Dienstes Freiberg, 12. 12. 1956)
Analysen-Nr.: 6258
Analytiker: VEB Grobkeram, Meißen, Zentrallabor

CaO	29,14%
MgO	21,81%
CO_2	46,56%
Al_2O_3	0,23%
Fe_2O_3	0,61%
SiO_2	0,86%
	99,21%

NK = 0,23% + 0,61% + 0,86% = 1,70% + 0,79% = 2,49%

Zu NK muß noch, wie im Beispiel II ausführlich erläutert wurde, der Rest zur Summe 100,0% geschlagen werden (0,79%), da die Lage im Diagramm nur bei einer Summe von 100,0% feststellbar ist. — Der Schnittpunkt der CaO- mit der MgO-Linie liegt außerhalb des Diagramms, d. h. der Dolomit müßte überschüssiges $MgCO_3$ enthalten, demnach Magnesit als Mineral führen. Um das zu untersuchen, wurden weitere Analysen ausgewertet.

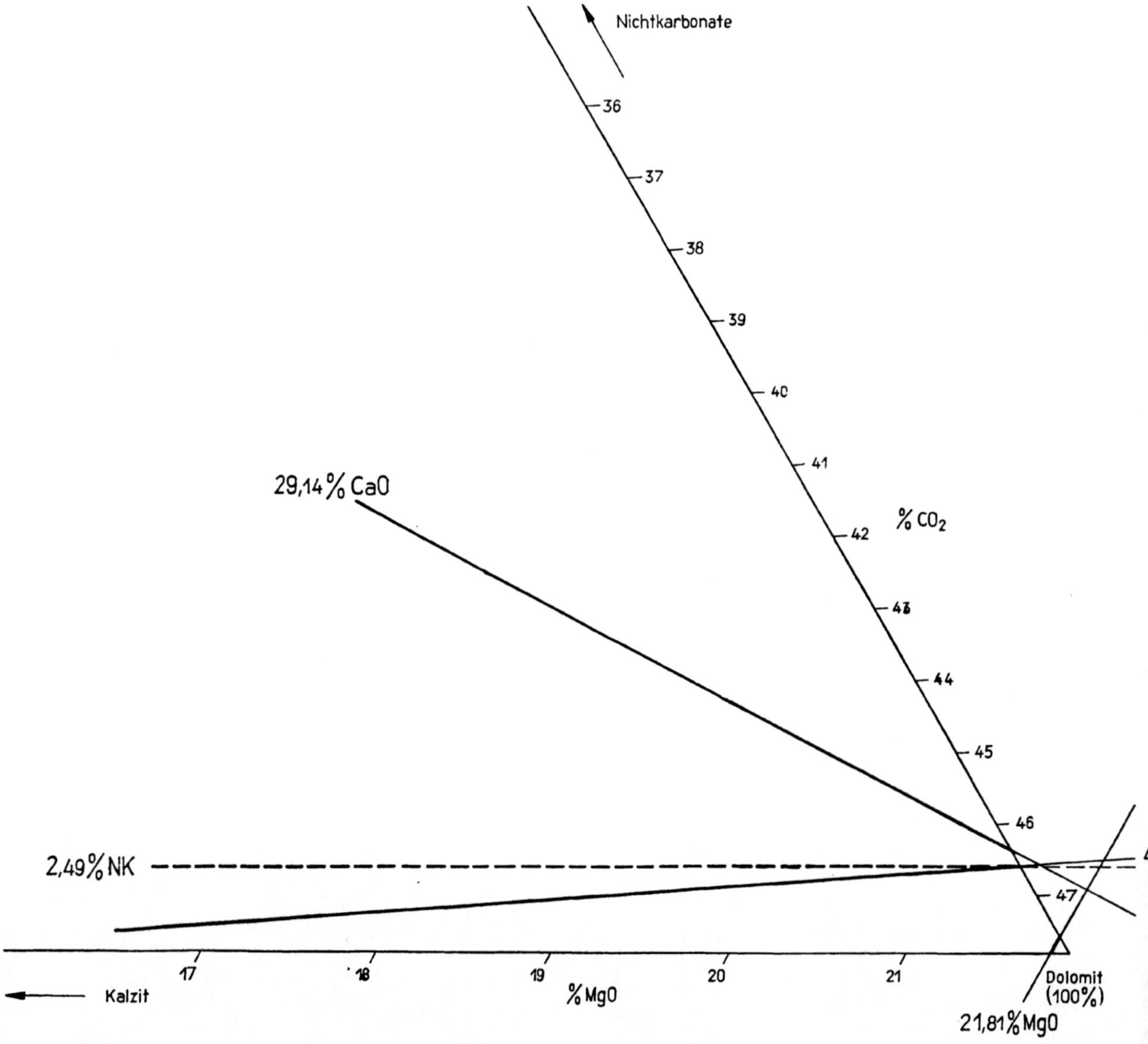

Abb. 4. Beispiel IV. 4 × vergrößerter Ausschnitt des Kontrolldiagramms (Dolomitecke)

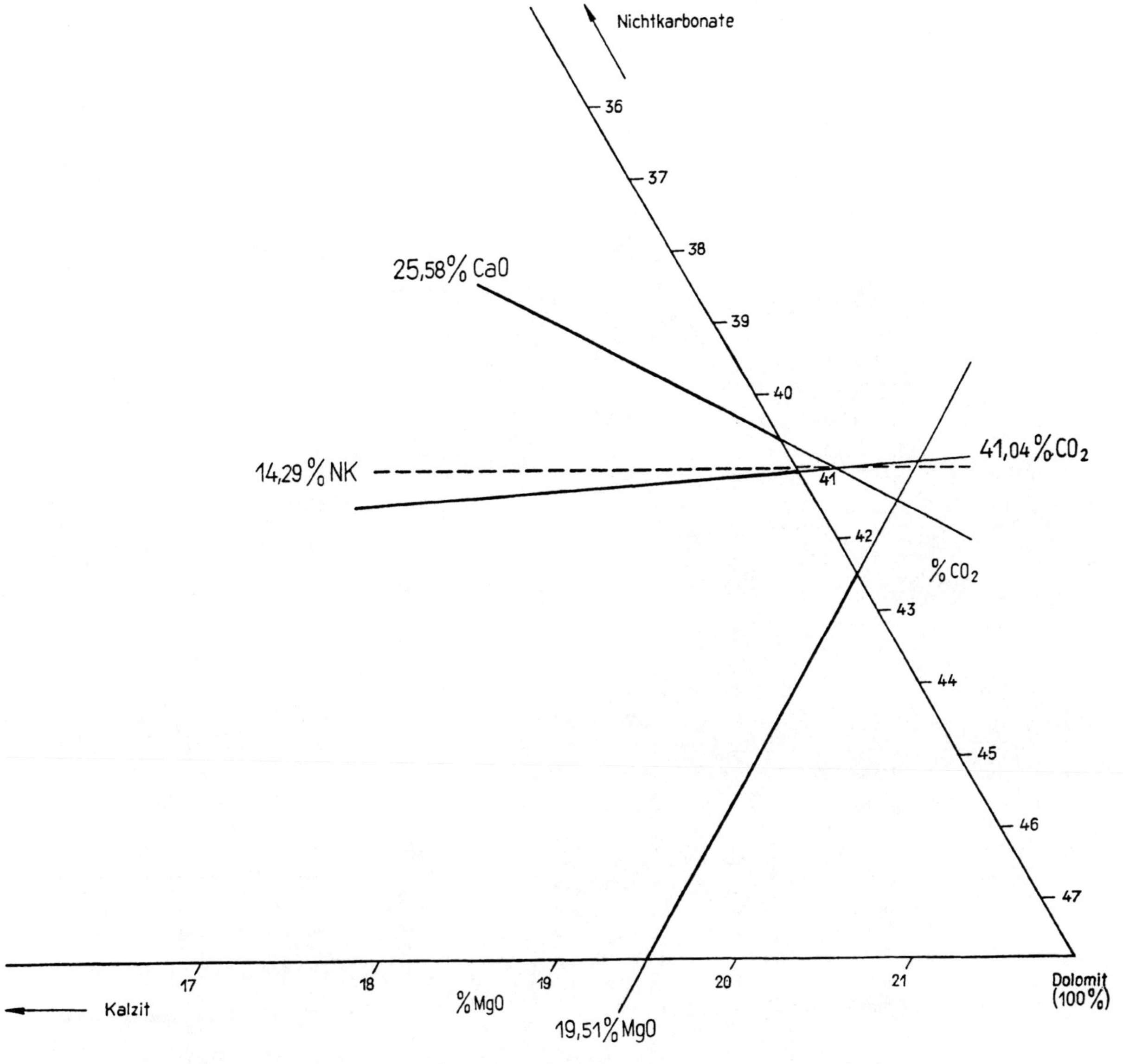

Abb. 5. Beispiel V. 4×vergrößerter Ausschnitt des Kontrolldiagramms (Dolomitecke)

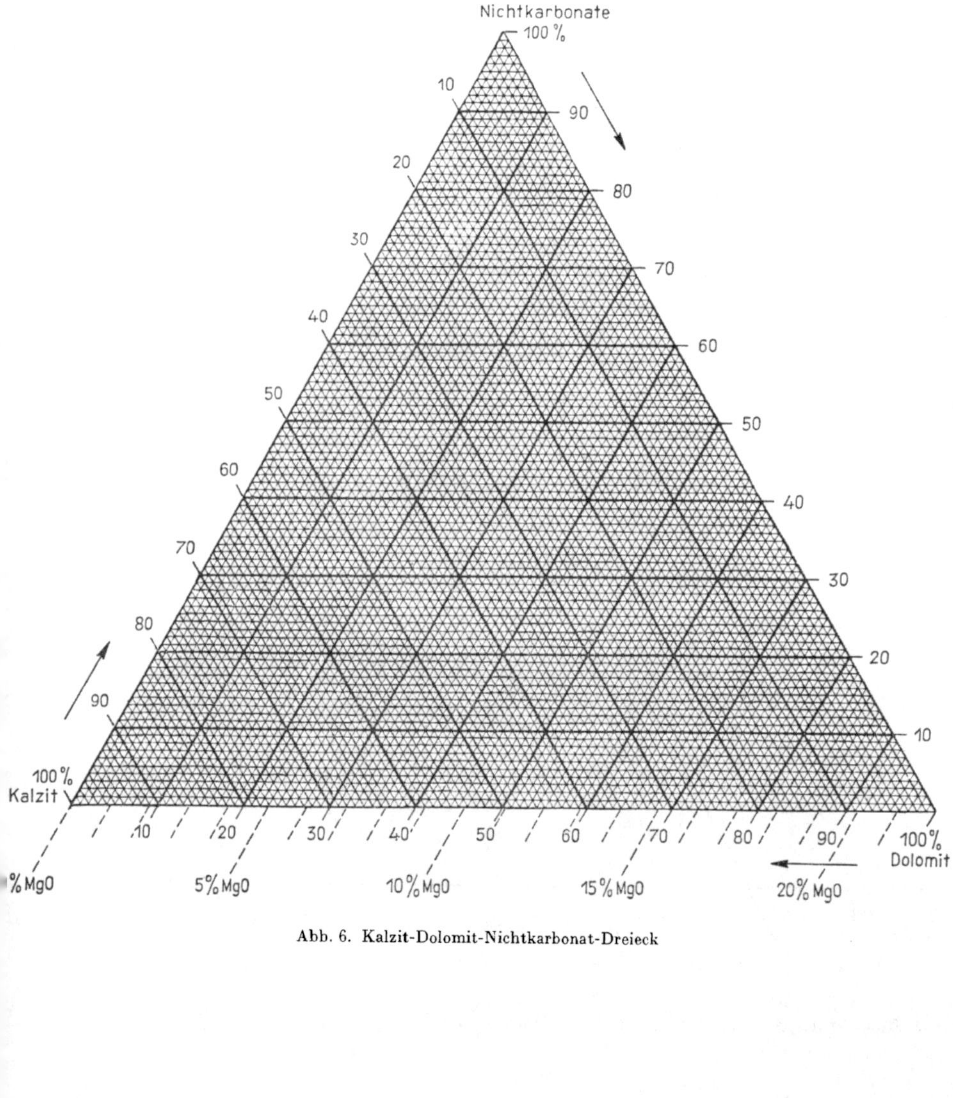

Abb. 6. Kalzit-Dolomit-Nichtkarbonat-Dreieck

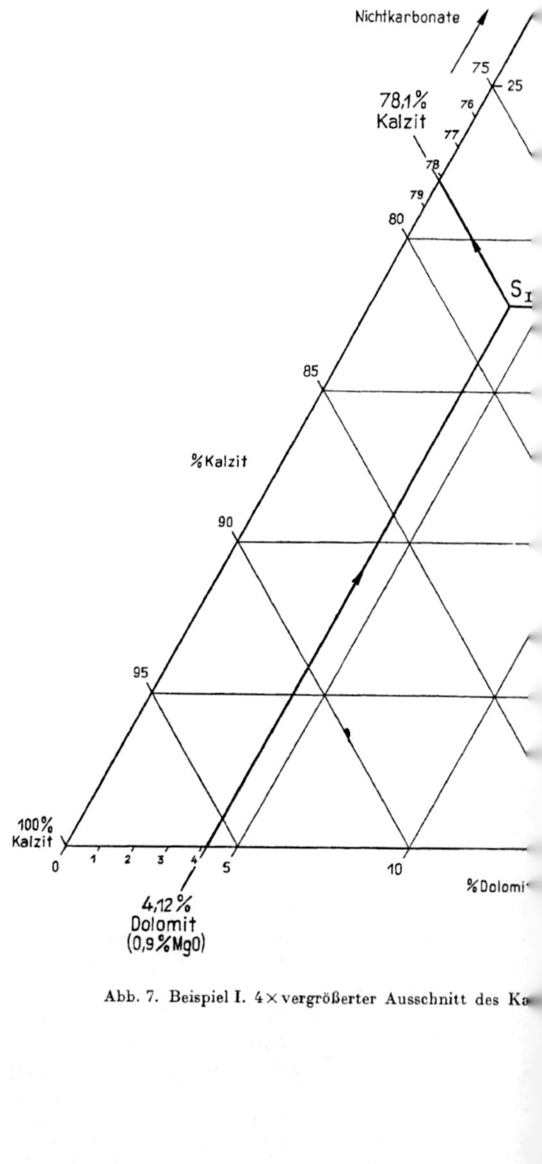

Abb. 7. Beispiel I. 4× vergrößerter Ausschnitt des Ka

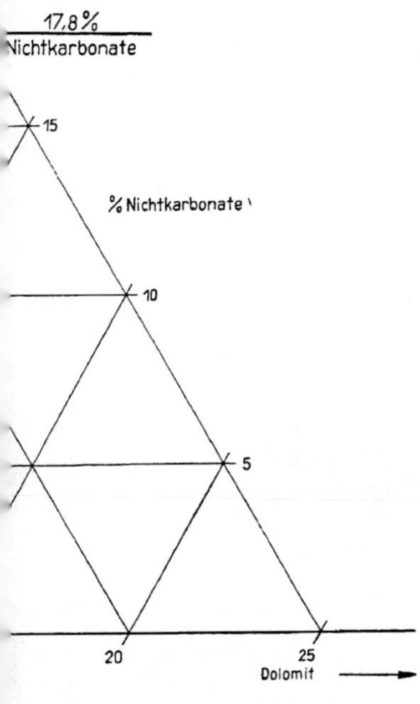

ichtkarbonat-Dreiecks (Kalzitecke)

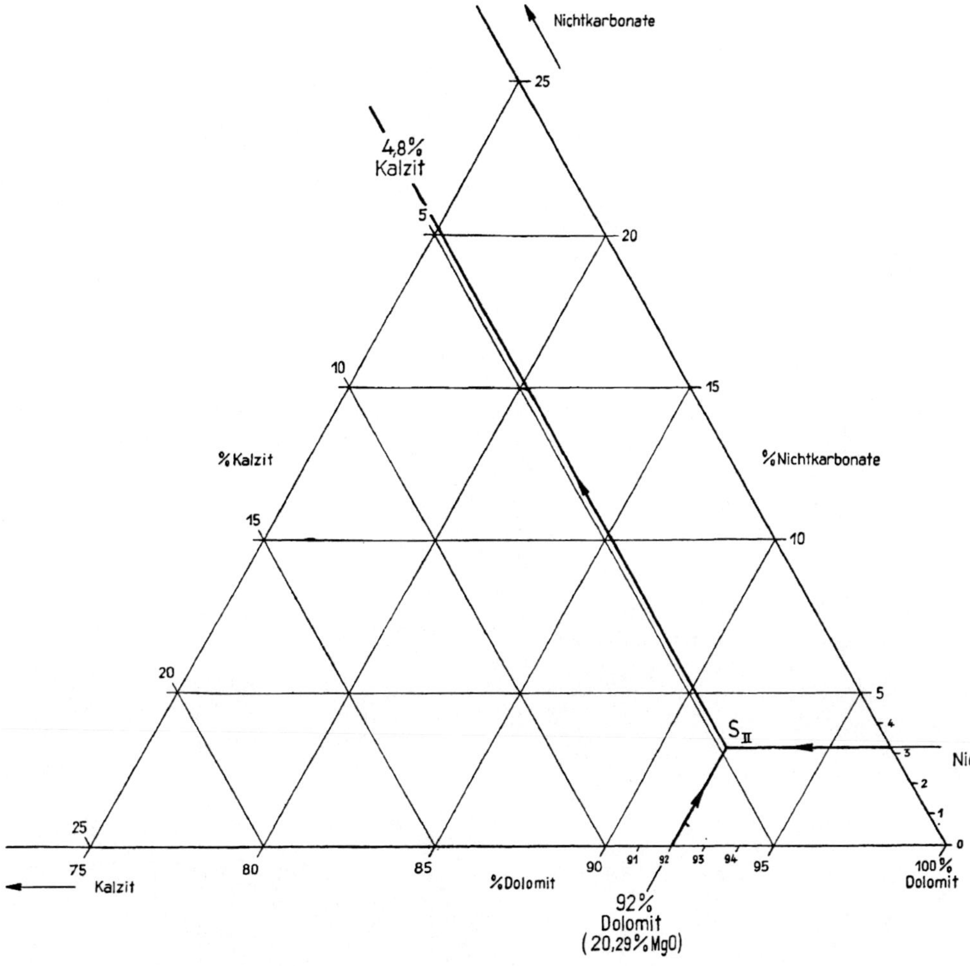

Abb. 8. Beispiel II. 4× vergrößerter Ausschnitt des Kalzit-Dolomit-Nichtkarbonat-Dreiecks (Dolomitecke)

Das *Beispiel V* (Abb. 5) ist eine dieser Analysen.
Dolomit der Zechsteinformation (wie Beispiel IV)
Analysen-Nr. 6248

CaO	25,58%
MgO	19,51%
CO_2	41,04%
Al_2O_3	1,34%
Fe_2O_3	0,62%
SiO_2	12,33%
	100,42%

NK = 1,34% + 0,62% + 12,33% = 14,29%

Auch hier liegt der Schnittpunkt der CaO- mit der MgO-Linie außerhalb des Diagramms. Die weiteren Schnittpunkte der einzelnen Linien miteinander liegen ebenfalls außerhalb des Diagramms. Zur Erklärung dieser Unstimmigkeiten stehen nur zwei Möglichkeiten zur Wahl: Entweder liegt ein Magnesitgehalt vor oder die Analyse ist nicht richtig. — In den analysierten Zechsteindolomiten wurde bisher niemals Magnesit festgestellt, auch ist seine Existenz nicht sehr wahrscheinlich. Eine Auswertung von 96 sächsischen Zechsteindolomit-Analysen (WUNDER, HERBRIG & EULITZ 1867 und Akten des Geologischen Dienstes Freiberg) zeigte, daß die o. a. Unstimmigkeiten in einer Serie von 18 Analysen auftraten, die alle vom gleichen Labor (VEB Grobkeram, Meißen, Zentrallabor) stammten. Alle anderen Analysen, davon waren 28 an Material der gleichen Lagerstätte ausgeführt, konnten im Diagramm jeweils durch einen Schnittpunkt (oder durch mehrere, nahe beieinanderliegende Schnittpunkte) dargestellt werden. Damit ist die Unrichtigkeit der Analysen der Beispiele IV und V bewiesen. Da die Bestimmung von CO_2, R_2O_3 und SiO_2 ohne größere Fehler durchgeführt werden kann, dürfte die Ca/Mg-Trennung als Fehlerquelle zu betrachten sein. (Vgl. dazu auch WOHLMANN, 1955.) Dafür spricht auch die Lage des Schnittpunktes der CO_2- mit der NK-Linie (Abb. 4), die der anderer Dolomite vom gleichen Vorkommen durchaus entspricht.

Feststellung des CO_2-Gehaltes mit Hilfe des Kontrolldiagramms

Bei manchen Analysen ist der Gehalt an CO_2 nicht bestimmt. In diesem Fall wird der Schnittpunkt S der MgO- mit der CaO-Linie wie im Beispiel I aufgesucht und markiert. An der Schiebeskala kann dann CO_2 recht genau abgelesen werden. Auf die gleiche Weise ist es möglich, falls nur CaO und MgO bestimmt wurden, auch den Gehalt an Nichtkarbonaten mit einiger Sicherheit zu ermitteln.

Das Kalzit-Dolomit-Nichtkarbonat-Dreieck (Abb. 6)

Zur Beurteilung von Gesteinen ist ihr Mineralbestand von entscheidender Bedeutung. Dies trifft auch für Karbonatgesteine zu. Für Kalksteine und Dolomite ist in erster Linie von Interesse, wieviel Kalzit, Dolomit und Nichtkarbonate vorhanden sind. Grundsätzlich kann im Kontrolldiagramm durch zusätzliches Anbringen einiger Linien der Bestand an diesen Mineralien abgelesen werden. Um jedoch eine gute Übersichtlichkeit des Kontrolldiagramms zu gewährleisten, wurde ein weiteres Diagramm (Abb. 6) zur Auswertung benutzt. — Ist nun im Kontrolldiagramm die Verwendbarkeit der Analyse festgestellt worden, d. h. schneiden sich alle Linien in einem Punkt (S), so kann im Kalzit-Dolomit-Nichtkarbonat-Diagramm der prozentuale Anteil von Kalzit, Dolomit und Nichtkarbonaten direkt abgelesen werden. Der Schnittpunkt S im Kontrolldiagramm entspricht genau der Lage des Karbonatgesteins im Dreieck. Zur Feststellung des Schnittpunktes genügen (nach der Prüfung der Analyse im Kontrolldiagramm!) der MgO- und der NK-Wert. Deshalb ist zur schnelleren Auswertung an der Basis des Dreiecks eine Skala für MgO angebracht.

Zur Erläuterung des Gebrauchs soll die Analyse des Kalksteins von Strehlen (Beispiel I, siehe Seite 73) benutzt werden (Abb. 7). Zur Feststellung der Lage des Kalksteins im Dreieck wird die MgO-Linie 0,9 (die der Dolomitlinie von 4,12% entspricht; vgl. Abb. 6, MgO- und Dolomitskala an der Basis des Dreiecks) von der Basis aus nach rechts oben verfolgt, bis sie sich mit der entsprechenden, waagerecht von links oder rechts kommenden Linie für die Summe der Nichtkarbonate (NK = 17,8) im Punkt S_I schneidet. — Beim Ablesen ergibt sich für den *Kalkstein von Strehlen* auf Grund seiner chemischen Analyse folgender Mineralbestand:
78,1% Kalzit; 4,1% Dolomit und 17,8% nichtkarbonatischer Rest.

Ob die 4,1 % Dolomit als selbständiges Mineral vorliegen oder im Kalzit isomorph eingebaut sind, läßt sich auf Grund der chemischen Analyse nicht entscheiden und soll hier nicht untersucht werden. Bei kleineren MgO-Mengen ist aber deren Einbau in das Kalzitmolekül wahrscheinlich.

Für den *Dolomit von Ostrau* (Beispiel II) wird auf die gleiche Weise S_{II} ermittelt und folgender Mineralbestand abgelesen (Abb. 8):
92,0% Dolomit; 4,8% Kalzit und 3,2% nichtkarbonatischer Rest.

Für die Beispiele III, IV und V kann der Mineralbestand nicht angegeben werden, da die Analysenwerte nicht zuverlässig sind (vgl. dazu S. 74).

Abschließend muß noch bemerkt werden, daß über die Zusammensetzung des nichtkarbonatischen Restes nur in manchen Fällen verbindliche Aussagen auf Grund der chemischen Analyse gemacht werden können (so liegt z. B. im Dolomit des Beispiels V ein erheblicher Quarzgehalt vor). Auf die Bindung der nichtkarbonatischen Bestandteile und die mineralische Zusammensetzung des nichtkarbonatischen Restes soll aber hier nicht eingegangen werden.

Über die statistische Auswertung von Kalkstein- und Dolomitanalysen mit Hilfe des Kalzit-Dolomit-Nichtkarbonat-Dreiecks wird im Zusammenhang mit einem Gliederungsvorschlag für diese Karbonatgesteine in Kürze berichtet werden.

Literatur

BERNSTEIN, K.-H.: Geochemische Untersuchungen an den Kalken und Dolomiten im Altpaläozoikum und Kristallin Sachsens. — Unveröff. Diplomarbeit, Bergakademie Freiberg 1955.

ENGERT, P.: Beiträge zur Stratigraphie und Tektonik des Elbtalschiefergebirges. — Geologie, Beih. Nr. 16 (1956).

PIETZSCH, K.: Berechnungstabellen für Kalkstein- und Dolomitanalysen. — Unveröff. Manuskript, Geol. Landesanst., Zweigstelle Sachsen, Freiberg (1950).

WOHLMANN, E.: Beitrag zur Kalk-, Dolomit- und Silikatanalyse. — Geologie 3 (1954), 933. (Pietzsch-Festschrift.)

WUNDER, G., A. HERBRIG & A. EULITZ: Der Kalkwerkbetrieb Sachsens und die Ursachen der verschiedenen Kalkpreise in Sachsen. — Engelmann, Leipzig 1867.

Akten der Staatlichen Geologischen Kommission, Geologischer Dienst Freiberg.

Farbwertmessungen an Braunkohlen

GÜNTER KRUMBIEGEL, Halle (Saale)

1. Einleitung

Seit 1950 werden vom Geologisch-Paläontologischen Institut der Martin-Luther-Universität im Zusammenhang mit den Ausgrabungen in der eozänen Braunkohle des Geiseltales feinstratigraphische Untersuchungen in den Tagebauen des Geiseltales durchgeführt (KRUTZSCH 1951, KRUMBIEGEL 1953, 1955, KNOP 1956, PREUSS 1957, SCHULZ, E. 1957). Diese Untersuchungen wurden ausgedehnt auf das Zeitz-Weißenfelser Revier (LÖHNERT 1955, DÖRING 1956), auf das Revier Oberröblingen (WALTER 1956), die Tagebaue Nachterstedt und Königsaue (WALTEMATE 1956) und den Tiefbau Gölzau bei Köthen (BRENDEL 1957).

Die obengenannten Arbeiten hatten u. a. die Aufstellung stratigraphischer Feingliederungen der Braunkohle zur Aufgabe. Dies wurde mit Hilfe verschieden heller Bänder und Bandgruppen und dunkler Schichten innerhalb der Braunkohle durchgeführt. Zur Lösung dieser Aufgabe bediente man sich bisher verschiedenster Methoden (z. B. zeichnerische und fotografische Aufnahmen von Profilen u. a.). Hierher gehört auch die Bestimmung der Farbwerte der einzelnen Kohlenstraten, auf die im folgenden näher eingegangen werden soll.

2. Subjektive Farbwertbestimmung

Neben der zeichnerischen Profilaufnahme galt es gleichzeitig die verschiedene Ausbildung der Kohle zu berücksichtigen. Dabei bediente man sich ihrer auffälligsten Merkmale, zu denen auch der Farbwert gehört. Diese visuelle Schätzmethode wurde bereits von WEIGELT (GA 1935) bei stratigraphischen Arbeiten im mittleren Geiseltal angewendet. Die Bestimmung der Farbwerte durch Abschätzung (Ostwaldsche Farbtafeln, genormte Kohlenpulver u. ä.) war bisher eine sehr subjektive Methode, war sie doch von vielen Faktoren abhängig, die eine exakte Bestimmung des Farbwertes der Bänder und Bandgruppen stark beeinflußten. So treten dabei Fehlerquellen auf, die einmal durch das verschiedene Farbempfinden des Beobachters entstehen

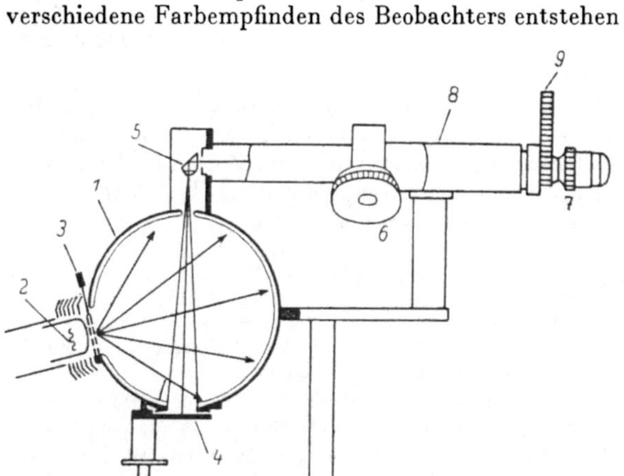

Abb. 1. Schematische Darstellung des Pulfrich-Photometers mit Ulbrichtscher Kugel (etwa $^1/_5$ nat. Größe) nach Zeiss Druckvorschrift CZ 32-536-1

1 – Ulbrichtsche Kugel, 2 – Lichtquelle, 3 – Milchglasscheibe, 4 – Probenhalterung, 5 – Reflexionsprisma, 6 – Meßtrommel, 7 – Okular, 8 – Beobachtungsrohr, 9 – Filterscheibe mit auswechselbaren Farbfiltern

können. Dann ist der Farbwert sehr abhängig vom Wetter (Beleuchtung, Sonnenstand; bei feuchtem Wetter erscheint eine Kohlenschicht dunkler als bei trockenem). Ferner spielt die Austrocknung der Baggerschnitte und eine Reihe weiterer Faktoren eine wesentliche Rolle. Obwohl mit Hilfe von Vergleichsmessungen an verschiedenen Tagen und Jahreszeiten, bei verschiedenem Wetter und durch mehrere Beobachter die Fehlerquellen eingeschränkt wurden, so war es doch notwendig, endlich eine Methode anzuwenden, die es ermöglichte, besser als bisher und vor allem objektiv, den Farbwert zu bestimmen. Außerdem hat diese neue Methode den Vorteil, daß man mit ihr Farbwertmessungen an Braunkohlen sämtlicher Lagerstätten durchführen kann und diese Farbwerte auch untereinander vergleichbar sind.

Über die subjektive Farbbestimmungsmethode soll hier nichts Näheres ausgesagt werden. Einzelheiten sind der im folgenden zitierten Literatur zu entnehmen:

HARRASSOWITZ (1922), GA (1935), KOLBE (1937), FROMMEYER (1939), KRUTZSCH (1951), GALLWITZ (1952), GALLWITZ & KRUTZSCH (1953), KRUMBIEGEL (1953, 1955), PREUSS (1957).

3. Objektive Farbwertbestimmung

Erstmalig benutzte H. JACOB ein Gerät des VEB Carl Zeiss, Jena, das ZEISS-Pulfrich-Photometer mit Ulbrichtscher Kugel (Kugelreflektometer), mit dem er an Braunkohlen objektive Farbwertbestimmungen durchführte (JACOB 1955, 1956). Diese Messungen verfolgten jedoch mehr brikettiertechnische Ziele und weniger feinstratigraphische. Aus diesem Grund wurden im Januar 1956 erstmalig vom Verf. und Herrn Dipl.-Geol. G. WALTER, Staatl. Geol. Komm. Schwerin, Versuche unternommen mit dem Ziel, festzustellen, inwieweit das genannte Gerät auch für die Bestimmung von Farbwerten bei feinstratigraphischen Untersuchungen in der Braunkohle verwendbar ist[1]). Die neue Untersuchungsmethode wurde dann auch in anderen Braunkohlenrevieren Mitteldeutschlands angewendet, so von PREUSS (1957) im mittleren und SCHULZ, E. (1957) im östlichen Geiseltal und von BRENDEL (1957) im Tiefbau Gölzau bei Halle/S.

a) *Arbeitsgerät*

Als Gerät wurde das Pulfrich-Photometer mit Ulbricht scher Kugel (Kugelreflektometer) verwendet (Abb. 1). Das Kugelreflektometer arbeitet nach der kolorimetrischen Methode. Das Prinzip des Gerätes ist folgendes:

Die zu untersuchende Probe wird gleichmäßig aus allen Richtungen mit diffus reflektiertem Licht beleuchtet. Die Beobachtung erfolgt senkrecht zur Probe mit Hilfe eines Reflexionsprismas. Man eicht das Gerät vor Beginn der Messungen mit Hilfe einer Normalweißplatte (Barytweiß), der man den Rückstrahlwert von 100% gibt. (Schwankungen der Netzspannungen werden auf rechnerischem Wege ausgeschaltet.) Die Leuchtdichte des von der Probe zurückgestrahlten Lichtes wird mit der Leuchtdichte der Kugelinnenwand durch Abstimmung zweier verschieden heller Farbsektoren im Innern des Beobachtungsrohres verglichen. Die an einer Meß-

[1]) Besonderer Dank gilt an dieser Stelle Herrn Dr. H. JACOB und Herrn ROCH vom Institut für Brikettierung der Bergakademie Freiberg/Sachs., die uns das Gerät zur Durchführung von Probemessungen überließen und uns in selbstloser Weise mit der Arbeitsmethodik vertraut machten.

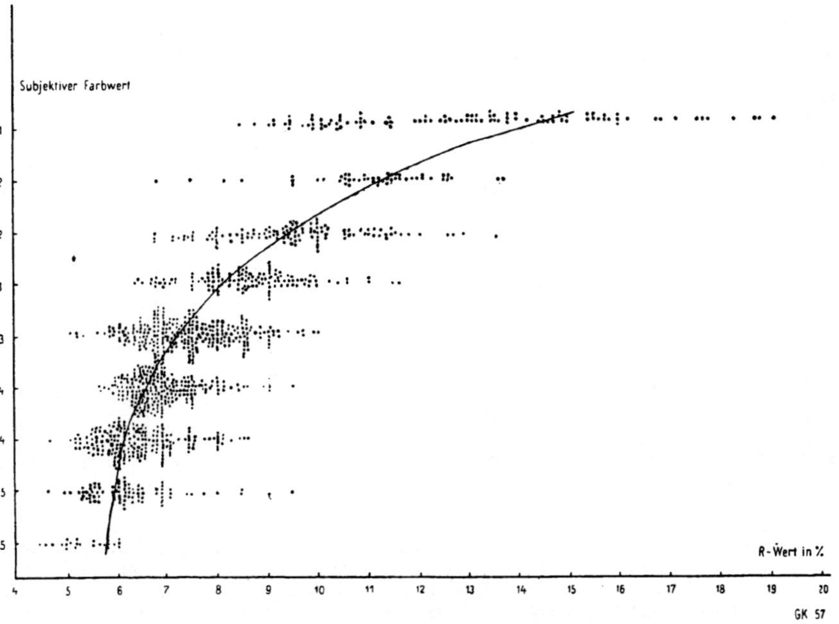

Abb. 2. Darstellung des Zusammenhanges von subjektivem Farbwert (Farbstufen nach KRUMBIEGEL (1955)) und Remissionswert (%) von Kohleproben aus den Tagebauen Neumark-West, Großkayna und Kayna-Süd im Geiseltal sowie dem Tagebau Etzdorf (Revier Oberröblingen) und dem Tiefbau Gölzau bei Halle/Saale

trommel abgelesenen Werte geben das Verhältnis der Rückstrahlintensität der Probe zu der eines Normalweißes in Prozenten an. Die Farbe einer Oberfläche läßt sich kennzeichnen durch die Angabe der Remission für verschiedene Wellenlängen, bezogen auf Normalweiß. Die Messung erfolgt bei Braunkohle mit Hilfe eines Rotfilters Nr. 7 (früher als Filter K_2 bezeichnet) mit einer Wellenlänge $\lambda = 6500$ Å, der eine für die Braunkohle besonders günstige Lichtdurchlässigkeit in Abhängigkeit von der Wellenlänge besitzt, die ein einfaches Ablesen am Gerät ermöglicht (siehe PREUSS, 1957). Weitere Angaben über das Gerät sind den folgenden Druckschriften des VEB Carl Zeiss, Jena, zu entnehmen: Druckschrift CZ 32-G 515a-1, CZ 32-536-1 u. CZ 32-V 510-1.

Die Berechnung des Remissionswertes R (Rückstrahlwert der Probe) erfolgt nach der Gleichung:

$$R = \frac{B}{B'} \cdot 100\%$$

In dieser Formel bedeuten:

R: Remissionsgrad in % im Vergleich zum Normalweiß

B: Leuchtdichte der Probe bezogen auf die Kugelinnenwand in %

B': Leuchtdichte der Normalweißplatte (Barytweiß) bezogen auf die Kugelinnenwand in %.

Beispiel:

$$R = \frac{4,3}{98,5} \cdot 100\% = 4,4\%$$

b) Aufbereitung der Kohle für die R-Wert-Messung

Für die Messungen des R-Wertes muß man die zu untersuchende Kohlenprobe aufbereiten, da die Helligkeit einer gepulverten Kohlenprobe gemessen wird. Diese Vorbereitung erfolgt in folgender Weise: Zunächst läßt man die grubenfeuchte Kohle etwa 2 Wochen lang an der Luft trocknen. Anschließend wird die lufttrockene Kohle mit Hilfe einer Kugelmühle oder eines großen Mörsers zerstoßen. Das zerkleinerte Material wird dann durch ein Sieb (DIN 1171) mit Maschenweite 0,15 mm gegeben. Die Kohle der Körnung > 0,15 mm wird verworfen, weil man durch Belassen dieser Körnung in der Probe einen um etwa 0,2% kleineren R-Wert erhält. An dem gesiebten Material, das man erneut einige Tage an einem luftigen und trockenen Ort stehen läßt, werden dann die Messungen durchgeführt. Dazu wird das Kohlepulver in ein Meßschälchen gegeben und mit einem Glasabstreicher geglättet. Das Glätten erfordert einige Übung, ist aber sehr wichtig, weil das Ergebnis der Messung von einer *ebenen* Oberfläche abhängt. Spiegelnde oder glänzende Oberflächen verfälschen den Meßwert. Das Meßschälchen wird in eine Halterung an der Unterseite der Ulbrichtschen Kugel gestellt und vorsichtig (!) an die Kugelöffnung emporgelassen (ein Stäuben der Probe ist zu vermeiden!) Es beginnt der eigentliche Meßvorgang. Um Fehler auszuschalten bzw. zu reduzieren, führt man an jeder Probe jeweils 5 bis 8 Messungen durch.

c) Meßerfahrungen

Dem Gerät haftet noch ein gewisser subjektiver Faktor an, da der Helligkeitswert der Probe beim Abstimmen der Farbsektoren im Beobachtungsrohr mit dem Auge des Untersuchenden ermittelt wird. Ganz objektiv wäre die Messung, wenn das Ergebnis mit Hilfe einer Photozelle (Selenzelle) ermittelt würde. PFLUG (1955, 1957) führte an rheinischen Braunkohlen mit Hilfe eines elektrischen Remissionsphotometers der Firma Leitz wirklich objektive Messungen durch.

Von Bedeutung ist ferner für die Messung die Wahl des günstigsten Filters. Das Pulfrich-Photometer besitzt 7 Farbfilter, die gleichmäßig über das sichtbare Spektrum verteilt sind. Für Messungen an Kohlenpulvern hat sich ein Rotfilter Nr. 7 (ZEISS-Druckvorschrift CZ 32-536-1) als am günstigsten erwiesen, wie durch PREUSS (1957, Abb. A, S. 33) bei einer Versuchsmeßreihe mit allen vorhandenen Filtern ermittelt werden konnte. Durch ein Rotfilter werden die Helligkeitsunterschiede vom Auge relativ gut wahrgenommen, da grundsätzlich alle Filter, deren Durchlässigkeitsgebiete im Bereich des langwelligen Lichtes liegen, die für das Auge günstigsten Lichtmengen durchlassen. Der Filter Nr. 7 weist nicht nur größte Amplituden der R-Werte auf, sondern spricht auch gut auf nur kleine Helligkeitsschwankungen an.

4. Systematische Farbwertmessungen mit dem Kugelreflektometer an Braunkohlenprofilen Mitteldeutschlands

Für die systematischen Farbwertmessungen wurden erstmalig 34 Proben von einem Säulenprofil innerhalb des Haupt- und Unterflözes an der Westwand des Tage-

Tabelle 1. Farbwertmessungen mit dem ZEISS-Pulfrich-Photometer mit Ulbrichtscher Kugel (Kugelreflektometer) am Haupt- und Unterflöz der Westwand des Tagebaues Etzdorf (Revier Oberröblingen). (KRUMBIEGEL, G. und WALTER, G.)

Hauptflöz

Kohleschicht	schw. Kohle	Zw. Mittel a'	a'	a'/a	a	a/A	A	A/b	b	b/c	C	c/B	c/B	B	B/d	d	d/e	e	f	oben g	mitte g	unten g	g/h	C	C/j
Nr. der Probe nach WALTER (1956)	1	2	3	4	5	6	7	8	9	10	11	12	12a	13	14	15	16	17	18	19	20	21	22	23	24
Subjekt. Farbwert der Kohle nach KRUTZSCH (1951)	5	4	3–4	4	2	4	1	2–3	1–2	4	2–3	4	3–4	1	4	3–4	4	3	3	2–3	2–3	2–3	4	1	4
Wert B, Mittelwert der Messungen	4,3	5,4	6,3	5,2	8,1	6,3	12,0	11,2	11,9	6,2	9,8	5,7	5,7	10,3	5,9	6,9	5,7	5,6	6,0	8,9	6,3	7,0	6,1	9,7	5,6
Remissionswert R in %	4,4	5,5	6,4	5,3	8,2	6,4	12,2	11,4	12,1	6,3	9,9	5,8	5,8	10,4	6,0	7,0	5,8	5,7	6,1	9,0	6,4	7,1	6,2	9,8	5,7

Unterflöz

Kohleschicht	I	II	II/III	III	III/IV	IV	IV/V	V	VI
Nr. der Probe nach WALTER (1956)	25	26	27	28	29	30	31	32	33
Subjekt. Farbwert der Kohle nach KRUTZSCH (1951)	1–2	1–2	4	3–4	4	1	3	1–2	1
Wert B, Mittelwert der Messungen	11,9	12,0	7,3	7,0	6,2	10,9	7,0	11,1	12,0
Remissionswert R in %	12,0	12,1	7,4	7,1	6,3	11,0	7,1	11,2	12,2

Die Proben wurden gemessen am:
Probe 1– 2: 16. 1. 1956
Probe 3–24: 17. 1. 1956
Probe 25–33: 18. 1. 1956

Eichmessungen mit der Barytweißplatte:
1. 16. 1. 1956: B' = 98,5%
2. 17. 1. 1956: B' = 98,5%
3. 18. 1. 1956: B' = 99,0%

Alle Proben gemessen mit Rotfilter Nr. 7

baues Etzdorf (Revier Oberröblingen) bei Profilmeter 400 entnommen (WALTER 1956) und für die Messungen mit dem Kugelreflektometer aufbereitet. Den Proben lagen bereits die Ergebnisse geologischer, sporenpaläontologischer, chemischer und subjektiver Farbwertuntersuchungen zugrunde. Durch die R-Wertmessungen sollte in erster Linie einmal der subjektive Farbwert überprüft und zum anderen die Ergebnisse der bereits durchgeführten Arbeiten ergänzt werden. Die R-Wertmessungen am Profil gibt Tabelle 1 wieder.

Um weitere Meßergebnisse für Aussagen über das Verhältnis der subjektiven zu den objektiven Farbwerten zu erhalten, wurden in einer Reihe von Tagebauen Mitteldeutschlands an horizontiert entnommenen Proben weitere systematische R-Wertmessungen durchgeführt. So untersuchte BRENDEL (1957) 98 Proben aus dem Tiefbau Gölzau bei Köthen, PREUSS (1957) 750 Proben von 16 Profilen der Nordwand des Tagebaues Neumark-West (Geiseltal) und SCHULZ, E. (1957) 370 Proben aus den Tagebauen Großkayna und Kayna-Süd im Geiseltal.

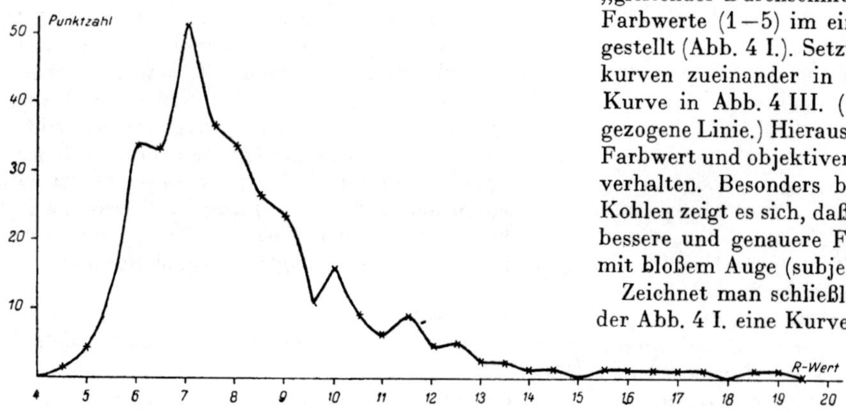

Abb. 3. Häufigkeitskurve durch Bildung „gleitender Durchschnitte“ für die einzelnen R-Werte in Abb. 2

Nachdem die Ergebnisse dieser Messungen vorlagen, wurde ein Vergleichsdiagramm zwischen R-Werten und subjektiven Farbwerten aller Proben gezeichnet (Abb. 2).

Auf der Grundlage der Abb. 2 läßt sich dann eine Häufigkeitskurve für die Bereiche der verschiedenen R-Werte (ganze und halbe Werte) zeichnen. Dabei wurde von der Bildung „gleitender Durchschnitte“ (GEBELEIN & HEITE 1951) Gebrauch gemacht (Abb. 3). Die Kurve zeigt, daß die Hauptmenge der untersuchten Kohlen von dunkler Farbe ist, d. h. einen Remissionswert von 6–8% besitzt. Nur ein kleiner Teil gehört zur Gruppe der hellen Bänder.

Schließlich wurden, ebenfalls nach dem Prinzip „gleitender Durchschnitte“, noch für die verschiedenen Farbwerte (1–5) im einzelnen Häufigkeitskurven dargestellt (Abb. 4 I.). Setzt man die Maxima dieser Einzelkurven zueinander in Beziehung, so erhält man die Kurve in Abb. 4 III. (Siehe auch Abb. 2, starke ausgezogene Linie.) Hieraus ergibt sich, daß sich subjektiver Farbwert und objektiver R-Wert nicht linear zueinander verhalten. Besonders bei den sehr hellen und hellen Kohlen zeigt es sich, daß mit Hilfe der R-Werte eine viel bessere und genauere Farbbestimmung möglich ist als mit bloßem Auge (subjektiver Farbwert).

Zeichnet man schließlich noch unter Zugrundelegung der Abb. 4 I. eine Kurve der maximalen Häufigkeit pro Δ_x = Klassenbreite der durch ein Fenster herausgeblendeten Punkte (siehe auch S. 80) in Abhängigkeit von den R-Werten

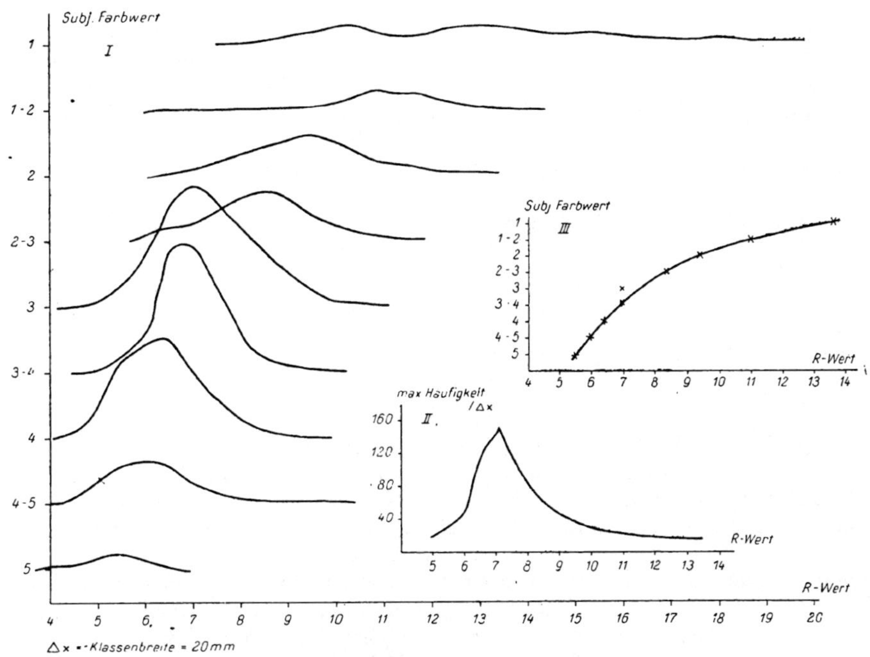

Abb. 4. I. Häufigkeitskurven durch Bildung „gleitender Durchschnitte" für die einzelnen subjektiven Farbwerte; II. Kurve der maximalen Häufigkeiten pro Klasse △x für die einzelnen R-Werte; III. Kurve der Abhängigkeit von subjektivem Farbwert und Remissionswert (Summenkurve über Abb. 2 u. 4 I.)

(Abb. 4 II.), so ergibt sich ein ähnliches Bild wie in Abb. 3.

5. Vergleich der subjektiven und objektiven Farbbestimmungs-Methode

Ein Vergleich der subjektiven Farbwerte mit den objektiven R-Werten zeigt, daß abgesehen von Sonderfällen hohe R-Werte sehr hellen und hellen subjektiven Farbwerten entsprechen und umgekehrt niedrige R-Werte den dunklen Kohlen zugeordnet werden können.

Bei den sehr hohen R-Werten (R-Wert größer als 12 bis 13%) gilt diese Gesetzmäßigkeit nicht mehr im vollen Umfang. Hier wird der R-Wert beeinflußt durch die in der Kohle enthaltenen klastischen Einlagerungen (Sand, Schluff, Ton). PREUSS (1957) prüfte diese Tatsache durch eine Versuchsmeßreihe, indem er einer dunklen, glührückstandsarmen Kohle verschiedene anorganische Stoffe in einem bestimmten Mengenverhältnis beigab und dann die R-Werte dieser Proben feststellte. PREUSS kam zu dem Ergebnis, daß Sand und Schluff keine so intensive Aufhellung der Kohle hervorrufen wie Ton. Ganz allgemein konnte er feststellen, daß die primäre Helligkeit der Kohle faziesbedingt ist, sie aber durch Vorhandensein klastischer Bestandteile in der Kohle erhöht wird. Zu ähnlichen Ergebnissen gelangte auch BRENDEL (1957) bei seinen Untersuchungen in Gölzau.

In der folgenden Übersicht (Tab. 2) sind zunächst auf Grund der Untersuchungen in den verschiedenen Revieren Mitteldeutschlands den subjektiven Farbwerten bestimmte Intervalle an Prozenten des R-Wertes zugeordnet und gegenübergestellt.

Diese Tabelle ist in ihrer Anordnung nicht als starres Schema anzusehen, sondern Abweichungen und Überschneidungen liegen durchaus im Rahmen des Möglichen. Es soll daran nur gezeigt werden, daß die bisher bei den feinstratigraphischen Arbeiten durchgeführten subjektiven Farbwertbestimmungen an den Braunkohlen durch die R-Wertmessungen eine Bestätigung ihrer Richtigkeit als Geländemethode finden, die durch exakte Messungen mit Hilfe eines optischen Gerätes bewiesen und sehr wesentlich verfeinert werden konnten. Interessant ist ferner bei den einzelnen subjektiven Farbstufen der Streuungsbereich der R-Werte. Dieser ist bei den dunklen Kohlen relativ klein und nimmt nach den hellen und sehr hellen Kohlen hin zu (Tab. 3). Diese Tatsache würde auf eine Ungenauigkeit der subjektiven Farbwertbestimmungsmethode

Tabelle 2

		R-Wert in % bei Messungen von				
	Tagebaue	Etzdorf		Gölzau	Neumark-West	Großkayna Kayna-Süd
Subjektiver Farbwert nach KRUTZSCH (1951)		KRUMBIEGEL & WALTER (1956) (34¹))		BRENDEL (1957) (98¹))	PREUSS (1957) (750¹))	SCHULZ, E. (1957) (370¹))
Helle Bänder	1	10–12	bis 12,2	> 11,5	> 10,5	> 12
	1–2					10,5–12,5
	2	8–10	bis 11,4	9,5–11,5	8,7–10,5	9,0–11,5
	2–3			7,5–11,0		7,5–10,0
Dunkle Schichten	3	7–8		7,0– 9,0	7,0– 8,7	7,0– 9,0
	3–4		bis 7,1	6,0– 8,5		6,0– 7,5
	4	5–7	bis 6,4	5,0– 7,0	5,3– 7,0	5,5– 7,0
	4–5			4,5– 6,5		
	5	< 5	bis 4,4	< 5,0	5,0	5,0– 6,0

¹) Anzahl der untersuchten Kohlenproben. Gesamtzahl der untersuchten Proben = 1252.

Tabelle 3

Anzahl der Proben im Bereich der einzelnen Farbstufen	Subjektiver Farbwert nach KRUTZSCH (1951)	R-Wert in % Streubereich	ΔR in %	Bereiche der häufigsten R-Werte	Anzahl der Proben im Bereich der häufigsten R-Werte	Anteil der Proben im Bereich der häufigsten R-Werte an der Gesamtanzahl der Proben im Bereich der einzelnen Farbstufen in %
102	1	8,5 – 19,2	10,7	10,0 – 15,0	61	60
51	1 – 2	6,9 – 13,7	6,8	10,5 – 12,5	37	73
119	2	6,8 – 13,5	6,7	8,0 – 10,0	77	65
129	2 – 3	6,5 – 11,6	5,1	7,5 – 10,0	105	81
268	3	5,0 – 10,9	5,9	6,5 – 9,0	219	82
282	3 – 4	5,6 – 9,5	3,9	6,0 – 8,0	256	91
192	4	4,7 – 8,6	3,9	5,5 – 7,5	167	87
85	4 – 5	4,7 – 9,5	4,8	5,4 – 7,0	73	86
23	5	4,5 – 6,0	1,5	5,0 – 6,0	19	83

hindeuten. Greift man aber in Abb. 2 die Bereiche der häufigsten R-Werte innerhalb der einzelnen subjektiven Farbwertstufen heraus, so zeigt sich, daß diese ebenfalls recht gut mit denen in Tab. 2 angeführten Werten übereinstimmen.

Es sei besonders darauf hingewiesen, daß uns mit diesen Remissionsmessungen eine Methode in die Hand gegeben wird, die einzelnen Kohlentypen in sämtlichen Kohlenrevieren auf einer gemeinsamen Grundlage farbwertmäßig miteinander zu vergleichen.

6. Remissionswert und Bitumengehalt der Braunkohle

In der Literatur wurde bisher die Meinung vertreten, daß die helle Farbe der hellen und sehr hellen Bänder in der Braunkohle unter anderem durch hohe Bitumengehalte hervorgerufen wird.

So sprechen TEICHMÜLLER (1950) und HUNGER (1953) bei ihren Untersuchungen, die sie an Braunkohlen der alttertiären (subherzynen) Braunkohlenformation Mitteldeutschlands durchführten, von „den an Bitumen reichen Schwelkohlenbändern".

Die neueren kohlenpetrographischen und -chemischen Untersuchungen, die vom Geol.-Pal.-Institut Halle in den vergangenen Jahren durchgeführt wurden, zeigten Ergebnisse, die mit denen der oben genannten Verfasser nicht restlos übereinstimmen.

Um die neuen Einzelergebnisse zusammenfassend zu betrachten und um festzustellen, ob Beziehungen zwischen dem objektiven Remissionswert der Kohle und ihrem Bitumengehalt bestehen, wurden sämtliche vorhandenen Bitumenbestimmungen von BRENDEL (1957) und PREUSS (1957) statistisch erfaßt und ausgewertet. Das Ergebnis ist die in Abb. 5 dargestellte Punktwolke der R-Werte (%) gegenüber den Bitumengehalten (% bezogen auf Trockenkohle).

Die Punktwolke weist keine Korrelation zwischen Remissionswert und Bitumenwert auf. Die Streuung der einzelnen Punkte ist relativ groß.

Um die Häufigkeitsverteilung der R-Werte anschaulicher darzustellen, wurde in Anlehnung an GEBELEIN & HEITE (1951) folgende Methode angewendet, die jedoch etwas abgeändert wurde: Mittels eines quadratischen Fensters der Breite Δx (= 20 mm) blendet man auf der Punktwolke ein Stück derselben heraus und zählt die darinliegenden Punkte ab. Durch Verschieben des Fensters in Abständen d (= 5 mm) sowohl auf der Abszisse als auch auf der Ordinate erhält man dann alle möglichen Klassen dieser Breite Δx. Punkte, die auf einen seitlichen Fensterrand fallen, werden als halbe Punkte gezählt.

Mit Hilfe der Punkthäufigkeitszahlen in den einzelnen Klassen ist es nun möglich, Linien gleicher Punktbesetzung zu zeichnen. Das Ergebnis der Auszählung der Punktwolke aus Abb. 5 zeigt die Abb. 6. Es ist zwar ein engbegrenztes Maximum der Punktbesetzung (> 25 pro

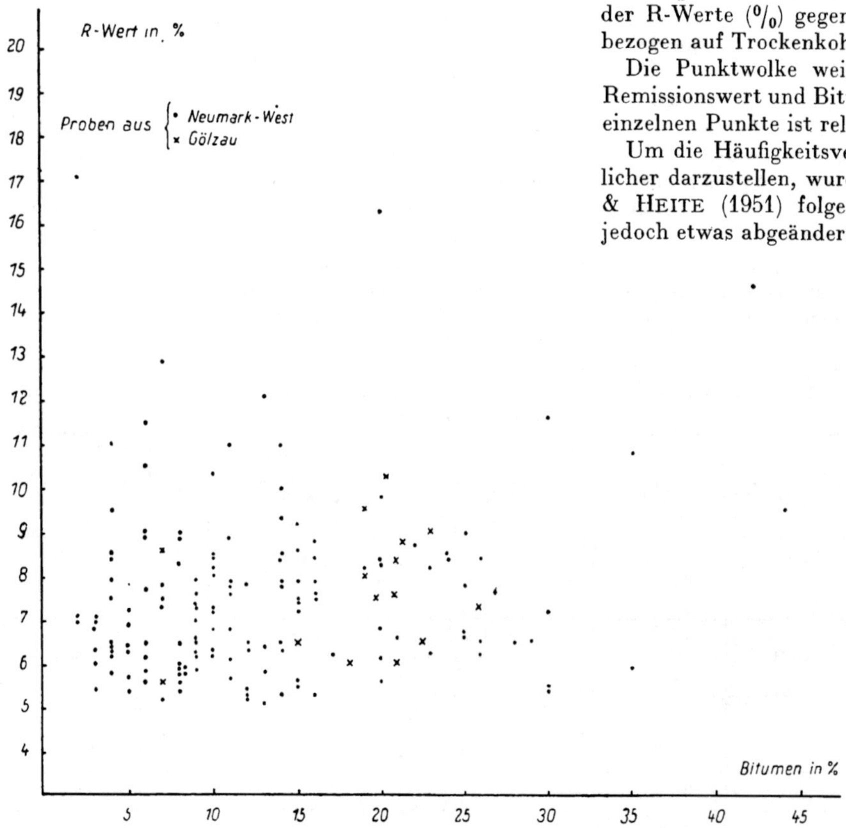

Abb. 5. Darstellung des Zusammenhanges von Remissions- (%) und Bitumenwert (%) von Kohlenproben aus dem Tagebau Neumark-West (Geiseltal) und dem Tiefbau Gölzau bei Halle/Saale

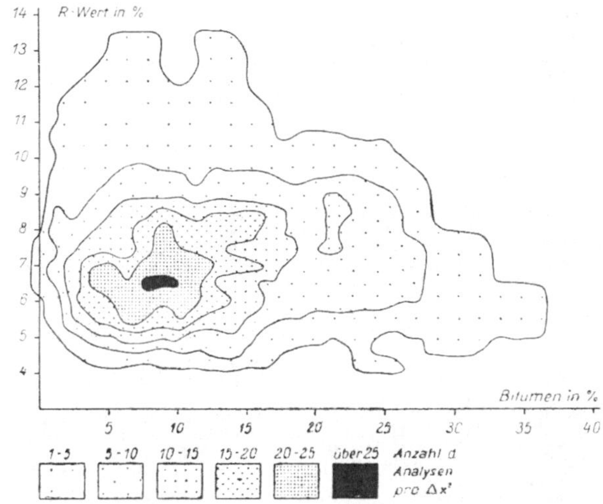

Abb. 6. Häufigkeitsverteilung für den Zusammenhang zwischen Remissions- (%) und Bitumenwert (%) von Kohlenproben aus dem Tagebau Neumark-West (Geiseltal) und dem Tiefbau Gölzau bei Halle/Saale

Δx^2) im Bereich der Bitumenwerte von 7–10% erkennbar, daran schließt sich aber ein bereits ausgedehnter Bereich geringerer Punktbesetzung (20–25 pro Δx^2) an. Nach außen werden die Intervalle beständig größer, und es läßt sich keine Gesetzmäßigkeit in der Häufigkeitsverteilung mehr beobachten.

Aus dem Schaubild der Abb. 6 geht also ebenfalls hervor, daß zwischen dem objektiven Farbwert der Kohlen und dem Bitumengehalt keine eindeutigen Wechselbeziehungen bestehen. Es kann auch mit Hilfe der Statistik erneut bestätigt werden, was DÖRING (1956), WALTER (1956) und BRENDEL (1957) auf Grund geologischer und kohlenchemischer Untersuchungen feststellten. Die hellen und sehr hellen Bänder weisen im allgemeinen zwar einen hohen Bitumengehalt auf, es gibt aber auch dunkle Schichten, die hochprozentige (20–25% Bitumen und mehr) Schwelkohlen führen. Umgekehrt können helle und sehr helle Kohlen einen sehr niedrigen Bitumengehalt haben.

7. Remissionswert und Glührückstand der Braunkohle

Der Glührückstand einer Kohle ist neben der Bestimmung ihres Bitumengehaltes ebenfalls von besonderer Bedeutung. Durch statistische Untersuchungen der Glührückstände der von WALTER (1956), BRENDEL (1957) und PREUSS (1957) untersuchten Proben aus Etzdorf, Gölzau und Neumark-West (Geiseltal) sollte festgestellt werden, welche Zusammenhänge zwischen den R-Werten (%) und den Glührückständen (% bezogen auf Trokkenkohle) bestehen.

Zu diesem Zwecke wurden R-Werte in Abhängigkeit von Glührückständen diagrammatisch dargestellt. Das Ergebnis ist die Punktwolke in Abb. 7.

Die Hauptmenge der Glührückstandswerte der Proben aus allen untersuchten Tagebauen liegt im Bereich von 7–20% Glührückstand. In diesem Bereich treten auch die Proben von sehr hellen und hellen Bändern mit R-Werten bis 12% auf. Hier sind die hohen R-Werte faziesbedingt. In der rechten Hälfte des Diagrammes befindet sich dagegen eine Reihe von Proben aus dem Tagebau Neumark-West, bei denen helle Kohlen mit hohen und sehr hohen Glührückstandswerten auftreten. Hier macht sich der Einfluß des Schwellengebietes im mittleren Geiseltal mit seinen mehr klastischen Sedimenten bemerkbar. Die faziell bedingte hohe Remission der Kohlen wird noch zusätzlich durch klastische Bestandteile erhöht.

Um wieder die Häufigkeitsverteilung zu ermitteln, wurde ebenfalls die auf S. 80 beschriebene Auszählmethode angewendet. Das Ergebnis der Auszählung zeigt Abb. 8.

Hier läßt sich eine geringe, positive Korrelation zwischen R-Werten und Glührückständen feststellen. Es wird durch diese statistische Methode erneut bestätigt, daß bei Kohlen mit sehr hohen R-Werten (über 12–13%) die Remission der Proben von hohen Glührückständen beeinflußt wird (siehe auch S. 79, Abschnitt 5).

8. Zusammenfassung

Die Arbeit soll Anregung geben, für Arbeiten mit dem Pulfrich-Photometer mit Ulbrichtscher Kugel (Kugel-

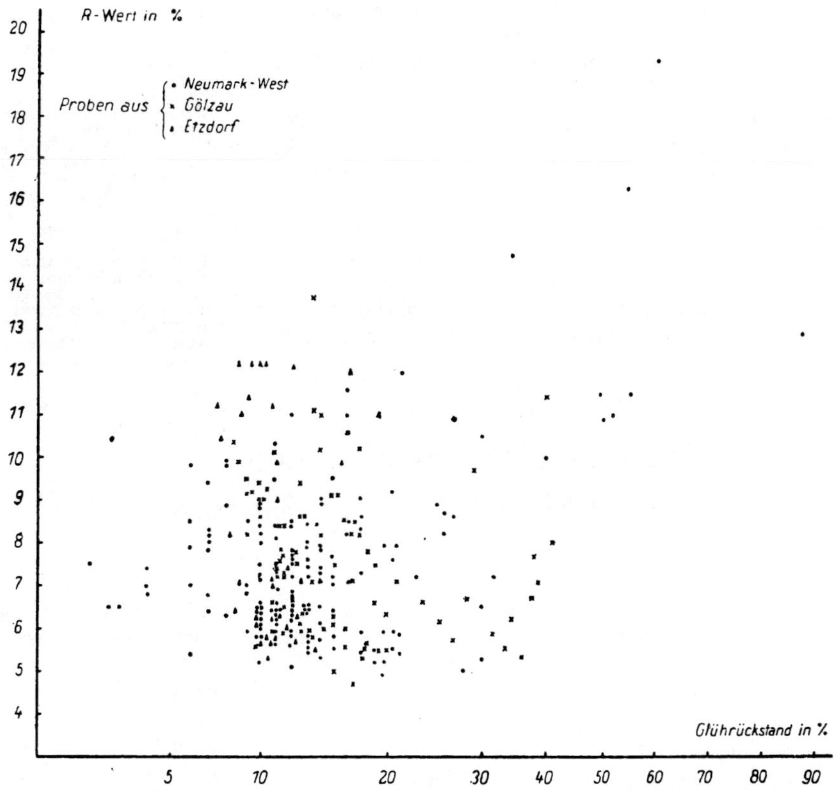

Abb. 7. Darstellung des Zusammenhanges von Remissions- (%) und Glührückstandswert (%) von Kohlenproben aus den Tagebauen Neumark-West (Geiseltal) und Etzdorf (Revier Oberröblingen) sowie dem Tiefbau Gölzau bei Halle/Saale

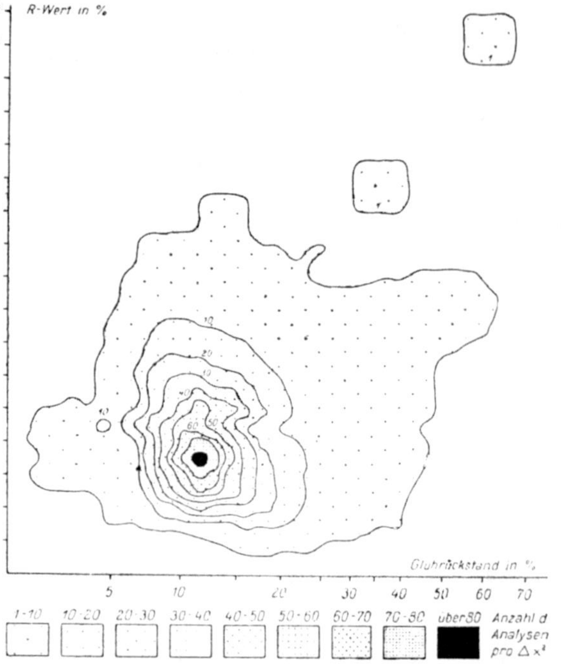

Abb. 8. Häufigkeitsverteilung für den Zusammenhang zwischen Remissions- (%) und Glührückstandswert (%) von Kohlenproben aus den Tagebauen Neumark-West (Geiseltal) und Etzdorf (Revier Oberröblingen) sowie dem Tiefbau Gölzau bei Halle/Saale

reflektometer) zu objektiven Farbwertmessungen im Rahmen feinstratigraphischer Untersuchungen in der Braunkohle. Es werden die Prinzipien der subjektiven und objektiven Farbwertbestimmungsmethode erläutert. An Hand von Messungen an Profilen in der alttertiären (subherzynen) Braunkohle Mitteldeutschlands werden die Ergebnisse beider Methoden gegenübergestellt. Es zeigt sich eine relativ gute Übereinstimmung der Untersuchungsergebnisse beider Methoden. Die subjektive Methode ist bei einiger Übung eine brauchbare Geländemethode. Weiterhin werden die Wechselbeziehungen zwischen der Remission und dem Bitumen und Glührückstand der Kohlen diskutiert. Bei der Gegenüberstellung der R-Werte zu den Bitumenwerten zeigt sich keine Korrelation, bei den Glührückstandswerten ist eine geringe positive Korrelation vorhanden.

Literatur

BETTENSTAEDT, F., BEYN, W., BUEBLE, O., FOCK, M., KÖCK, C. usw. = (GA, Gemeinschaftarbeit): Der heutige Stand der Geiseltalforschung, die Gliederung des Kohlenprofils der Grube Cecilie und Leonhardt und die Horizontierung der Wirbeltierfunde. – Nova Acta Leopoldina N. F. **8**, Nr. 53, S. 59–122, Halle/S., 1935.

BRENDEL, K.: Lagerungsverhältnisse, Feinstratigraphie und Petrographie des Braunkohlenflözes im Bereich des Tiefbaues Gölzau bei Köthen unter besonderer Berücksichtigung der kalkigen und kieseligen Einlagerungen in der Unterbank. – Diplomarbeit, Halle/S., 1957.

DÖRING, H.: Feinstratigraphie des Profener Tertiärs sowie Parallelisierung der Flöze im Tagebau Profen und Einheit auf Grund dieser Untersuchungen. – Diplomarbeit, Halle/S., 1956.

FROMMEYER, F.: Die Beziehungen zwischen Salzauslaugung und Braunkohlenbildung im östlichen Geiseltal, unter Berücksichtigung dieser Vorgänge im übrigen Geiseltal. – Jb. d. Hall. Verb., N. F. **17**, S. 57–176, Halle/S., 1939.

GALLWITZ, H.: Die Ableitung der Bodenbewegungen aus der Feinstratigraphie der Braunkohle im mittleren Geiseltal. – Geologica **11**, S. 29–40, Berlin, 1952.

– & W. KRUTZSCH: Material zur Biostratonomie der Geiseltalfunde in den Jahren 1949 und 1950. – Nova Acta Leopoldina N. F. **16**, Nr. 111, S. 69–126, Halle/S., 1953.

GEBELEIN, H. & H.-J. HEITE: Statistische Urteilsbildung, Berlin, 1951.

HARRASSOWITZ, H.: Die Anwendung der Farbnormen Ostwalds in der Geologie. – Z. prakt. Geol. **30**, S. 85–93, Halle/S., 1922.

HUNGER, R.: Zur Fazies der Kohle. – Bergakademie **5**, H. 7, S. 274–280, Berlin, 1953.

–: Kennzeichnung und Charakteristik der Braunkohlenflöze für das Lagerstättenarchiv. – Bergakademie **8**, H. 5, S. 197–201, Berlin, 1956.

JACOB, H.: Untersuchungen über die Beziehungen zwischen dem petrographischen Aufbau von Weichbraunkohlen und die Brikettierbarkeit. – Bergakademie **7**, H. 8, S. 376–377, Berlin, 1955.

–: Petrologische Untersuchungen am Unterflöz der Niederlausitz im Bereiche von Spremberg. – Bergbautechnik **6**. Jg., H. 2, S. 81–87, Berlin, 1956.

KNOP, G.: Feinstratigraphische Untersuchungen in der Braunkohle der Tagebaue Neumark-Süd und Pfännerhall (Geiseltal). – Diplomarbeit, Halle/S., 1956.

KOLBE, H.: Aufbau und Bildung der mitteleozänen Braunkohlenflöze in Mitteldeutschland. – Diss. Halle/S., 1937, Teil I in: Z. prakt. Geol. **45**, S. 183–199; Teil II in: Braunkohlenarchiv **53**, S. 1–47, Halle/S., 1939.

KRUMBIEGEL, G.: Feinstratigraphische Untersuchungen der Braunkohle im Tagebau Mücheln (Geiseltal). – Diplomarbeit, Halle/S., 1953.

–: Feinstratigraphische Untersuchungen in der Braunkohle des Geiseltales. Ein Beitrag zur Geologie des westlischen Geiseltales. – Nova Acta Leopoldina N. F. **17**, Nr. 120, S. 282–355, Leipzig, 1955.

KRUTZSCH, W.: Stratigraphie, Lagerung, Kohlenfazies und Entstehung der mitteleozänen Braunkohlen im Gebiet des Tagebaues Neumark-West. – Diplomarbeit, Halle/S., 1951.

LÖHNERT, E.: Feinstratigraphische Untersuchungen an der Braunkohle des südlichen Zeitz-Weißenfelser Reviers (Tagebaue Streckau, Pirkau und Einheit/Köttichau). – Diplomarbeit, Halle/S., 1955.

PFLUG, H.: Untersuchung von Flözprofilen aus dem Nordrevier der rheinischen Braunkohle auf ihre Brikettiereigenschaften. Diss. Freiberg, 1955. – Freiberger Forschungshefte, A 64, Berlin, 1957.

PREUSS, B.: Braunkohlenpetrographische Untersuchungen an der Nordwand des Tagebaues Neumark-West. – Diplomarbeit, Halle/S., 1957.

SCHULZ, E.: Feinstratigraphische Untersuchungen der Braunkohle in den Tagebauen Großkayna und Kayna-Süd (Geiseltal). – Diplomarbeit, Halle/S., 1957.

TEICHMÜLLER, M.: Zum petrographischen Aufbau und Werdegang der Weichbraunkohle. – Geol. Jb. **64** (1943–1948), S. 429–488, Hannover/Celle, 1950.

WALTEMATE, G.: Feinstratigraphische Untersuchungen der Braunkohle im Revier Nachterstedt (Tagebaue Nachterstedt und Königsaue). – Diplomarbeit, Halle/S., 1956.

WALTER, G.: Feinstratigraphische Untersuchungen in der Braunkohle des Reviers Oberröblingen am See. – Diplomarbeit, Halle/S., 1956.

VEB Carl Zeiss, Jena: Druckvorschrift CZ–32–V 510–1, Verzeichnis von Veröffentlichungen über Untersuchungen technischer Produkte. B. Untersuchungen in der Metall-, Düngemittel-, Erdöl-, Kohle- und Keramischen Industrie mit dem ZEISS-Pulfrich-Photometer.

–: Druckvorschrift CZ 32-G 515a-1, Pulfrich-Photometer für kolorimetrische Bestimmungen und Absorptionsmessungen an Flüssigkeiten.

–: Druckvorschrift CZ 32-536-1, Pulfrich-Photometer mit Ulbrichtscher Kugel (Kugelreflektometer).

Mikrochemische Reaktionen und die Methodik ihrer Ausführung [1]

S. A. JUSCHKO & S. S. BORISCHANSKAJA, Moskau

Bei der Diagnostik der Mineralien erweisen sich die mikrochemischen und Tüpfelreaktionen als vorteilhaft, weil die Reaktionen an kleinsten Körnchen durchgeführt werden.

1. *Wenn sich das Mineral in Säure löst*, wird die Analyse in folgender Art und Weise durchgeführt: 1 bis 2 Körnchen des zu untersuchenden Minerals überträgt man mit Hilfe einer Nadel in die Vertiefung einer Porzellanplatte oder auf ein Objektglas. Nun gibt man einen Tropfen HNO_3 oder HCl hinzu und beobachtet dann unter dem Binokular die Auflösung des Minerals und bei Zugabe einer entsprechenden Reagenz die Färbung auf der Oberfläche des Minerals (wie z. B. bei Basobismutit, Cerussit und anderen Mineralien) oder einen gefärbten Niederschlag um das Mineral (wie z. B. bei Apatit, Galenit u. a.). Diese Reaktionen erhält man ebenfalls auf Filterpapier. Zu diesem Zweck überträgt man

[1]) Aus: S. A. JUSCHKO und S. S. BORISCHANSKAJA: Tabelle der diagnostischen Kennzeichen der Minerale in Sickerproben, Moskau 1955 (russ.), übers. und redig. von K. FEIRER und W. BEYER, Aue.

einen Tropfen der Lösung auf das Filterpapier und gibt einen Tropfen der entsprechenden Reagenz hinzu.

2. *Wenn das Mineral in Säuren unlöslich ist*, wird die Analyse wie folgt durchgeführt: 1—2 Körnchen des zu untersuchenden Minerals werden mit Hilfe einer Nadel in die Vertiefung einer Porzellanplatte übertragen, wo sie mit einem Glasstäbchen zu Pulver zerrieben werden. Man kann die Körnchen auch auf einen Objektträger übertragen, gibt einen Tropfen Wasser dazu, damit das zu zerdrückende Mineral nicht verspritzt und legt einen zweiten Objektträger darauf. Beide Objektträger werden gegeneinander gerieben, so daß sich ein Pulver bildet, welches anschließend zu trocknen ist. In einem Platinöhr schmilzt man eine Sodaperle oder trockenes KOH. Mit der Perle sammelt man das sich auf dem Objektträger befindliche Pulver des Minerals und erwärmt abermals. Das gewonnene Glas wird mit einer entsprechenden Säure wieder gelöst. In. dieser Lösung bestimmt man die Elemente, die zur Zusammensetzung des Minerals gehören, auf die gleiche Weise wie unter 1. beschrieben.

Vanadium

1. Das Mineral löst man in HNO_3 im Laufe von 1 bis 2 Minuten. Einen Tropfen der zu untersuchenden Lösung überträgt man auf Filterpapier und gibt einen Tropfen essigsaures Benzidin dazu. Bei Vorhandensein von Vanadium entsteht eine Blaufärbung des Papiers.

2. Das Mineral löst sich in H_2SO_4 (1:4) im Laufe von 1—2 Minuten. Einen Tropfen der Lösung überträgt man auf Filterpapier und gibt einen Tropfen 3%iger H_2O_2 hinzu. Bei Anwesenheit von Vanadium entsteht eine orange Färbung. Bei Verwendung von HNO_3 als Lösungsmittel entwickelt sich am Anfang eine orange Färbung, die jedoch bald wieder verschwindet.

3. Löst sich das Mineral nicht in Säuren, dann verfährt man auf folgende Weise: das Pulver des Minerals schmilzt man im Platinöhr mit trockenem KOH und löst anschließend die erhaltene Perle in H_2SO_4 (1:20) bei gleichzeitiger Zugabe von 3%iger H_2O_2. Bei Vorhandensein von Vanadium bildet sich die gleiche orange Färbung.

Wismut

1. Das Mineral löst sich in HNO_3 (1:1). Der erhaltenen Lösung, auf Filterpapier übertragen, gibt man je einen Tropfen CsCl, konz. HCl und 5%ige KJ-Lösung zu. Bei Vorhandensein von Wismut bildet sich eine beständige rotbräune Färbung.

2. Wenn das Mineral durch HCl (1:1) geätzt wird, verwendet man als Reagenz KJ + Chinin. Bei Anwesenheit von Wismut bildet sich eine orangerote Färbung, die bei Überschuß von HCl verschwindet.

3. Das Mineral löst sich in HNO_3 (1:1). Einen Tropfen der Lösung verbindet man auf dem Filterpapier mit 10%igem Thioharnstoff. Es bildet sich eine Gelbfärbung, die zum Unterschied von Selen durch 5%ige KOH-Lösung verschwindet.

Wolfram

1. Das Pulver des Minerals kocht man in konz. HCl zusammen mit metall. Zinn oder $SnCl_2$. Bei Vorhandensein von Wolfram färbt sich die Lösung blau.

2. Das Pulver des Minerals schmilzt man mit KOH im Platinöhr. Die erhaltene Schmelze löst man in HCl (1:1), überträgt einen Tropfen auf Filterpapier und gibt einen Tropfen KCNS und $SnCl_2$ dazu. Bei Anwesenheit von Wolfram bildet sich eine graublaue Färbung auf dem Filterpapier.

Eisen

1. Man ätzt das Mineral mit HCl (1:1) 1—2 Minuten, gibt einen Tropfen der Lösung auf Filterpapier zusammen mit einem Tropfen KCNS. Bei Vorhandensein von Eisen entsteht eine rotbraune Färbung.

2. Das Mineral ätzt man mit HCl (1:1) 1—2 Minuten. Einen Tropfen der Lösung vereinigt man auf Filterpapier mit $K_4Fe(CN)_6$. Es bildet sich eine blaue Färbung.

3. Ist das Mineral in Säuren unlöslich (Ilmenit, Columbit, Tantalit u. a.), dann wird das Pulver im Platinöhr mit trockenem KOH geschmolzen. Die Schmelze löst man in H_2SO_4 (1:4), überträgt einen Tropfen der Lösung auf Filterpapier und gibt 20%ige KCNS-Lösung hinzu. Bei Anwesenheit von Eisen entsteht eine braunrote Färbung.

Gold

1. Das Mineral löst man in HNO_3 (1:1 oder 1:20). Einen Tropfen der Lösung verbindet man mit einem Tropfen essigsaures Benzidin. Bei Anwesenheit von Gold entwickelt sich eine blaue Färbung (analoge Reaktion gibt Vanadium).

2. Das Mineral löst sich in Königswasser. Einen Tropfen der zu untersuchenden Lösung gibt man auf einen Objektträger, raucht HNO_3 ab, so daß ein trockener Rückstand verbleibt. In diesem Zustand gibt man einen Tropfen $SnCl_2$ hinzu. Bei Anwesenheit von Gold entwickeln sich metallische Goldschüppchen oder ein purpurner Niederschlag. Bei Zugabe von NH_4OH zur Lösung erhält man eine Rotfärbung.

Kobalt

1. Das Mineral löst man in HNO_3 (konz. oder 1:1). Einen Tropfen der Lösung überträgt man auf Filterpapier und gibt einen Tropfen 5%ige Lösung von $K_3Fe(CN)_6$ hinzu. Bei Vorhandensein von Kobalt erhält man eine rotbraune Färbung, die sich bei Zugabe von $SnCl_2$ nicht verändert (zum Unterschied von Mangan).

2. Das Mineral löst man in HNO_3 (konz. oder 1:1). Einen Tropfen der Lösung verbindet man auf Filterpapier mit einem Tropfen 1%igen $Zn(NO_3)_2$ und Quecksilberrhodansalz. Im Falle der Anwesenheit von Kobalt bildet sich eine blaue Färbung.

Mangan

1. Das Mineral löst sich in konz. HCl oder HNO_3. Einen Tropfen der zu untersuchenden Lösung überträgt man auf Filterpapier, gibt einen Tropfen $K_3Fe(CN)_6$ dazu. Bei Anwesenheit von Mangan wird sich eine braunrote Färbung zeigen. Letztere färbt sich, zum Unterschied von Kobalt, braun, wenn eine gesättigte $SnCl_2$-Lösung auf die Färbung einwirkt. Damit die Veränderung der Färbung gut zu beobachten ist, überträgt man den Tropfen $SnCl_2$ auf das Zentrum der gefärbten Stelle.

2. Als Lösungsmittel dient essigsaures Benzidin. Man überträgt einen Tropfen auf Filterpapier, welches sich sofort blau färbt. Diese Reaktion ist nur dann anwendbar, wenn Mangan als vierwertiges Element auftritt.

Kupfer

1. Das Mineral ätzt man mit HNO_3 (1:1 oder 1:20). Einen Tropfen der Lösung überträgt man auf Filterpapier und gibt einen Tropfen Rubeansäure hinzu, da-

nach einen Tropfen 10%igen NH_4OH. Bei Vorhandensein von Kupfer bildet sich eine graugrüne Färbung.

2. Das Mineral löst sich in HNO_3 (1:1 oder 1:20). Einen Tropfen der Lösung überträgt man auf Filterpapier unter Zugabe von einem Tropfen 5%iger $K_4Fe(CN)_6$-Lösung. Im Falle der Anwesenheit von Kupfer bildet sich eine rosarote Färbung, die sich im Unterschied zu Mo und U bei Einwirkung von 5%iger KOH blau verfärbt.

3. Das Mineral löst sich in HNO_3 (1:1 oder 1:20). Einen Tropfen der Lösung vereinigt man auf dem Filterpapier mit Quecksilberrhodansalz. Es wird sich bei Vorhandensein von Kupfer eine gelbgrüne Färbung einstellen.

Molybdän

Wenn sich das Mineral nicht in Säuren löst (Molybdänit), schmilzt man das Pulver des Minerals im Platinöhr mit trockenem KOH, löst in HNO_3 (1:1) und überträgt einen Tropfen der Lösung auf Filterpapier. Gibt man einen Topfen 5%iger $K_4Fe(CN_6)$-Lösung hinzu, so wird sich bei Vorhandensein von Molybdän eine rotbraune Färbung zeigen, die von 5%iger KOH entfärbt wird (zum Unterschied von Uran).

1. Das Mineral löst sich in HNO_3 (1:1). Einen Tropfen der zu untersuchenden Lösung überträgt man auf Filterpapier. Nach Zugabe von 5%igen $K_4Fe(CN)_6$ entsteht bei Vorhandensein von Molybdän eine braune Färbung.

2. Das Mineral löst sich in HCl (1:1). Man gibt zu einem Tropfen der Lösung einen frisch zubereiteten Tropfen Kaliumxanthogenat. Bei Vorhandensein von Molybdän bildet sich auf dem Filterpapier eine himbeerrote Färbung.

Die Verwendung von starken Lösungsmitteln wird nicht empfohlen, weil sich dadurch das Kaliumxanthogenat zersetzt unter Bildung einer bräunlichen Färbung. Deshalb ist es besser, das Pulver des Minerals in KOH aufzuschließen und die Schmelze in HCl zu lösen.

3. Das Mineral löst sich in HNO_3 (1:1). Ein Tropfen der Lösung wird auf Filterpapier übertragen. Bei Zugabe von KCNS und $SnCl_2$ bildet sich bei Vorhandensein von Molybdän eine Rotfärbung.

Arsen

1. Das Mineral löst sich in HNO_3 (1:1) im Laufe einer Minute. Einen Tropfen der Lösung überträgt man auf einen Objektträger und gibt eine kleine Menge $(NH_4)_2MoO_4$ hinzu. Bei Vorhandensein von Arsen bildet sich ein zitronengelber Niederschlag. Eine analoge Reaktion ergibt Phosphor.

Diese Reaktion auf Phosphor erhält man, wenn man das Pulver des Minerals zusammen mit trockenem Ammoniummolybdat zerreibt und einen Tropfen konz. HNO_3 dazugibt.

2. Das Mineral löst sich in HNO_3 (1:1). Ein Tropfen der Lösung wird auf Filterpapier übertragen und je ein Tropfen $SnCl_2$ und $(NH_4)MoO_4$ hinzugegeben. Bei Vorhandensein von Arsen bildet sich eine an der Luft beständige blaue Färbung.

3. Das Mineral löst man in drei Teilen NH_4OH und einen Teil H_2O_2. Ein Tropfen der zu untersuchenden Lösung wird auf Filterpapier übertragen und mit einem Tropfen 5%iger $AgNO_3$-Lösung vermengt. Bei dem Vorhandensein von Arsen erhält man eine schokoladenbraune Färbung. Bei der Lösung des Minerals muß elektrischer Strom zu Hilfe genommen werden. Die Plattenelektroden speist man mit einer Taschenlampenbatterie. Sie werden einfach in den Tropfen des Lösungsmittels gehalten. Die Lösung bereitet man am besten unmittelbar vor Durchführung der Reaktion vor, weil sie sich leicht zersetzt.

Nickel

1. Das Mineral löst sich in HNO_3 (1:1 oder 1:20). Einen Tropfen der Lösung überträgt man auf Filterpapier und gibt einen Tropfen Dimethylglyoxim und NH_4OH hinzu. Bei Vorhandensein von Nickel bildet sich eine himbeerrote Färbung.

Wenn Nickel bei Vorhandensein von Fe aufgeschlossen werden soll, verfährt man in folgender Art und Weise: die zu untersuchende Lösung überträgt man auf Filterpapier, gibt auf das Zentrum des Fleckes einen Tropfen NH_4OH, ein mit Dimethylglyoxim angefülltes Kapillarröhrchen führt man um die Peripherie des Fleckes, so daß sich die Peripherie bei Anwesenheit von Nickel himbeerrot verfärbt. Nickel schließt man mit dieser Methode im Pentlandit und Violarit auf.

2. Das Mineral löst sich in HNO_3 (1:1 oder 1:20). Einen Tropfen der Lösung vereinigt man auf dem Filterpapier mit einem Tropfen Rubeansäure und 10%igen NH_4OH. Bei Anwesenheit von Nickel wird sich eine blau-violette Färbung zeigen.

3. Das Mineral löst sich in HNO_3 (1:1 oder 1:20). Einen Tropfen der Lösung verbindet man mit einem Tropfen von Quecksilberrhodansalz. Bei Vorhandensein von Nickel wird sich eine grasgrüne Färbung zeigen.

Zinn

1. Das Mineral löst sich in konz. HCl. Ein Tropfen der Lösung wird mit einem Tropfen von $(NH_4)_2MoO_4$ (gesättigte Lösung) bedeckt. Bei Anwesenheit von Zinn erhält man eine Blaufärbung, die sich unter Lufteinwirkung bräunt. Damit keine Braunfärbung eintritt, gibt man zur Lösung etwas Arsen.

2. Das Mineral löst sich in konz. HCl. Man überträgt einen Tropfen auf den Objektträger und gibt einen Tropfen $AuCl_3$ hinzu. Bei Vorhandensein von Zinn fallen Goldschüppchen aus.

3. Im Kassiterit wird Zinn wie folgt aufgeschlossen: auf die Oberfläche des Minerals gibt man einen Tropfen konz. HCl und etwas Zinkpulver. Im Verlauf weniger Minuten bildet sich auf der Oberfläche des Minerals ein metallischer Zinnbelag, der sich besonders gut nach der Auswaschung des Minerals mit Wasser beobachten läßt. Der Belag wird noch besser, wenn die Kristalle direkt auf eine Zinkplatte unter Zugabe von HCl gelegt werden.

Platin und Palladium

Diese Minerale lösen sich sehr schwer und nur in Königswasser. Die erhaltene Lösung überträgt man auf Filterpapier. Wenn der Tropfen restlos vom Filterpapier aufgesaugt wurde, gibt man mit der Kapillarröhre $SnCl_2$ auf diesen Fleck. Bei Vorhandensein von Platin bildet sich an der Peripherie eine gebliche Färbung. Bei Vorhandensein von Palladium nimmt der zentrale Teil des Fleckes eine organgegelbe Färbung an.

Blei

1. Das Mineral löst sich in HNO_3 (1:1 oder 1:20). Einen Tropfen der Lösung überträgt man auf Filterpapier und gibt einen Tropfen 5%iges KJ hinzu. Bei Anwesenheit von Blei bildet sich eine gelbe Färbung.

Bei Anwendung von HNO_3 (1:1 und stärker konzentriert) kann Jod den Tropfen ebenfalls braun färben und

Zusammenstellung der Reagenzien

Name der Reagenz	Zubereitungsart	Bezeichnung der Reaktion
Ammoniak NH_4OH	wäss. Lösung	zur Lösung u. Neutralisation
Chinin		Best. v. Bi
Benzidin	Man löst 0,5 cm^3 d. Reagenz in 10 cm^3 konz. Essigsäure auf u. gebe Wasser hinzu	Best. v. Mn, V, Cr u. a.
Cäsiumchlorid CsCl	in trockener Form	Best. v. Sb, Bi
	10%ige wäss. Lösung	Best. v. Te, Bi
Dimethylglyoxim	1 g d. Reagenz ist in 100 cm^3 95%igen Alkohols zu lösen	Best. Ni
gelb. Blutlaugensalz $K_4Fe(CN)_6$	5%ige wäss. Lösung	Best. v. Fe, Mo, Cu, U
Goldchlorid $AuCl_3$	wäss. Lösung	Best. v. Sn
Hyposulfit	5%ige wäss. Lösung	Best. v. Pb
Kaliumjodid KJ	in trockener Form u. 5%ige wäss. Lösung	Best. v. Pb, Bi, Te, Sb
Kalilauge KOH	20%ige wäss. Lösung	zum Schmelzen
Kaliumchromat K_2CrO_4	fest od. wäss. Lösung	Best. v. Ag, Pb
Kaliumxanthogenat	wäss. Lösung	Best. v. Mo
Kaliumrhodanid KCNS	wäss. Lösung	Best. v. Mo, Fe
Kupfernitrat $Cu(NO_3)_3$	0,1%ige wäss. Lösung	Best. v. Zn
Königswasser	Mischung aus drei Teilen konz. HCl u. ein Teil konz. HNO_3	Lösungsmittel
Rubeansäure	1 g d. Reagenz löst man in 100 cm^3 95%igen Alkohols	Best. v. Cu, Ni, Co
rot. Blutlaugensalz $K_3Fe(CN)_6$	5%ige wäss. Lösung	Best. v. Fe, Co, Mn
Quecksilberrhodansalz	8 g $HgCl_2$ + 10 g NH_4SCN sind in 100 cm^3 Wasser zu lösen	Best. v. Zn, Co, Cu, Ni
Salzsäure HCl	konz. od. wäss. Lösung	Lösungsmittel
Salpetersäure NHO_3	konz. od. wäss. Lösung	Lösungsmittel
Schwefelsäure H_2SO_4	konz. od. wäss. Lösung	Lösungsmittel
Silbernitrat $AgNO_3$	5%ige wäss. Lösung	Best. v. Cr
Thio-Harnstoff $CS(NH_2)_2$	10%ige wäss. Lösung	Best. Bi, Se
Wasserstoffperoxyd H_2O_2	3%ige wäss. Lösung	Best. v. V, Ti
Zinnchlorid $SnCl_2$	wäss. Lösung	Best. v. Au, Mn, Pt
Zinknitrat $Zn(NO_3)_3$	1%ige wäss. Lösung	Best. v. Co
Ammoniummolybdat $(NH_4)_3MoO_4$	gesättigte Lösung in HNO_3	Best. v. As, Sn

die Gelbfärbung von PbJ überdecken. Zur Reduzierung des Jods ist es erforderlich, den Tropfen mit einer mit Hypersulfit angefüllten Kapillarröhre zu umfahren. Die Braunfärbung des Jods wird verschwinden. Jod als KJ kann man ebenfalls reduzieren, wenn in der zu untersuchenden Lösung, außer Blei, noch Kupfer und Eisen anwesend ist.

2. Das Mineral löst sich in HNO_3 (1:1 oder 1:20). Einen Tropfen der Lösung überträgt man auf Filterpapier und bedeckt den Fleck mit einem Tropfen 5%iger K_2CrO_4-Lösung. Bei Vorhandensein von Blei bildet sich eine Gelbfärbung. Die Färbung entwickelt sich deutlicher, wenn das Filterpapier für einige Minuten in ein Wasserbad getaucht wird. Diese Reaktion stört Silber, welches mit K_2CrO_4 zusammen einen braunroten Niederschlag bildet.

Selen

1. Das Mineral löst sich in HNO_3 (1:1) im Verlauf von 1–2 Minuten. Die Lösung wird mit einem Tropfen 10%igen Thioharnstoff vereinigt. Bei Vorhandensein von Selen wird sich auf dem Filterpapier eine rote Färbung zeigen.

Mitunter entwickelt sich die Rotfärbung schon bei der Lösung in HNO_3, da aus der Lösung metall. Selen ausfällt.

Silber

1. Das Mineral löst sich in HNO_3 (1:1). Ein Tropfen der zu untersuchenden Lösung wird auf Filterpapier übertragen. Anschließend gibt man einen Tropfen K_2CrO_4 hinzu. Bei Vorhandensein von Silber bildet sich eine braunrote Färbung. Die Färbung wird deutlicher durch Essigsäure.

2. Das Mineral löst sich in HNO_3 (1:1). Ein Tropfen der Lösung wird auf Filterpapier übertragen und mit einem Kriställchen von K_2CrO_4-Salz bedeckt. Es fallen orangegelbe Kriställchen der Zusammensetzung $Ag_2Cr_2O_7$ und $K_2Cr_2O_7$ aus.

3. Wenn das Mineral nicht durch Säuren geätzt wird (Bromargyrit, Jodagyrit und Kerargyrit), dann schließt man das Pulver des Minerals in Soda oder trockener KOH auf. Die Schmelze löst man in HNO_3 (1:20). Einen Tropfen der zu untersuchenden Substanz vereinigt man auf Filterpapier mit K_2CrO_4. Bei Anwesenheit von Silber entwickelt sich eine braunrote Farbe.

Antimon

1. Das Mineral wird durch konz. HCl geätzt. Einen Tropfen gibt man auf den Objektträger und gibt KJ und CsCl (einige Kriställchen) hinzu. Es bildet sich bei Vorhandensein von Antimon ein roter Niederschlag. Zum Unterschied von Wismut läßt sich Antimon auf Filterpapier nicht aufschließen. Es gibt nur anfangs leichte Färbungen, die schnell wieder verschwinden.

2. Löst sich das Mineral in HCl nicht, dann wird die Reaktion wie folgt durchgeführt. Das Mineral löst man in konz. HNO_3 auf einem Objektträger, trocknet vorsichtig und gibt einen Tropfen HCl (1:1) dazu. Diese Lösung bedeckt man mit zwei Kriställchen KJ und CsCl. Bei Vorhandensein von Antimon fallen rote Kristalle einer komplexen Verbindung von CsCl, KJ und Sb aus.

Tellur

Das Mineral löst sich in HNO_3 (1:1). Wir übertragen einen Tropfen der Lösung auf Filterpapier und geben 10%iges CsCl und anschließend einen Tropfen konz. HCl hinzu. Rings um diesen Fleck führen wir eine mit KJ-Lösung getränkte Kapillare. Bildet sich ein schwarzer Ring, dann ist es ein sicheres Zeichen des Vorhandenseins von Tellur. Löst sich das Mineral in HCl, dann erübrigt sich eine spätere Zugabe von konz. HCl.

Titan

Das Pulver des Minerals schmilzt man im Platinöhr mit trockenem KOH und löst in H_2SO_4 (1:20) in einen Porzellantiegel. Zur Lösung gibt man einen Tropfen H_2O_2. Bei Vorhandensein von Titan entwickelt sich langsam eine gut ausgeprägte Gelbfärbung der Lösung

Uran

Das Mineral löst sich in HNO_3 (1:1). Einen Tropfen der Lösung überträgt man auf das Filterpapier. Auf die Oberfläche des sich bildenden Fleckes gibt man einen Tropfen $K_4Fe(CN_6)$. Bei Anwesenheit von Uran bildet sich ein brauner Fleck, der unter Einwirkung von 5%iger KOH-Lösung eine gelbliche Färbung annimmt.

Phosphor siehe Arsen

Chrom

1. Das Pulver des Minerals wird im Platinöhr mit KOH geschmolzen. Die Schmelze löst sich in H_2O. Einen Tropfen der Lösung verbindet man auf Filterpapier mit 3%—10%igen H_2O_2. Nach der völligen Aufsaugung der Lösung durch das Filterpapier führt man um den Fleck eine Kapillare, welche mit Benzidin getränkt ist. Bei Anwesenheit von Chrom bildet sich ein blauer Ring von Benzidinblau.

2. Das Pulver wird ebenfalls in KOH geschmolzen und in HNO_3 (1:20) gelöst. Ein Tropfen der Lösung wird mit 5%igem $AgNO_3$ vereinigt. Es bildet sich bei Vorhandensein von Chrom eine braunrote Färbung.

3. Das Mineral schmilzt man mit Phosphorsalz. Es bildet sich eine grüne Perle.

Zink

1. Das Mineral löst sich in HNO_3 (1:1 oder 1:20) oder konz. HCl. Einen Tropfen der zu untersuchenden Lösung überträgt man auf das Filterpapier. Ins Zentrum des Fleckes gibt man anschließend einen Tropfen 0,1%iger $Cu(NO_3)_2$ Lösung. Ist der Tropfen völlig vom Papier aufgesaugt, führt man eine mit Quecksilberrhodansalz getränkte Kapillare um die Peripherie des Fleckes. Sollte Zink vorhanden sein, dann bildet sich ein blau-violetter Ring einer Komplexverbindung von Quecksilberrhodansalz, Kupfer und Zink.

2. Das Mineral ist in Säuren unlöslich (Sphalerit, Franklinit). Das Pulver des Minerals löst man in konz. HCl oder Königswasser. Die weitere Reaktion wird, wie unter 1. angeführt, fortgesetzt.

Über den Stand der ingenieurgeologischen Kartierung in der DDR

RICHARD KÖHLER & ALFRED THOMAS, Berlin

In den letzten Jahren des Aufbaues, der Schaffung neuer Industrien, der Anlegung neuer Städte und Dörfer, der Errichtung großer Bauwerke sowie der Planung und Verwirklichung neuer Verkehrswege, Talsperren usw. ist der Ruf nach ingenieurgeologischen Karten immer lauter geworden. Die ingenieurgeologische Kartierung ist, wenn man darunter die Schaffung von Karten für Zwecke der Siedlungsplanung, des Städtebaues und der Baugrundbeurteilung für einzelne Bauvorhaben auf geologischer Grundlage versteht, von jeher stiefmütterlich behandelt worden. Sieht man vom letzten Krieg ab, der Ansätze einer Baugrundkartierung zunichte machte, so liegt eine der Ursachen darin begründet, daß es in Deutschland sehr gute geologische Spezialkarten gab. Diese geologischen Karten wurden nicht nur zur wissenschaftlichen geologischen Dokumentation und zum Nachweis einer gewissen gehobenen Qualifikation kartierender Geologen hergestellt, sondern sollten auch den volkswirtschaftlichen Belangen, insbesondere den Erfordernissen der Bautechnik genügen. Diese Aufgabe haben die geologischen Karten hervorragend erfüllt. Das soll nicht heißen, daß ein jeder Baufachmann in der Lage wäre, aus einer geologischen Karte hinsichtlich des Bodens und Baugrundes immer die richtigen bautechnischen Schlüsse zu ziehen. Geologische Spezialkarten stellen oft nur die oberen geologischen Schichten bis zu einer Tiefe von 2 m unter der Erdoberfläche dar, während die Gründungstiefe vielfach darunter liegt und die Beeinflussung des Baugrundes in noch weit größere Tiefe reicht. Der geübte Ingenieurgeologe ist jedoch durchaus in der Lage, auf Grund der geologischen Spezialkarte unter Heranziehung von Schichtenverzeichnissen benachbarter Bohrungen in Verbindung mit Angaben über den Wasserstand mit großer Sicherheit Aussagen über die Beschaffenheit der im Baugrund zu erwartenden Schichten zu machen. Das ist tausendfach bewiesen worden und gilt auch für bodenartenmäßig so wechselvolle Gebiete wie Groß-Berlin. Freilich gibt es auch viele Stellen, bei denen die geologische Spezialkarte unzureichend ist. Dies ist z. B. im Panketal der Fall, wo auf einem gewissen Gebiet die Karte oberflächlich Moorerde über Talsand angibt, tatsächlich aber unter einem mehrere Meter mächtigen lehmigen Sand eine ebenfalls mehrere Meter starke torfähnliche Schicht liegt, die möglicherweise dem Interglazial angehört. Auf Blatt Köpenick wurde an einer Stelle im Randgebiet der Spree Talsand kartiert, wo in Wirklichkeit ein Torf- und Faulschlammkolk vorhanden ist; dies ist dem Bearbeiter der Karte seinerzeit entgangen, weil die natürliche Oberfläche durch Bebauung nicht mehr zugänglich war. Diese Vorkommnisse haben die Arbeit der Ingenieurgeologen nicht beeinträchtigt, da diese auf Grund ihrer langjährigen örtlichen Erfahrungen die betreffenden Stellen kennen und auch an Hand der geologischen Situation Anhaltspunkte für die Möglichkeit des Vorhandenseins ungünstigen Baugrundes erkannt haben. Auch bei der Beurteilung der geologischen Verhältnisse für die Durchquerung des nördlichen und südlichen Haveltales durch große Eisenbahndämme hat sich die Auswertung der vorhandenen geologischen Unterlagen, die bereits schon Jahrzehnte alt waren, durchaus bewährt, und es konnte der Projektant auf die zu erwartenden Schwierigkeiten rechtzeitig hingewiesen werden.

Es ist die persönliche Meinung der Verfasser, daß die geologischen Spezialkarten i. M. 1 : 25000 als Vorläufer der ingenieurgeologischen Karten aufgefaßt und als Grundlage jeder Baugrundkartierung dienen müssen. In diesem Zusammenhange sei hier eine frühere Äußerung zitiert (KÖHLER & THOMAS, 1954):

> „Durch die künftige Baugrundkarte wird die ‚geologische Spezialkarte' in der Hand des bei Bauvorhaben gutachtlich tätigen Ingenieurgeologen keineswegs verdrängt oder überflüssig gemacht. Im Gegenteil, die Geologie könnte dem in der Praxis stehenden Baugrundgeologen und damit letzten Endes dem gesamten Baugeschehen keinen größeren Dienst erweisen, als mit der Weiterführung der geologischen Kartierung durch Umarbeitung und Ergänzung der vorhandenen Blätter und Schaffung neuer Blätter für die bislang noch nicht kartierten Gebiete. Der Gewinn wäre um so größer, wenn es gelänge, bei der künftigen geologischen Kartierung auch die Belange der bautechnischen Bodenkunde zu berücksichtigen, d. h. neben der allgemeinen Bestimmung der Bodenschichten auch deren bodenphysikalische Beschaffenheit näher zu charakterisieren und außerdem das Vorkommen der natürlichen Baustoffe mehr als bisher mit einzubeziehen."

Die verbreitetste Anwendung findet die geologische Spezialkarte bei uns heute bei der ingenieurgeologischen Bearbeitung von Aufgaben der Siedlungsplanung und der Bauplanung. Wo eine geologische Spezialkarte vorhanden ist, wird sie immer zum Ausgangspunkt ingenieurgeologischer Untersuchungen gemacht werden. Die geologischen Spezialkarten dienen dabei überwiegend der Dokumentation, d. h. der Ausstattung der ingenieurgeologischen Begutachtungen mit zeichnerischen Darstellungen und Plänen, wobei es sich nach dem jetzt üblichen Verfahren meist um die Vorplanung von Bauvorhaben oder Baugeländekomplexen handelt. Die Dokumentation besteht dabei vielfach nur aus einer Abzeichnung der geologischen Karte 1 : 25000, ergänzt durch die Beigabe von geologischen Schnitten und Profilen. In dieser Form ist jahrzehntelang verfahren worden. Vielfach werden in den Begutachtungen, Erläuterungen usw. den einzelnen geologischen Schichten bzw. Bodenarten gewisse Baugrundeigenschaften zugeordent und beschrieben.

Trotz aller Vorzüge konnten die geologischen Spezialkarten nicht alle Interessenten zufriedenstellen. Beispielsweise empfindet der Bauingenieur die geologische Karte, vor allem im Gebirgslande, als zu verwickelt. Ihn interessiert die Mächtigkeit des Hangschuttes, bzw. die Tiefenlage des festen Felsgesteins, aber nicht der feine stratigraphische Unterschied des Gesteins. Andererseits finden sich mitunter Gesteinsarten mit verschiedenen Baugrundeigenschaften in einem stratigraphischen Horizont zusammengefaßt, bzw. als eine geologische Einheit auf der Karte dargestellt. Hinzu kommt, daß den Baugrundingenieur vor allem im Flachlande das Vorhandensein und die Beschaffenheit der Schichten vielfach in einer Tiefe interessieren, die unterhalb der Reichweite der Handsondiergeräte (Peilstangen) liegen, während die geologischen Spezialkarten die Lockergesteinsschichten nur im Bereich der oberen 2 m widerspiegeln.

Man hat daher immer wieder Versuche unternommen, Karten herzustellen, die dem Gebiets- und Siedlungsplaner sowie dem Entwurfsbearbeiter von Bauvorhaben einen besseren Einblick in die Baugrundverhältnisse geben, als es die geologischen Karten tun. Bevor wir auf diese ingenieurgeologische Kartierungstätigkeit zu sprechen kommen, soll hier kurz auf die Frage der Bodenkarten eingegangen werden.

Die großflächig planenden Interessenten, gleichviel, wie man ihre Arbeit nennt (Raumplanung, Landesplanung, Rahmenplanung, Siedlungsplanung, Stadt- und Dorfplanung), haben ihre besonderen Wünsche. Sie fordern übersichtliche und für größere Gebiete lückenlose Pläne. Dies stößt schon deshalb auf Schwierigkeiten, weil für immerhin beachtliche Areale aus bekannten, oft zitierten Gründen keine geologischen Spezialkarten vorliegen. Deshalb sind für Zwecke der Siedlungsplanung Karten auf bodengeologischer Grundlage hergestellt worden. Hierbei mußte naturgemäß vielfach auf eine genaue, in die Tiefe gehende Erfassung der Baugrundverhältnisse in noch größerem Maße verzichtet werden, als es bei der geologischen Spezialkarte des Flachlandes der Fall ist.

Eine ausführliche Untersuchung über die Anwendung der genetisch-morphologischen Bodenkunde in der Ingenieurgeologie hat GWINNER (1950) durchgeführt und dabei reichliche Literaturhinweise auf frühere Versuche anderer Autoren auf diesem Gebiete gegeben. Er geht von der Benennung der Bodentypen aus und verwendet dabei die von STREMME und OSTENDORFF gegebene Klassifikation. Er ist der Meinung, daß sich die angewandte Bodenkunde und die Ingenieurgeologie der durch die forschende Bodenkunde „gewonnenen Ergebnisse bedienen und umgekehrt die den Bodentypen eigenen Eigenschaften zur bautechnischen Beurteilung des Bodens heranziehen“ können. Wir sehen den Wert bodengeologischer Karten vor allem darin, daß man durch sie bei der Standortwahl bereits im Stadium der Perspektivplanung in die Lage versetzt wird, landwirtschaftlich hochwertige Flächen zu schonen und dadurch volkswirtschaftliche Verluste zu vermeiden. In diesem Sinne liegen bereits auch Äußerungen von bodengeologischer Seite vor.

„Mit der fortschreitenden Industrialisierung unseres Landes werden dem Agrarsektor durch die großen Industriebau- und Siedlungsvorhaben sowie die umfangreichen Neuaufschlüsse von Grubenfeldern erhebliche Flächen entzogen und einer im biologischen Sinne bodenfremden Nutzung zugeführt. Der Boden ist aber flächenmäßig in unserem nationalen Raum eine konstante Größe, und dem Verlust an Produktionsfläche folgt ein entsprechender Verlust an pflanzlichen und tierischen Erzeugnissen, den wir durch Import ausgleichen müssen. Wir können solche unvermeidbaren Verluste jedoch in erträglichen Grenzen halten, wenn wir schon bei der Verplanung eines Raumes an Hand einer Bodenkarte die Standorte von Bauten und technischen Anlagen auf den geringwertigsten Boden legen. In Unkenntnis der Bodenverhältnisse wird heute in großem Umfang gutes Kulturland als Baugrund in Anspruch genommen, trotzdem unter gleichen wirtschaftlichen oder verkehrstechnischen Voraussetzungen nächstgelegene Flächen geringeren Kulturwertes zur Verfügung stehen, wobei dann auch noch unberücksichtigt bleibt, daß die schlechtesten Pflanzenstandorte oft beste Eigenschaften als Baugrund aufweisen.“ (SIEBENHAAR, 1956)

Unseres Erachtens kann die Bodenkarte vielfach als wertvolle Ergänzung der ingenieurgeologischen Übersichtskarte angesehen werden.

Den planenden Stellen kann jedenfalls nur empfohlen werden, die dargelegten Umstände zu berücksichtigen und sich diese Hilfsmittel und Unterlagen nutzbar zu machen. Allerdings liegen Modelle bodengeologischer Karten bislang nur sehr wenige vor. Zur Berücksichtigung der bodengeologischen wie auch im weiteren Sinne der geologischen Situation überhaupt bleibt aber die nun schon mehrfach von uns aufgestellte Forderung gültig, den örtlich zuständigen Ingenieurgeologen so frühzeitig wie möglich zur Mitarbeitung heranzuziehen. In manchen Fällen wird dies im Stadium der Vorplanung vielleicht schon zu spät sein. Es muß das Ziel einer rationellen Bebauung in Gebieten mit weniger bekanntem Untergrund sein, die Ingenieurgeologie zur Abgabe von Übersichtskarten bereits im Stadium des Perspektivplanes zu veranlassen. Nur auf diese Weise werden die planenden Stellen frühzeitig genug die Möglichkeit haben, Fehlplanungen zu vermeiden. Solche Fehlplanungen bedeuten eine Vergeudung von Volksvermögen und bedingen dann außerdem einen doppelten Aufwand an Arbeit und Zeit.

Wir wollen uns nun wieder der Frage der ingenieurgeologischen Kartierung zuwenden. Bevor man an eine Systematik der ingenieurgeologischen Kartierung herangehen kann, erscheint es uns notwendig, erst einmal den Bestand zu sammeln, zu sichten und zu ordnen. Es sollen daher im Rahmen dieser Arbeit vor allem die durch die Geologischen Dienste der Staatl. Geolog. Kommission durchgeführten ingenieurgeologischen Kartierungen und Dokumentationen einer Analyse unterzogen werden. Dies erscheint um so notwendiger, als eine ständige Nachfrage nach Beispielen aus diesem Tätigkeitsgebiet besteht und außerdem nur durch gegenseitigen Meinungsaustausch und das Ingangkommen einer Diskussion ein Fortschritt auf diesem Gebiet zu erreichen sein wird.

Geologischer Dienst Freiberg

Für die Städte *Zwickau* (Dr. H. KÖHLER, 1953) und *Dresden* (Dr. LOETZSCH, 1954) wurden graphische Darstellungen der Baugrundverhältnisse geschaffen. Dies erfolgte auf den Karten 1 : 10000 „punktweise" in einer neuen, sonst wohl kaum bekannten Art. Der durch Bohrungen bekannte Baugrund wird bis maximal 12 m Tiefe durch einen Kreis, jedoch nicht in seinen geologischen oder petrographischen, sondern in seinen Tragfähigkeitseigenschaften gekennzeichnet. Die Kreise werden durch Halbmesser (Radialsignaturen) in Sektoren eingeteilt. Aus der Lage der Sektoren (im Sinne des Uhrzeigers gesehen) kann man ablesen, in welchen Tiefen der Baugrund mit 0, 1, 2, 3 kg/cm² (und mehr) belastet werden kann. Die Angabe bezieht sich bei Vorliegen reiner Sande und Kiese auf eine kleinste Fundamentbreite von mindestens 1 m. Bei kleineren Breiten muß eine Minderung entsprechend der DIN 1054 vorgenommen werden. Die Ablesung der Tiefen für die einzelnen Belastungswerte erfolgt, wie gesagt, im Uhrzeigersinn. Finden sich im Baugrund Schichten, die auf eine Setzungsgefahr schließen lassen, so wird innen ein konzentrischer Kreisbogen eingetragen; bei großer Setzungsgefahr werden zwei derartige Kreisbögen eingetragen. Die Lage des Grundwasserspiegels wird bei dieser Darstellung durch eine blaue Linie (Radialstrahl) an der betreffenden Kreisstelle gekennzeichnet.

In derselben Weise wurde das Gebiet der Stadt *Freiberg* (Dr. LOETZSCH, 1954) im Maßstab 1 : 5000 bearbeitet. Dieser Arbeit liegen jedoch keine Bohrungen, sondern nur Baugrundgutachten und Schürfe zugrunde.

Eine gänzlich andere Methode wurde bei der Aufstellung der „Ingenieurgeologischen Übersichtskarte" für den Raum *Görlitz-Zittau* 1 : 50000 angewendet (Dr. H. KÖHLER, STEDING, 1956). Die Darstellung erfolgte durch farbige Flächen. In dieser Karte „wurden die Baugrundverhältnisse vereinfacht dargestellt. Es wurden hier alle, im bautechnischen Sinne sich gleich oder ähnlich verhaltenden Gesteine zusammengefaßt". Es werden gewissermaßen Hauptbodenarten (bzw. Hauptgesteinsarten) unterschieden. In der Legende werden bei jeder Hauptbodenart die generellen Baugrundeigenschaften, aber auch die in Frage kommenden Bodenpressungen in kg/cm² angegeben. Wir haben also in jedem Falle eine gewisse Parallelisierung:

Hauptbodenart	(Fels, Sand mit tiefem Grundwasser, Sand mit hohem Grundwasser, bindiger Boden über Sand, Tallehm, Alluvium)
Hydrologie	(Grundwasser, Hochwassergefährdung)
Baugrundgüte	(sehr gut, gut, mäßig gut, schlecht)
Bodenpressungen	(in kg/cm²).

Das bedeutet, daß jeder Hauptbodenart bestimmte Wasserverhältnisse, eine bestimmte Baugrundgüte und die oberen und unteren Grenzen der für die Belastung in Frage kommenden Bodenpressungen zugeordnet sind und daß diese Eigenschaften mit Hilfe der Legende abgelesen werden können. (Für das gleiche Gebiet ist eine „Hydrogeologische Übersichtskarte" 1 : 50000 vorhanden.)

Bei der Bearbeitung des Gebietes *St. Egidien* (Dr. LOETZSCH, 1956) 1 : 50000 wurden ebenfalls Hauptbodenarten (bzw. Hauptgesteinsarten) unterschieden (Alluvium, Torfmoor, Lößlehm, Geschiebelehm, Sand, Letten des Rotliegenden, Konglomerate, felsiger Untergrund). Die Baugrundeigenschaften wurden jedoch nur allgemein im Text der ingenieurgeologischen Stellungnahme beschrieben. Baugrundgüteklassen wurden dabei nicht unterschieden.

Geologischer Dienst Halle

Für das Gebiet *Lauchhammer* wurde eine Karte mit folgenden „Baugrundtypen" geschaffen (V. HOYNINGEN, 1952):

Glazialkies und -Sand (tiefer Grundwasserstand)	mittlere Tragfähigkeit,
Talsand (hoher Grundwasserstand	mittlere Tragfähigkeit,
Stauchdiluvium	stark wechselnde Tragfähigkeit,
Alluvionen	sehr geringe Tragfähigkeit,
Böden problematischen Wertes (Aufschüttungen).	

Für einzelne Vorkommen wurden auch die Grenzen der in Frage kommenden zuverlässigen Bodenpressungen in kg/cm² angegeben.

Ähnlich wurde das Stadtgebiet *Calbe/Saale* bearbeitet (V. HOYNINGEN, 1952). Auf der Karte 1 : 10000 wurden durch farbige Umrandungen fünf Hauptbodenarten dargestellt:

Alluviale Tone und Kiese (blau),
Talsand und -kies (grün),
Älterer Glazialkies und -sand (dunkelbraun),
Geschiebemergel (gelbbraun),
Septarienton (orange).

Es wurde dann noch vermerkt, daß die Böden (mit Ausnahme der Alluvionen) häufig von Lößlehm unter 2 m Mächtigkeit überlagert sind, ohne daß dies auf der Karte besonders dargestellt ist. Dagegen sind Gebiete mit hohem Grundwasserstand durch blaue Querstriche gekennzeichnet. Die Tragfähigkeitseigenschaften werden nur allgemein angegeben, also nicht durch kg/cm² ausgedrückt. Der Autor schreibt dazu, daß die geforderte Einteilung in drei Tragfähigkeitsgruppen unterlassen wurde, „weil einmal hierdurch wichtige Unterschiede verwischt worden wären, zum anderen wäre eine quantitative Genauigkeit vorgetäuscht worden, die nicht vorhanden ist".

Für das Gebiet zwischen *Eisleben* und *Halle*, in dem sich salztektonische Vorgänge, vor allem Senkungen infolge Auslaugung löslicher Schichten des Untergrundes vollziehen, wurde eine spezielle Karte 1 : 25000 angefertigt (V. HOYNINGEN, 1953). Dargestellt sind:

Gebiete mit beobachteten Senkungen und Gebäudeschäden (rot),
Gebiete mit wahrscheinlichen, ungleichmäßigen Senkungen (rosa),
Auslaugungsgefährdetes Gebiet mit möglichen, meist gleichmäßigen Senkungen (durch blaue Umrandung gekennzeichnet),
Auslaugungsfreies Gebiet (nicht farbig angelegt).

Ergänzt wird die Arbeit durch eine Karte der tektonischen Strukturkreuzungen, Salzaufpressungen und Auslaugungszonen 1 : 50000 in Schwarz-Weiß-Darstellung (V. HOYNINGEN, 1956).

Für das Stadtgebiet *Wolmirstedt* wurden folgende Unterlagen geschaffen (Dr. WILLING, 1957):
Geologische Karte 1 : 25000 (schwarz-weiß); eingezeichnet wurden die geologischen Grenzen aus der Spezialkarte mit Einschreibung der Symbole.
Flächennutzungsplan 1 : 25000 (schwarz-weiß); durch punktierte Begrenzungslinien wurden drei Baugrundklassen kenntlich gemacht:

a) bebaubar, aber oberflächennahes Grundwasser,
b) bebaubar,
c) bebaubar, aber nässestauend.

Geologischer Dienst Jena

Hier ist zunächst die ingenieurgeologische Untersuchung des Geländes nordöstlich von *Ilmenau* zu erwähnen (Dr. TILLE, Prof. Dr. HOPPE, 1953/54). Auf einer Skizze im Maßstab 1 : 25000 wurden die geologischen Verhältnisse durch Anlegen der Flächen farbig dargestellt. Durch schwarze Umgrenzungslinien und Einschreibungen wurden mehrere Teilflächen mit unterschiedlichen baugrundgeologischen Qualitäten gekennzeichnet:

a) geeignet (Unterer Buntsandstein),
b) bedingt geeignet (spezielle Baugrunduntersuchungen sind im Einzelfalle notwendig),
c) nicht gut geeignet (hoher Grundwasserstand),
d) ungeeignet (Erdfallgefahren).

In einigen Städten Thüringens wurde im Jahre 1957 begonnen, Teilflächen ingenieurgeologisch zu kartieren. Die angewendeten Verfahren gehen aus folgender Zusammenstellung hervor:

Meiningen (an der Welkershausener Landstraße, Dr. ROST): Geologische Verhältnisse: schwarz-weiß, durch Symbole und Linksschraffur (von rechts oben nach links unten) dargestellt.
Bewertung des Baugrundes (schwarz-weiß):

geringer Baugrund	(weite Kreuzschraffur),
mittlerer Baugrund	(Punkte),
unbebaubare Aufschüttungen	(enge Kreuzschraffur).

Hildburghausen, „An der Ziegelei", 1 : 1250 (Dr. ROST):
Geologische Verhältnisse: farbig angelegt, mit eingeschriebenen Symbolen.
Baugrundgüteklassen (schwarz-weiß):

vorzüglich und gut bebaubar	(ohne Signatur),
mittelgut bis gut bebaubar	(Punkte),
mäßig bis mittelgut bebaubar	(weite Kreuzschraffur),
schlecht bis gering bebaubar, aufgeschüttete Massen	(enge Kreuzschraffur).

Schleusingen, Nahetal und Erletal, 1 : 6000 (Dr. ROST):
Geologische Verhältnisse: farbig angelegt, mit eingeschriebenen Symbolen.
„Bewertung des Baugrundes" (schwarz-weiß):

gut	(ohne Signatur),
mittel	(Punkte),
gering bis schlecht	(weite Kreuzschraffur),
Aufschüttung	(enge Kreuzschraffur).

Zella-Mehlis, Bierbachtal, 1 : 2000 (MINY):
Geologische Verhältnisse: es werden fünf Hauptbodenarten (bzw. Hauptgesteinsarten) unterschieden und auf der Karte teils durch rote Farbe, teils durch schwarze Signaturen (Punkte und Schraffur) und Symbole dargestellt.
Der „Bebaubarkeitsgrad" wird nicht besonders dargestellt, sondern ist aus der Legende für jede Hauptbodenart zu entnehmen, wobei folgende Stufen unterschieden werden:

gut bis sehr gut,
mittelgut,
gering bis schlecht,
unbebaubar.

Der Autor hat inzwischen in einer Neubearbeitung die rote Flächenfarbe durch stehende Kreuze ersetzt, so daß eine reine Schwarz-Weiß-Karte entstanden ist.

Suhl, Am Lautenberg, 1 : 1000 (MINY):
Geologische Verhältnisse: es ist nur die untere Stufe des Mittleren Buntsandsteins (sm 1) vorhanden, so daß eine besondere Darstellungsart nicht notwendig wurde. Zu entnehmen ist der „Bebaubarkeitsgrad" (schwarz-weiß):

gut bebaubar	(Schrägschraffur),
mäßig gut bebaubar	(Schrägschraffur mit Punkten),
gering bis schlecht bebaubar	(weite Kreuzschraffur).

Suhl, Am Hainberg und Döllberg, 1 : 2000 (MINY, Dr. ROST):
Geologische Verhältnisse: zwei Bodenarten (Deckschutt und Auelehm) durch Schrägschraffur und Symbole und drei Gesteinsarten des festen Untergrundes (Mittlerer Buntsandstein, Granit, Granitporphyr) durch Schürfe und Ausbisse aufgeschlossen, „punktweise" farbig und mit Zahlenangaben dargestellt.
Es werden vier „Grade der Bebaubarkeit" unterschieden und dargestellt:

sehr gut bis gut	ohne besondere Angaben
mittel	Punkte
gering bis schlecht	weite Kreuzschraffur
unbebaubar	enge Kreuzschraffur;
außerdem:	
durch ehemaligen Bergbau gefährdetes Gebiet	unterbrochene Schraffur.

Geologischer Dienst Mitte

Bei zahlreichen Begutachtungen von Bebauungsplänen für Städte und größere Gebiete erfolgte die Dokumentation durch Beigabe von Abzeichnungen aus der geologischen Karte 1 : 25000. Außerdem wurden Methoden angewandt, die aus der folgenden Aufstellung hervorgehen:

Kyritz, 1 : 25000 (RÖBLING, 1956):
Geologische Verhältnisse: Darstellung wie üblich, durch Farben und Signaturen (acht Bodenarten).
Auf einem Deckblatt werden vier Hauptbodenarten dargestellt und als Baugrund bewertet:

1. Hochflächenbildungen	Linksschraffur	im allgemeinen günstiger Baugrund,
2. Talsand	Rechtsschraffur	
3. Humoser Sand und Abschlämmassen	waagerechte Schraffur	bedingt günstiger Baugrund,
4. Moorerde und Torf	ohne Signaturen	ungünstiger Baugrund.

Letschin, 1 : 2000 (RÖBLING/KADO, 1957):
Bei der Untersuchung des Geländes für den Dorfbebauungsplan Letschin (Oderbruch) wurde

guter bzw. ausreichender Baugrund,
bedingt mittelmäßiger Baugrund und
schlechter Baugrund

unterschieden.

Die Methode dieser Unterscheidung hat sich aus den besonderen örtlichen geologischen Verhältnissen entwickelt. Es wurden dabei gewisse Bedingungen aufgestellt; daraus ergaben sich bestimmte Baugrundtypen, die den drei Baugrundgüteklassen zugeordnet wurden:

a) Guter bzw. ausreichender Baugrund:
zumindest bis 3,0 m Tiefe unter Gelände reiner Sandboden oder von maximal 2,0 m Tiefe bis mindestens 7,0 m u. Gel. reiner Sand oder — bei geringerer Bohrendtiefe als 3,0 m — sehr fest gelagerte reine Sande, deren Beschaffenheit mit Sicherheit auf eine Mächtigkeit von mindestens 3,0 m schließen läßt; Flächengründung ist möglich.

b) Bedingt mittelmäßiger Baugrund:
Der reine Sandboden reicht bis mindestens 2,5 m Tiefe u. Gel. oder es liegt ein schluffig-sandiger Baugrund mit tonigen Lagen vor, der nur mittels bodenmechanischer Untersuchungen näher beurteilt werden kann.

c) Schlechter Baugrund:
Die nicht unter a) und b) einzuordnenden Baugrundtypen fallen hierunter; der größte Teil des untersuchten Gebietes weist weichplastische Schlickschichten mit Torf von verhältnismäßig großer Mächtigkeit auf; diese Schichten reichen vielfach bis 3,0 m u. Gel., teilweise jedoch noch tiefer. Dieses Gelände eignet sich nicht für die vorgesehene ländliche Bebauung, weil hier Flächengründungen nicht mehr möglich oder aus wirtschaftlichen Gründen kostenmäßig nicht tragbar sind.

Berlin, „Baugrundkarte" 1 : 4000 (Dr. MEDON, WETHLOW sen. und WETHLOW jun., 1950).

Auf der Karte ist durch Höhenlinien dargestellt, in welcher Tiefe der gute, tragfähige Baugrund zu erwarten ist. Als guter, tragfähiger Baugrund sind die Schichten anzusehen, die bei normaler städtischer Bebauung, also 4- bis 5 geschossigen Wohnhäusern, mit 2,5—3,0 kg/cm² belastet werden können. Er werden folgende Tiefenstufen unterschieden: 0—1 m, 1—2 m, 2—3 m, 3—4 m, 4—6 m, 6—10 m, mehr als 10 m.

Geologischer Dienst Schwerin

Bei dieser Dienststelle wurden in den letzten Jahren im Rahmen der ingenieurgeologischen Begutachtungstätigkeit mehrere Methoden der Darstellung der Baugrundverhältnisse entwickelt.

Die einfachste Form ist auch hier die Wiedergabe der geologischen Verhältnisse in einem Lageplan mit ausführlicher Beschreibung der Baugrundeigenschaften im Gutachten bzw. in der Erläuterung. Zu bemerken ist jedoch, daß an Stelle des sonst üblichen Maßstabes ein größeres Flächenverhältnis gewählt wurde, z. B. 1 : 5000 bei der Kartierung von *Torgelow* (KÜCKEN, 1955) und 1 : 10000 bei einigen Stadtgebieten von *Bad Doberan* (KÜCKEN, 1957). Die geologischen Einheiten werden in der üblichen Weise durch farbige Flächen und Signaturen dargestellt, während die Eignung der einzelnen Bodenarten bzw. Schichtenfolgen im Gutachten angegeben wird, wobei erforderlichenfalls die Grundwasserverhältnisse besonders berücksichtigt werden.

Auch das Einzeichnen von Säulenprofilen in den Lageplan hat Anwendung gefunden, wobei durch eine Trennlinie im Plan das Gelände in „bebaubar" und „nicht bebaubar" eingeteilt wurde. Beispiel: *Schwerin-Görries* (MARQUARDT, 1955); Lageplan 1 : 1000, Säulenprofile 1 : 100, alles schwarz-weiß dargestellt.

Bei den weiteren entwickelten Methoden ging man so vor, daß man Schichten, die sowohl ihrer geologischen Entstehung als auch ihren Baugrundeigenschaften nach eine gewisse Gleichartigkeit aufweisen, zu baugrundgeologischen Hauptbodenarten, die man teilweise auch Baugrundtypen genannt hat, zusammenfaßte und auf den Plänen durch Farben und Schraffuren darstellte. Beispiele:

Gadebusch, 1 : 2500 (MARQUARDT, 1955):

Baugrundtyp	Baugrund-eigenschaften	Darstellung
Mineralböden der Hochfläche (Geschiebelehm bzw. -mergel im Wechsel mit Schluffen und Sanden, Grundwasser tiefer als 2 m)	belastbar, grundsätzlich bebaubar	weiß
Flächen mit Schichtenwasser zwischen 1 und 2 m Tiefe		blaue Schraffur
Mineralböden der Niederungsrandgebiete (Schluffe, vereinzelt Feinsande, Grundwasser höher als 2 m	belastbar, bedingt bebaubar	rote Schraffur
Humus- und Faulschlammböden der Talzone (Torf, Faulschlamm, Moorerde, Grundwasser nicht tiefer als 1 m)	nicht belastbar, nicht bebaubar	grau

Tollensesee, 1 : 10000 (MARQUARDT, 1957):

Baugrundtyp	Baugrund-eigenschaften	Dar-stellung
Haftfeste Sedimente an der Oberfläche	belastbar	hell-braun
Haftfeste Sedimente im oberflächennahen Baugrund	belastbar, mögliche Gleitzonen	rote Schraffur
Sande, teils haftfeste Sedimente	belastbar, verschieden setzungsempfindlich	gelb
Terrassenrand	belastbar, nur mit Einhaltung des natürlichen Böschungswinkels bebaubar	rot
organische Ablagerungen, oberflächennahes Grundwasser	für Normalgründung ungeeignet, nicht belastbar	grau

Dazu gehört eine geologische Übersichtskarte 1 : 10000.

Bei der Begutachtung von Gebieten der Stadt *Bützow* 1 : 5000 (MARQUARDT, 1957) wurden die Baugrundeigenschaften durch Angabe der möglichen oder zweckmäßigen Bebauungstypen charakterisiert. Es handelt sich um vorwiegend feinsandige, teilweise schluffige Sedimente mit tonigen Einlagerungen und Mittel- bis Grobsanduntergrund. In der „Baugrundtypenkarte" 1 : 5000 wurden die Flächen nach den petrographischen Gegebenheiten und unter Berücksichtigung der Grundwasserstände ausgesondert:

Baugrundtyp	Bebauungstyp	Darstellung
Feinsand, schluffig	tragfähig, ein- und zweigeschossig mit Unterkellerung bebaubar	gelb
Feinsand, schluffig	tragfähig, eingeschossig mit Hochkellerung bebaubar	fahlgelb
Feinsand, schluffig	tragfähig, eingeschossig ohne Unterkellerung bedingt bebaubar	gekreuzte blaue Schraffur
Moorerde, Torf- u. Faulschlammablagerungen	nicht tragfähig, mit Normalgründung nicht bebaubar	grau

Bei der vorstehend gegebenen Beurteilung des gleichmäßigen Baugrundes (schluffiger Feinsand) und der Einteilung in verschiedene Bebauungstypen ist der Bearbeiter von der verschiedenen Lage des Grundwasserspiegels ausgegangen. In der Tabelle selbst kommt dies jedoch leider nicht zum Ausdruck. Bei künftigen ähnlichen Kartierungsarbeiten sollte dieser Umstand entsprechend berücksichtigt werden.

Im Gegensatz zu dem oben geschilderten Verfahren wurde in einer ganzen Reihe von Fällen die „Bewertung des Baugrundes" in den Plänen unmittelbar zum Ausdruck gebracht. Es erfolgt dies in der Weise, daß die „Bebaubarkeit" oder die „Baugrundgüte" durch verschiedenfarbig angelegte Flächen dargestellt wird:

Neubrandenburg, Stadterweiterung, 1:5000 (TITA, 1956) und *Neubrandenburg*, Blumenbornsiedlung, 1:2000 (TITA, 1957).

Die geologischen Verhältnisse werden durch Signaturen und Symbole (schwarz-weiß) dargestellt. Durch farbiges Anlegen von Flächen werden unterschieden:

Günstiger Baugrund	Grundwasserspiegel tiefer als 1 m	gelb
bedingt brauchbarer Baugrund	spezielle Begutachtung und Bohrungen sind notwendig; Wasserspiegel vielfach oberhalb 1 m u. Gel.	grün
ungünstiger Baugrund	normale Gründung nicht möglich; Grundwasserspiegel sehr hoch	rot
	Wasser	blau

In gleicher Weise wurde bei einer Begutachtung des Ortes *Ringenwalde* (TITA, 1957) verfahren, nur daß hierbei ein verhältnismäßig großer Maßstab 1:1000 gewählt wurde.

Eine im Prinzip ähnliche, in der Ausführung jedoch andere Methode wurde bei der Untersuchung der Bebauungsmöglichkeiten im Gebiet der Städte *Ribnitz-Damgarten* 1 : 10000 (KÜCKEN, 1956); *Tribsees* 1 : 3000 (KÜCKEN, 1956); *Grimmen* 1 : 10000 (KÜCKEN, 1956) und *Usedom* 1 : 10000 (KÜCKEN, 1957) entwickelt.

Hierbei werden die geologischen Einheiten bzw. Bodenarten in der üblichen Weise durch punktierte oder feingestrichelte Linien begrenzt, jedoch nur durch Symbole (schwarz-weiß) gekennzeichnet. Die Baugrundklassen werden wie folgt dargestellt:

Brauchbarer Baugrund

Geschiebemergel, Geschiebelehm, Sand, Kies; im allgemeinen geeignet für die Bebauung mit mehrstöckigen, unterkellerten Gebäuden	weiß bzw. nicht farbig hervorgehoben

Bedingt brauchbarer Baugrund

Flächen mit ziemlich hohem Grundwasserstand, mit lockeren Abschlämmassen und mit aufgefülltem Boden; bedingt geeignet für leichte Gebäude ohne Unterkellerung	rot schraffiert

Ungeeigneter Baugrund

Torf, Faulschlamm, Moorerde, weiche bindige Bodenarten; Flächen mit sehr hohem Grundwasserstand	rot angelegt

In der gleichen Form wurde das Gebiet der Stadt *Barth* (KÜCKEN, 1956) in einem Plan 1 : 5000 bearbeitet, jedoch wurden die den drei Baugrundklassen angehörenden Bodengruppen im einzelnen noch näher erläutert, z. B.:

Brauchbarer Baugrund

Errichtung mehrgeschossiger Gebäude mit Unterkellerung möglich, Geschiebemergel, Geschiebelehm, Sand und Kies mit tiefliegendem Grundwasser; es ist jedoch damit zu rechnen, daß die oberflächennahen Schichten der bindigen Böden sich zeitweilig unter dem Einfluß von Sickerwasser in ziemlich weichem Zustand befinden.	nicht farbig hervorgehoben

Eine Variante bildet die Bearbeitung von *Kühlungsborn* (KÜCKEN, 1957), 1 : 10000:

Geeigneter Baugrund

Geschiebelehm, Geschiebesand, Grundwasserstand im allgemeinen tiefer als 2 m	gelb

Bedingt geeigneter Baugrund

Sandiger Boden mit ziemlich hohem Grundwasserstand, zeitweilig Staunässe	gelb mit roter Schraffur

Ungeeigneter Baugrund

Humoser und toniger, weicher Untergrund, sehr hoher Grundwasserstand	rot

Bei kleineren Flächen kommt es natürlich vor, daß nur zwei Gütestufen unterschieden werden, z. B. *Wismar*, Kulturpark, 1 : 5000 (TITA, 1956):

Geeigneter Baugrund

Geschiebemergel, Ton, Grundwasser tiefer als 2 m	hellbraun

Ungeeigneter Baugrund

Schlick, Faulschlamm, Torf, Abschlämmmassen; Grundwasser sehr hoch	rot

Graal-Müritz, 1 : 10000 (KÜCKEN, 1956):

Bedingt brauchbarer Baugrund

Ziemlich hoher Grundwasserstand, lockere, zum Teil humose Sandböden (Dünen)	hellrot

Ungeeigneter Baugrund

Sehr hoher Grundwasserstand, Moorerde	dunkelrot

Zum Schluß ergibt sich noch die Möglichkeit, auf dem Bebauungsplan nur die „Baugrundgüte" zu kennzeichnen, alle anderen Angaben auf diesem Blatt jedoch wegzulassen:

Gr. Bölkow, 1 : 3920 (KÜCKEN, 1957):

Günstiger Baugrund	grün
Bedingt brauchbarer Baugrund, spezielle Begutachtung bzw. Bohrung notwendig	grau
Ungünstiger Baugrund	rot
Wasser	blau

Hier liegt schon ein Grenzfall der ingenieurgeologischen Kartierungsmethoden vor. Kommt zu der Darstellung der Baugrundgüte noch eine Karte der geologischen oder baugrundgeologischen Gegebenheiten, möglichst in demselben Maßstabe, hinzu, so ist die Bezeichnung als „Baugrund*geologische* Kartierung“ noch berechtigt. Im anderen Falle würde die vorliegende Skizze über die Baugrundqualitäten für sich allein nur als „baugrund*technische*“ Arbeit anzusprechen sein.

Die vorstehende Aufzählung der vorliegenden Arbeiten wird nicht vollständig sein, sie war aber notwendig, um sich ein Bild über den Stand der vorliegenden Problemstellung machen zu können. Bei der Betrachtung des zusammengestellten Materials lassen sich gewisse Entwicklungsstufen erkennen, die allerdings nicht in jedem einzelnen Falle in Erscheinung treten, vielfach teilweise übersprungen wurden und erst in größerem Zusammenhange sichtbar werden.

Es zeichnet sich folgende Entwicklung ab:

Ausgehend von der üblichen Darstellung der geologischen Verhältnisse nach Art der geologischen Spezialkartierung ist man dazu übergegangen, gleichartig entstandene und sich gleichartig verhaltende Bodenarten (bzw. Gesteinsarten) nach ihren Baugrundeigenschaften, gegebenenfalls auch unter Berücksichtigung der oberen Bodenwasserverhältnisse, zu klassifizieren.

Die auf diese Weise entstandenen baugrundgeologischen Einzelheiten werden, wenn nötig, noch zu baugrundtechnischen Bodengruppen (bzw. Gesteinsgruppen) zusammengefaßt.

Die baugrundtechnische Bewertung erfolgt dann in vielen Fällen noch durch Einordnung in „Baugrundgüteklassen“, „Bebaubarkeitsgrade“ usw.

Manche Autoren sind noch einen Schritt weitergegangen, indem sie auch den Begriff der „Tragfähigkeit“ zum Ausdruck bringen. Dies geschieht durch unmittelbare Darstellung in der Karte oder durch Zuordnung zu einer Baugrundklasse oder einer baugrundgeologischen Einheit oder Gruppe.

Die dargelegten Methoden der ingenieurgeologischen Klassifizierung haben sich also erst allmählich herausgebildet und können daher als Stufen einer Entwicklung aufgefaßt werden.

Außer den verschiedenen Klassifizierungsmerkmalen bilden noch die *Art* ihrer Darstellung und die äußere *Form* wesentliche Charakteristika bei der Aufstellung ingenieurgeologischer Karten. Es lassen sich unterscheiden:

Kartierungsmethoden
Flächenmäßige, punktförmige, kombinierte (flächenmäßige und punktförmige) Kartierung.

Kartenformen
Einblattform, Mehrblattform.

Darstellungsarten
Einfach-Darstellungen: Hierbei wird nur *ein* Klassifizierungsmerkmal zur Darstellung gebracht;
Mehrfach-Darstellungen: Es werden *mehrere* Klassifizierungsmerkmale kartiert, z. B. geologische Einheiten und Baugrundgüteklassen, oder baugrundgeologische Typen und Tragfähigkeitsangaben usw.

Auf die zeichnerischen, kartographischen und drucktechnischen Möglichkeiten der Kartengestaltung (Schwarz-Weiß-Verfahren, Farbanwendung) soll nicht weiter eingegangen werden.

Auf Grund des vorliegenden Materials könnte man also folgende systematische Einteilung vornehmen:

A. Flächenmäßige Kartierung (Flächenmethode)

I. Einblattform

1. Einfachdarstellung

Beispiel *Görlitz-Zittau*: Dargestellt werden die *baugrundgeologischen* Einheiten (Boden- bzw. Gesteinsgruppen), farbig; diesen Einheiten sind 4 Baugrundgüteklassen sowie Tragfähigkeitsangaben zugeordnet, die auf der Karte nicht zur Darstellung kommen, aber aus der Legende ersichtlich sind.

Beispiel *Suhl* (Lautenberg): Dargestellt sind 3 „*Bebaubarkeitsgrade*“; schwarz-weiß; die geologischen Verhältnisse sind so einfach, daß sie nicht besonders in die Karte aufgenommen zu werden brauchen.

Beispiel *Bützow*: Dargestellt wurden 4 „Bebauungstypen“ (farbig), die 4 „Baugrundtypen“ entsprechen.

Beispiel *Berlin*: Dargestellt sind 7 *Tiefenstufen* bezogen auf „guten, tragfähigen Baugrund“.

2. Mehrfachdarstellung

Es seien hier folgende Darstellungsbeispiele angeführt:

	Geologie	*Baugrundgüte*
Meinigen:	schwarz-weiß	schwarz-weiß
Schleusingen	farbig	schwarz-weiß
Neubrandenburg	schwarz-weiß	farbig
Grimmen	nur durch Symbole (schwarze Schrift)	rot und weiß

II. Mehrblattform (der Flächenmethode)

Beispiele:

Wolmirstedt:	1. Blatt:	Geologie, schwarz-weiß (Symbole)
	2. Blatt:	Baugrundgüteklassen, schwarz-weiß
Kyritz:	1. Blatt:	Geologie, farbig, wie üblich
	2. Blatt:	4 baugrundgeologische Bodengruppen, schwarz-weiß, (zusammengefaßt zu 3 Baugrundgüteklassen).
Tollensesee:	1. Blatt:	Geologie, farbig
	2. Blatt:	5 Baugrundtypen, farbig

B. Punktförmige Kartierung

I. Einblattform

1. Einfachdarstellung

Letschin: 3 Baugrundgüteklassen, schwarz und rot

2. *Mehrfachdarstellung*

Beispiele liegen nicht vor.

II. Mehrblattform (der punktförmigen Kartierung).

Beispiele liegen nicht vor.

C. Kombinierte (flächenmäßige und punktförmige) Kartierung

I. Einblattform

Beispiel *Schwerin-Görries:*
Geologie: Säulenprofile, schwarz-weiß
2 Bebaubarkeitsstufen: flächenmäßig, schwarz-weiß

Beispiel *Suhl* (Hainberg):
Geologie: 2 Bodenarten, flächenmäßig, schwarz-weiß; 3 Gesteinsarten des Untergrundes, punktweise, farbig.
„Bebaubarkeit“: 4 Stufen, schwarz-weiß

Übersicht über ingenieurgeologische Kartierungen für Planungs- und Bebauungszwecke[1])

Kartierungs- gebiet	jahr	maßstab	Darstellung der geologischen Verhältnisse	Baugrundgeologische Einteilung und Darstellung	Baugrundklassen und ihre Darstellung	Angaben über die Tragfähigkeit
A. Flächenmäßige Kartierung						
I. *Einblatt-Form*						
1. Einfachdarstellungen						
Görlitz-Zittau . . .	1956	1 : 50000		7 baugrundgeologische Bodengruppen (bzw. Gesteinsgruppen), farbig	(4 Güteklassen – sehr gut, gut, mäßig gut, schlecht –, den Baugrundgruppen zugeordnet und aus der Legende ersichtlich)	(die „Tragfähigkeit" in kg/cm² ist für jede Bodengruppe aus der Legende ersichtlich)
St. Egidien	1956	1 : 50000		8 baugrundgeologische Bodengruppen (bzw. Gesteinsgruppen), farbig		
Lauchhammer . .	1952	1 : 10000		5 „Baugrundtypen" (entsprechend 5 baugrundgeologischen Bodengruppen), farbig		(„mittlere, stark wechselnde, sehr geringe Tragfähigkeit" und „problematische Böden", aus der Legende ersichtlich)
Calbe/Saale . . .	1952	1 : 10000		5 baugrundgeologische Bodengruppen, farbige Umrandung		
Eisleben-Halle . .	1953	1 : 25000		4 Stufen der Senkungsgefährdung, farbig	(beobachtete Senkungen, wahrscheinliche ungleichmäßige Senkungen, mögliche gleichmäßige Senkungen, senkungsfreies Gebiet)	
Zella-Mehlis . . .	1957	1 : 2000		5 baugrundgeologische Bodengruppen (bzw. Gesteinsgruppen), rot u. schwarz-weiß (Punkte, Schraffen, Symbole)	(4 „Bebaubarkeitsgrade", den Bodengruppen zugeordnet und aus der Legende ersichtlich)	
Gadebusch	1955	1 : 2500		4 Bodenartengruppen, farbig	(Belastbarkeit und Bebaubarkeit, aus der Legende ersichtlich)	
Suhl (Lautenberg)	1957	1 : 1000	(nur sm 1 vorhanden)		3 „Bebaubarkeitsgrade", schwarz-weiß (Schraffen und Punkte)	
Bützow	1957	1 : 5000		(4 „Baugrundtypen")	4 „Bebauungstypen", entsprechend den 4 Baugrundtypen, farbig	
Berlin	1950	1 : 4000			7 Tiefenstufen, dargestellt durch schwarze Tiefenlinien	(Tiefe des „guten, tragfähigen Baugrundes", Belastbarkeit etwa 2,5 bis 3,0 kg/cm²)
2. Mehrfachdarstellungen						
Meiningen	1957	1 : 2500	schwarz-weiß (Symbole und Schrägschraffur)		3 Bewertungsgrade, schwarz-weiß (Punkte und Kreuzschraffur)	
Hildburghausen . .	1957	1 : 1250	farbig mit eingeschriebenen Symbolen		5 Baugrundgüteklassen, schwarz-weiß (Punkte und Schraffen)	
Schleusingen . . .	1957	1 : 6000	farbig mit eingeschriebenen Symbolen		4 Klassen für die „Bewertung des Baugrundes", schwarz-weiß (Punkte und Schraffen)	
Ilmenau	1953	1 : 25000	farbig		4 Klassen der Baugrundeignung (schwarze Beschriftung)	
Neubrandenburg	1956	1 : 5000	schwarz-weiß (Signaturen und Symbole)		3 Baugrundklassen („günstig, bedingt brauchbar, ungünstig"), farbig	
Neubrandenburg	1957	1 : 2000				
Ringenwalde . . .	1957	1 : 1000				
Ribnitz-Damgarten	1956	1 : 10000	schwarz-weiß, nur durch Symbole bezeichnet	(3 baugrundgeologische Bodengruppen)	3 Baugrundklassen entsprechend den Bodengruppen („brauchbar, bedingt brauchbar, ungeeignet"), weiß mit roten Schraffuren und roten Flächenfarben	
Tribsees	1956	1 ; 3000				
Grimmen	1956	1 : 10000				
Barth	1956	1 : 5000				
Usedom	1957	1 : 10000				

Übersicht über ingenieurgeologische Kartierungen für Planungs- und Bebauungszwecke

Kartierungs- gebiet	jahr	maßstab	Darstellung der geologischen Verhältnisse	Baugrundgeologische Einteilung und Darstellung	Baugrundklassen und ihre Darstellung	Angaben über die Tragfähigkeit
II. *Mehrblatt-Form*						
Wolmirstedt . . .	1957	1 : 25000	schwarz-weiß (Symbole)		3 Bebaubarkeitsstufen, schwarz-weiß	
Kyritz	1957	1 : 25000	farbig, mit Signaturen	4 baugrundgeologische Bodengruppen, schwarz-weiß (Schraffuren)	(3 Klassen – günstig, bedingt günstig, ungünstig –, den Bodengruppen zugeordnet und aus der Legende ersichtlich)	
Tollensesee	1957	1 : 10000	farbig	„Karte der Baugrundtypen", 5 Baugrundtypen, farbig		
B. Punktförmige Kartierung						
I. *Einblatt-Form*						
1. Einfachdarstellungen						
Letschin	1957	1 : 2000		(mehrere Baugrundtypen sind zu 3 Baugrundgruppen zusammengefaßt)	3 Baugrundgüteklassen, entsprechend den 3 Baugrundgruppen, schwarze Kreise, teilweise mit roten Einzeichnungen	
2. Mehrfachdarstellungen Beispiele liegen nicht vor						
II. *Mehrblatt-Form* Beispiele liegen nicht vor						
C. Kombinierte Kartierung						
I. *Einblatt-Form*						
Schwerin-Görries .	1955	1 : 1000	Säulenprofile 1:100, im Lageplan 1:1000 schwarz-weiß eingezeichnet		2 Bebaubarkeitsstufen, flächenmäßig getrennt (bebaubar, nicht bebaubar), schwarz-weiß	
Suhl (Hainberg) . .	1957	1 : 2000	2 Bodenarten, flächenmäßig, schwarz-weiß (Schrägschraffur und Symbole); 3 Gesteinsarten „punktweise", farbig mit Einschreibungen		4 „Grade der Bebaubarkeit", außerdem: „durch Bergbau gefährdet", flächenmäßig, schwarz-weiß	
II. *Mehrblatt-Form*						
Zwickau	1953	1 : 10000	Geologische Karte, farbig, in üblicher Darstellung			Bohrpunkte durch Kreise eingezeichnet; zulässige Bodenpressungen in kg/cm² mit Tiefenangabe an Hand von Radial-Signaturen ablesbar
Dresden	1954	1 : 10000	Geologische Karte, farbig, in üblicher Darstellung			Bohrpunkte durch Kreise eingezeichnet; zulässige Bodenpressungen in kg/cm² mit Tiefenangabe an Hand von Radialsignaturen ablesbar
Freiberg	1954	1 : 5000	Geologische Karte, farbig, in üblicher Darstellung			Lage der Schürfe durch Kreise eingezeichnet; zulässige Bodenpressungen in kg/cm² mit Tiefenangabe an Hand von Radialsignaturen ablesbar

[1]) Unmittelbar auf den Karten sind nur die nichteingeklammerten Merkmale zur Darstellung gekommen. Die nur aus den Erläuterungen, Begutachtungen oder der Legende zu entnehmenden Baugrundeigenschaften und Klassifizierungsmerkmale sind in der Tabelle in Klammern gesetzt.

II. Mehrblattform

Beispiel *Zwickau:*

1. Blatt: Geologie, farbig, wie üblich
2. Blatt: Tragfähigkeit nach der Tiefe, dargestellt durch Kreise mit Radialsignaturen (Einteilung in Sektoren)

Zum besseren Verständnis haben wir die hier gegebenen Beispiele für die ingenieurgeologischen Kartierungen für Planungs- und Bebauungszwecke in Form einer Tabelle zusammengestellt.

Zusammenfassung

Die Forderung nach sog. „Baugrundkarten" besteht seit langem und ist mit der Zeit immer dringender geworden. Die Verfasser haben in der vorliegenden Arbeit Beispiele ingenieurgeologischer Karten zusammengestellt und prinzipielle Grundzüge der Aufstellung solcher Karten sichtbar gemacht. Es zeichnen sich Entwicklungsstufen ab, die wie folgt charakterisiert werden können:

Zugrundelegung der geologischen Kartierung in Form geologischer Einheiten nach der Art der geologischen Spezialkarten;

Aussonderung baugrundgeologischer Bodengruppen (bzw. Gesteinsgruppen);

Schaffung von „Baugrundtypen";

Einordnung in meist 3 (zuweilen auch 4, selten 2 oder 5) Baugrundklassen („Baugrundgüte", „Bebaubarkeit", „Eignung als Bauland");

Angabe von „Tragfähigkeits"-Kennwerten z. B. in „kg/cm^2" oder „Tiefe des guten, tragfähigen Baugrundes".

Die Beispiele entstammen vorwiegend dem Städtebau und der Gebiets- und Siedlungsplanung. Beispiele aus anderen Fachrichtungen, z. B. Talsperrenbau oder Trassierungen, wurden nicht mit herangezogen, weil diese eine andersgeartete spezielle Betrachtung notwendig machen.

Ferner erstrecken sich die dem vorliegenden Aufsatz zugrunde liegenden Untersuchungen nur auf die *ingenieurgeologische* Kartierung, also auf Karten, die es gestatten, im Zusammenhang mit der geologischen Situation bzw. den ingenieurgeologischen Bedingungen die zu erwartenden Baugrundverhältnisse eines Geländes zutreffend vorauszusagen oder annähernd richtig einzuschätzen. Nicht einbezogen in die Betrachtung wurde die hydrogeologische Kartierung, die der Erfassung und Erkundung des Bodenwasserhaushalts dient, und die bodengeologische Kartierung, die sich auf der landwirtschaftlichen Bodenkunde gründet.

Bisher mußte die Anfertigung ingenieurgeologischer Kartendarstellungen der verschiedensten Art zurückstehen, weil die zur Verfügung stehenden Fachkader mit Einzelbegutachtungen überhäuft bzw. überlastet waren. Bei sinngemäßer Anwendung der in der neuen Deutschen Bauordnung gegebenen Richtlinien dürfte jetzt die Möglichkeit gegeben sein, die ingenieurgeologische Begutachtung größerer Gebiete und damit zusammenhängend die Aufstellung ingenieurgeologischer Karten mehr als bisher zu betreiben (vgl. Anlage 3 der Deutschen Bauordnung — Gesetzblatt der DDR, Sonderdruck 254 vom 1. 8. 57). Es erscheint nun zweckmäßig und wohl auch notwendig, daß man für das Gebiet der DDR zu einheitlichen Methoden der ingenieurgeologischen Kartierung kommt. Um zu einer grundsätzlichen Methodik zu kommen, werden von den Geologischen Diensten unter Berücksichtigung der verschiedenen regionalen geologischen Verhältnisse Musterbeispiele ingenieurgeologischer Kartendarstellungen geschaffen.

Literatur

GWINNER, M. P.: Die Anwendung der genetisch-morphologischen Bodenkunde in der Ingenieur-Geologie, insbesondere zur Klassifizierung des Baugrundes auf Baugrundkarten. — Dissertation, Techn. Hochsch. Stuttgart, 1950 (Mitteilungen und Arbeiten aus dem Geologisch-Mineralogischen Institut der T. H. Stuttgart, 1954).

KÖHLER, R. & A. THOMAS: Die ingenieurgeologische Begutachtung bei Bauvorhaben. — Bauplanung und Bautechnik, H. 10, S. 449—452 (1954).

SIEBENHAAR, A.: Aufgaben und Methode der Bodenkartierung. — Z. angew. Geol., Heft 2/3, S. 65—68 (1956).

Hangrutschungen bei den Baustellen des Bodewerkes

FRITZ REUTER, Halle/S.

I. Einführung

Jeder Geologe, der einmal ingenieurgeologische Begutachtungen im Schiefergebirge durchzuführen hatte, weiß, daß er sich auch über die Möglichkeit von Hangrutschungen äußern muß. Als einfache Regel gilt hier, daß solche Hänge von jeglicher Bebauung freizuhalten sind, bei denen die Schieferung parallel des Hanges streicht und das Einfallen gleich der Hangneigung oder flacher ist. Die Lagerungsverhältnisse von Tonschiefern sind für die Errichtung eines Bauwerkes um so günstiger, je mehr der Streichwinkel der Schieferung von der Hangrichtung abweicht und der Einfallwinkel der Schieferung steiler als der Neigungswinkel des Hanges wird. Das Optimum ist gegeben, wenn das Streichen der Schieferung senkrecht zur Hangrichtung verläuft und das Einfallen 90° beträgt oder wenn die Schieferung parallel des Hanges streicht und gegen den Berg hin einfällt. Für Störungen, die die Gesteine durchsetzen, gilt das gleiche. Obwohl demnach die Beurteilung eines Hanges auf Rutschgefährdung in schiefrigen und geschichteten Gesteinen ganz eindeutig zu sein scheint, ist dies jedoch weitaus schwieriger als bei Lockergesteinshängen. Ob letztere rutschgefährdet sind oder nicht, läßt sich in den meisten Fällen mathematisch berechnen. Man kann durch Laborversuche die Gleitgefahr auf Grund der Reibungsbeiwerte bei allen Feuchtigkeitsgraden ermitteln. Die natürlichen Böschungswinkel fast aller Lockergesteine sind bekannt oder lassen sich errechnen. Anders ist dies bei festen und besonders bei schiefrigen Gesteinen, da hier die tektonische Beanspruchung und die Lagerungsverhältnisse von wesentlicher Bedeutung sind. Es läßt sich immer wieder beobachten, daß die Ergebnisse von Laborversuchen mit geschieferten Gesteinen (z. B. Reibungsbeiwerte, Scherfestigkeit, Druckversuche) andere Ergebnisse zeigen als sie in der Natur gegeben sind. Das ist so zu erklären, daß bei den meisten Lockergesteinen nicht mit größeren Inhomogenitäten gerechnet zu werden braucht; mit anderen Worten, die Homogenität der im Laborversuch verwendeten kleinen Gesteinsmenge kann allgemein auf die natürlichen Verhältnisse übertragen werden. Dagegen läuft man bei schiefrigem Gestein Gefahr, daß in der Natur vorhandene größere Inhomogenitäten bei den im Laborversuch verwendeten kleinen Gesteinsmengen nicht mit erfaßt werden können.

Ob im Schiefergebirge die Bebauung eines Hanges möglich ist oder nicht, läßt sich nicht errechnen, sondern ist weitgehend von der Erfahrung des Geologen abhängig. Bei ingenieurgeologischen Beratungen kann der praktische Geologe immer wieder feststellen, daß es schwierig ist, diese Tatsache den Bauingenieuren klar zu machen.

Wie bereits oben gesagt, spielt die Bodenmechanik im Gebirge lange nicht die Rolle wie im Flachland. Der Bauingenieur ist meist auch selbst in der Lage, die physikalische Beanspruchung des Untergrundes zu berechnen. Schwierigkeiten bereitet ihm aber die Vorstellung über den geologischen Aufbau und das Reagieren des Untergrundes auf Grund tektonischer Beanspruchung und der Lagerungsverhältnisse. Da dies bei meinen praktischen Arbeiten als Geologe für das Bodewerk immer wieder in Erscheinung trat und besonders bei Rutschungsmöglichkeiten unklare Vorstellungen bei den Ingenieuren bemerkt wurden, möchte ich meine Erfahrungen bezüglich der Rutschungen und der zu ergreifenden Gegenmaßnahmen kurz darlegen.

In diesem Aufsatz soll gezeigt werden, wie man bei ortsgebundenen größeren Bauwerken, wie z. B. bei Talsperren, wo auf beiden Hängen eines Tales gegründet werden muß, erfolgreich arbeiten kann.

II. Die rutschgefährdeten Baustellen des Bodewerkes[1])

a) Trinkwasseraufbereitungsanlage

Die geplante Trinkwasseraufbereitungsanlage des Bodewerkes ist ein Bauwerk, das sehr setzungsempfindlich ist, da es mehrere große Becken enthalten wird, die durch ungleichförmige Setzung im Untergrunde reißen und dadurch undicht werden können. Um diese Gefahr auszuschalten, ist es erforderlich, daß der Baugrund möglichst aus gleichartigen bzw. festen Gesteinen besteht.

Der Baugrund im Bereich der Trinkwasseraufbereitungsanlage besteht aus der Schichtenfolge der Wissenbacher Schiefer, in der zum überwiegenden Teil mehr oder weniger ebenschiefrige, schwärzliche Tonschiefer vorkommen, denen Diabasdecken und -lagergänge eingeschaltet sind. Das Streichen der Schieferung liegt um 70° und fällt flach bis mittelsteil nach SE ein. Über den festen Gesteinen folgt eine Lockergesteinsdecke von 2 m und mehr Mächtigkeit, die sich aus Gehängeschutt und Gehängelehm zusammensetzt.

Bei der Gründung des Bauwerkes ist zu vermeiden, daß Teile auf der Verwitterungsdecke und Teile auf festem Felsen gegründet werden, da der Gehängeschutt zu stärkeren Setzungen als der feste Untergrund neigt; außerdem hat der Gehängeschutt die Tendenz, dem Gesetz der Schwere folgend, hangabwärts zu gleiten. Da das Bauwerk an einem Südosthang errichtet werden soll, mußten auch die Lagerungsverhältnisse der Schiefer untersucht werden, wobei sich herausstellte, daß die Schieferung an den steilsten Stellen des Hanges parallel zu diesem einfällt. Mehrere Schürfe und Geländebegehungen ergaben, daß die Hangneigung weiter talabwärts flacher wird, so daß der Schiefer steiler als die Neigung des Hanges einfällt. Außerdem wurde festgestellt, daß in derselben Richtung ein Diabas auftritt. Das Ergebnis der geologischen Untersuchung war die Verlegung des Bauwerkes bis in den Bereich, wo das Einfallen der Schieferung günstig zur Hangneigung liegt, so daß eine Rutschgefahr nicht mehr besteht.

[1]) Zur Orientierung s. REUTER 1956, diese Zeitschrift, Bd. 2, Heft 10, Abb. 1.

Beim späteren Baugrubenaushub werden zwar teilweise noch Schieferpakete am hangseitigen Baugrubenrand unterschnitten werden, jedoch kann man den Rutschungen dadurch begegnen, daß soweit abgetragen wird, daß die tiefste in der Baugrube angeschnittene Schieferfuge den Böschungswinkel bildet. Eine andere Möglichkeit der Sicherung besteht darin, daß Stützmauern gesetzt werden oder die hangseitige Mauer des Bauwerkes so bemessen wird, daß der Gebirgsschub aufgenommen werden kann. Bei längerem Offenstehen der Baugrube empfiehlt es sich, den Abtrag bis zur untersten unterschnittenen Schieferfuge vorzunehmen, da ein längerer Witterungseinfluß ein Abgleiten der Schiefermassen begünstigt. Außerdem sind die zu bewegenden Massen so gering, daß diese Maßnahme wirtschaftlich vertretbar ist.

b) Baustelle Rappbodesperre

Der Baugrund der Rappbodesperre besteht laut geologischer Karte aus der Stufe der Bandschiefer. Es handelt sich um eine Schichtenfolge, die vorwiegend aus hell-dunkel gebänderten Tonschiefern besteht. Die Bänderung wird verursacht durch eine Wechsellagerung von geringmächtigen, hellen, sandigen Lagen in der Größenordnung von 3 – 5 mm Mächtigkeit und dunklen, tonigen, die bis 10 mm mächtig werden. Die Schieferung ist nur undeutlich ausgebildet, dagegen ist das Gestein stark geklüftet. In der Stufe der Bandschiefer kommen weiterhin milde, schwärzliche Tonschiefer vom Typus der Wissenbacher Schiefer vor, die aus den gebänderten Gesteinen durch Zurücktreten der sandigen Komponente hervorgehen. Untergeordnet sind auch geringmächtige Linsen und Bänke von Quarziten und Kalksteinen zu beobachten.

An allen Gesteinsgrenzen lassen sich Abscherungsstörungen erkennen, die in der Schieferungsebene verlaufen. Besonders ausgeprägt sind diese an der Grenze zwischen den milden, schwärzlichen und den rauhen, gebänderten Schiefern.

Die Schieferung streicht im Bereich des Bauwerkes 60° bis 90° und fällt flach bis mittelsteil nach SE bzw. S ein. Auf die Rappbodestaumauer bezogen bedeutet das, daß das Streichen spitzwinklig, zum Teil auch senkrecht zur Mauerachse verläuft. Am linken, nach SE geneigten Hang fallen also die Tonschiefer mehr oder weniger hangparallel ein. Auf dem rechten Hang ist das Einfallen gegen den Berg hin gerichtet. In bezug auf die Rutschgefahr sind also die geologischen Verhältnisse am rechten Hang günstig und am linken Hang ausge-

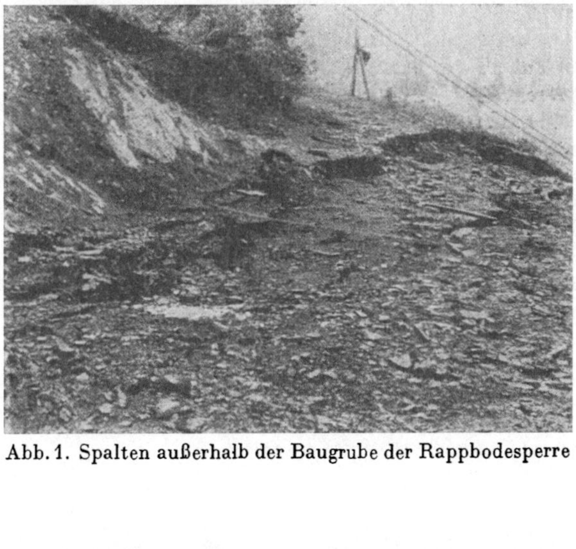

Abb. 1. Spalten außerhalb der Baugrube der Rappbodesperre

Abb. 2. Gipsband in der Baugrube der Rappbodesperre

sprochen ungünstig. Besonders gefährdet war am linken Hang der luftseitige Baugrubenrand, da der Ausstrich der unterschnittenen Tonschiefer wenige Meter unterhalb der Sperrmauer lag. Rutschungsfördernd wirkte sich aus, daß der Schiefer von steil herzynisch streichenden und steil einfallenden Störungen durchsetzt wird, die eine weitere Zerrüttung des Gebirges herbeiführten.

Entscheidende Ursachen für die Rutschungen am linken Hang sind auch darin zu suchen, daß mit dem Baugrubenaushub bereits vor dem zweiten Weltkrieg begonnen wurde, so daß Witterungseinflüsse zur Zerstörung des Gebirges beitragen konnten.

Als nach dem Kriege die geologische Betreuung von der Staatlichen Geologischen Kommission übernommen wurde, ließ sich bereits auf Grund des überdimensionalen Ausmaßes der Baugrube am linken Hang vermuten, daß schon in früheren Zeiten Rutschungen vorgekommen sein mußten, die wieder aufleben würden, wenn mit dem Aushub bis zur endgültigen Gründungssohle begonnen würde. Bei der geologischen Abnahme des luftseitigen Teiles des Feldes 13 am Fuße des linken Hanges wurde eine zwischen milden und rauhen Tonschiefern auftretende streichende Störung beobachtet, die durch den Baugrubenaushub unterschnitten war. Um Rutschungen zu vermeiden, war ein Höherlegen der Gründungssohle bis oberhalb dieser Störung nicht möglich, da der Tonschiefer im Liegenden und Hangenden der Störung so stark zerrüttet war, daß er nicht als „gesunder fester Felsen" angesehen werden konnte.

Nach einem stärkeren Regen rutschte die hangende Scholle (gebänderter Schiefer) auf der liegenden Scholle (milder Schiefer) hangabwärts bis in das Feld 13. Der wasserseitige Teil der Mauer war bereits um ein Feld weiter hangaufwärts betoniert worden, so daß dieser Teil der Mauer gewissermaßen als Stütze gegen die gerutschten Massen dienen konnte. Im Schutze dieser Stütze wurde der luftseitige Teil des Feldes 13 von den Lockermassen geräumt und betoniert.

Während der Rutschung hatten sich im Gehängeschutt außerhalb der Baugrube Spalten aufgetan (Abb. 1), die den Ausstrich der Störung und damit die gesamte rutschende Scholle anzeigten. Um unter möglichst sicheren Bedingungen für die in der Baugrube anwesenden Menschen arbeiten zu können, wurden die gerutschten und rutschgefährdeten Massen von oben und von der Seite her entfernt. Während der niederschlagsarmen Zeit dieses Jahres wurden die Räumungsarbeiten auch von unten her betrieben. Zur weiteren Sicherheit wurden an allen verdächtigen Spalten und Klüften Gipsbänder angelegt (Abb. 2), an denen die Bewegungen genau registriert werden konnten. Unter diesen Bedingungen war es möglich, daß der linke Hang relativ schnell betoniert werden konnte und die dort tätigen Menschen ohne Gefährdung arbeiten konnten. Die oben erwähnte Störung (Abb. 3) im Feld 13 ließ sich während der Gründungsarbeiten bis in das Feld 4 verfolgen. Zu größeren Rutschungen ist es infolge der Vorsichtsmaßnahmen nicht mehr gekommen.

Kritisch werden die Verhältnisse noch einmal bei den Gründungsarbeiten ab Feld 3. Oberhalb der geplanten Mauerkrone stehen am linken Hang zwei Kabelkräne,

Abb. 3. Steil herzynische Störung am luftseitigen Rand der Baugrube der Rappbodesperre

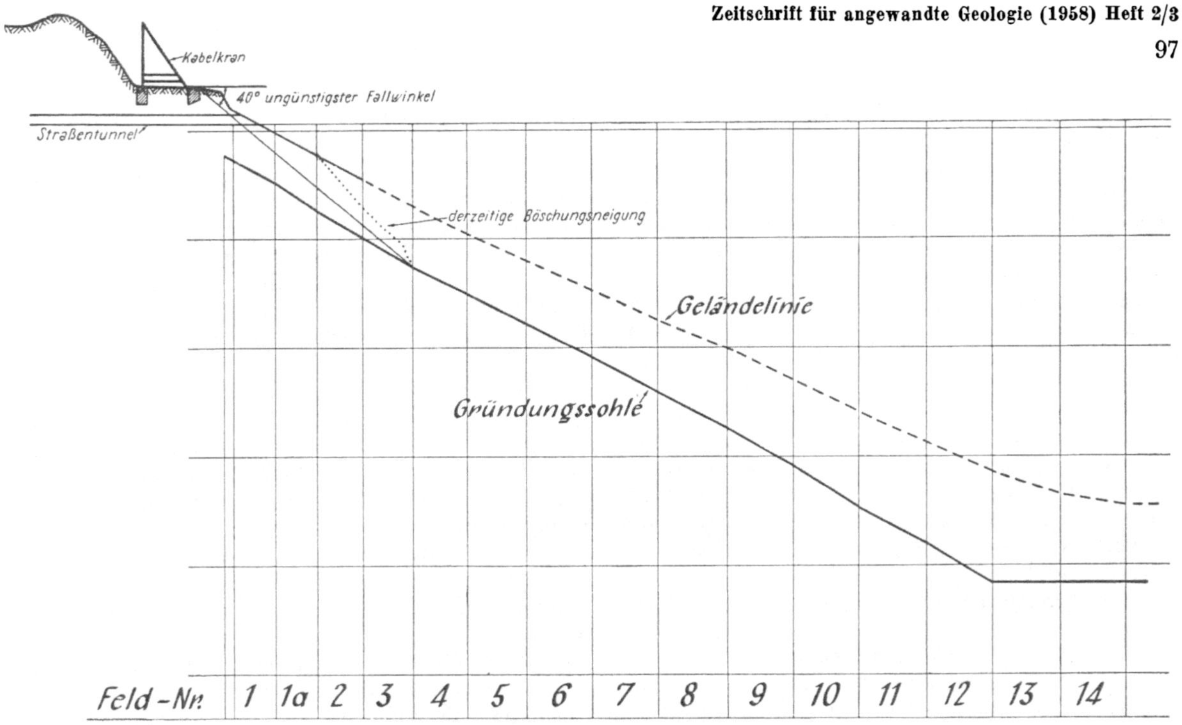

Abb. 4 Kabelkranplateau am linken Hang der Rappbodesperre

die für die Betonierungsarbeiten der Mauer eingesetzt sind. Schieferungsmessungen im oberen Teil der Baugrube ergaben die bereits oben erwähnten Werte für Streichen und Einfallen.

Abb. 4 zeigt, daß das Kabelkranplateau rutschgefährdet ist, wenn mit dem Baugrubenaushub des Feldes 3 begonnen wird. Bei dieser Annahme wurden die ungünstigsten Meßwerte zugrunde gelegt, was aber nötig war, da man betreffs der Standsicherheit der Kabelkräne kein Risiko eingehen konnte. Im Schadensfalle wäre eine Umstellung des Betontransportes nötig, was eine erhebliche Bauzeitverlängerung zur Folge hätte. Deshalb wurde so verfahren, daß der Aushub der Baugrube am oberen linken Hang zeitweilig gestundet wurde. Erst jetzt, da die Mauer kurz vor ihrer Vollendung steht, werden diese Arbeiten wieder etwas forciert. Allerdings wird Wert darauf gelegt, daß der Baugrubenaushub sehr schnell vonstatten geht und unmittelbar nach dem Massenaushub und der geologischen Baugrundabnahme betoniert wird, so daß alle unterschnittenen Schieferpakete sofort wieder durch die Mauer gestützt werden. Zwei Tatsachen wirken sich noch günstig auf die Arbeiten aus:

1. Der Baugrubenaufschluß ergab, daß die Schiefer spitzwinklig zum Hang streichen, und
2. die lange Trockenzeit des diesjährigen Sommers.

Es kann somit angenommen werden, daß die Betonierungsarbeiten in diesem Jahr auch am linken Hang noch große Fortschritte machen. Zur Beobachtung des Kabelkranplateaus werden laufend Feinnivellements durchgeführt.

c) Baustelle Wendefurter Sperre

Im Bereich der Sperrstelle des Wendefurter Hochwasserschutzbeckens besteht der Baugrund aus milden, schwärzlichen Tonschiefern, die von geringmächtigen Diabaslagergängen und -decken durchsetzt werden (Wissenbacher Schiefer). Die tektonischen und Lagerungsverhältnisse sind ähnlich wie an der Rappbode-

Abb. 5. Ansicht von der Rutschung am Kabelkranplateau auf dem linken Hang der Wendefurter Sperre

sperre. Auch hier ist der linke Hang rutschgefährdet (siehe REUTER, Z. angew. Geol. Bd. 2, H. 10, 1956).

Die Baustelleneinrichtung ist inzwischen so weit vorangeschritten, daß das Kabelkranplateau am linken Hang für die Fundamentierungsarbeiten vorgerichtet ist. Da aus den Aufschlüssen eines Straßenanschnittes, der unterhalb des Plateaus liegt, zu ersehen war, daß der Schiefer spießwinklig zur Hangrichtung verläuft, war nicht mit allzu komplizierten geologischen Verhältnissen zu rechnen. Später ergab der hangseitige Anschnitt am Kabelkranplateau allerdings, daß die Schiefer von einer etwa N-S-streichenden und steil einfallenden Verwerfung durchsetzt werden. Nachdem die Schieferpakete in diesem Abschnitt unterschnitten waren, setzten sich die Gesteinsmassen oberhalb des Plateaus von der oben erwähnten Störung bis zum wasserseitigen Ausstrich der untersten unterschnittenen Schieferfuge in Bewegung (Abb. 5).

Die Möglichkeit der Rutschung ergab sich durch das Auftreten der N-S-streichenden Störung, die vor den Erdarbeiten unter dem Gehängeschutt verborgen war.

Da auch damit gerechnet werden muß, daß diese Störung unterhalb des Kabelkranplateaus vorhanden ist, müssen geeignete Maßnahmen ergriffen werden, damit bei späterer Belastung die Schiefermassen unterhalb des Plateaus nicht in Bewegung geraten können.

Hierzu ist es nötig, etwas näher auf die Konstruktion der Kabelkräne einzugehen (vgl. Abb. 4). Der Kabelkran läuft auf zwei Schienen, die auf Betonfundamenten stehen: einer hinteren Standschiene und einer vorderen, die in Richtung der Resultierenden des Kräfteparallelogrammes verläuft, also die hauptsächliche Belastung aufnehmen muß. Da die Aufstellung des Kabelkranes auf dem linken Hang der Wendefurter Sperre so vorgesehen war, daß er ziemlich dicht an den talseitigen Rand des Plateaus zu liegen kommen würde, bestand die Gefahr des Abgleitens, und zwar dadurch, daß

1. der Schiefer in Oberflächennähe durch die Verwitterung aufgelockert ist;

2. Streichen und Einfallen der Schieferung nicht sehr günstig lagen und eine etwa senkrecht zur Schieferung verlaufende Störung die geologischen Verhältnisse noch ungünstiger gestaltete.

Die Gefahr eines Abgleitens von Schieferpaketen ist am linken Hang der Wendefurter Sperre um so eher gegeben, je mehr die Hauptbelastung im Bereich der Verwitterungszone liegt.

Da der Kabelkran der Wendefurter Sperrstelle ortsgebunden ist, muß eine den Verhältnissen entsprechende günstige Lösung gefunden werden:

1. Die Laufschienen des Kabelkranes müssen so weit wie möglich hangeinwärts verlegt werden, so daß genügend Schiefermassen vor dem Fuß des Kabelkranes liegen und die vordere Schiene aus dem Bereich der Verwitterungszone herauskommt.

2. Wo das letztere nicht möglich ist, muß die vordere Schiene mit der hinteren durch Anker so verbunden werden, daß die vordere weitgehend entlastet wird und der Hauptdruck auf das hintere Fundament übertragen wird.

3. Die vom Hang herabkommenden Niederschlagswässer müssen im Bereich des Kabelkranplateaus abgefangen und abgeleitet werden, damit sie nicht hinter den Fundamenten in die Schieferfugen eindringen können und so Schmierschichten bilden, die die Rutschungen begünstigen.

4. Durch Feinnivellements muß das Plateau in kurzen Zeitabständen auf Setzungen beobachtet werden.

Dies sind die Maßnahmen, die unter Berücksichtigung der relativ kurzen Bauzeit der Wendefurter Sperre von zwei Jahren zu ergreifen sind. Verzögerungen der Bauarbeiten, wie sie bei der Rappbodesperre eintraten, würden weit kostspieligere Maßnahmen, wie z. B. bergseitige Verankerungen, erfordern.

III. Schluß

In den vorangegangenen Ausführungen wurden einige ingenieurgeologische Probleme erörtert, wie sie laufend vom Bauingenieur und Geologen bei Talsperrenbauten zu lösen sind. Sie zeigen, daß eine exakte Errechnung von Rutschungsmöglichkeiten im Festgestein des Grundgebirges nicht möglich ist und daß das Erkennen einer Gefahr und die vorzuschlagenden Maßnahmen des Geologen sich lediglich auf die Erfahrung stützen. Es geht weiterhin daraus hervor, daß man nicht einfach nach Regeln handeln kann, sondern daß jede Situation andere Maßnahmen unter Berücksichtigung der Wirtschaftlichkeit erfordert. Das setzt aber voraus, daß der Ingenieurgeologe bei großen Bauwerken mit den Bauingenieuren Hand in Hand arbeiten und zumindest zeitweise als Objektgeologe tätig sein muß.

Die Nutzung der Gezeitenenergie

GÜNTHER SAGER, Warnemünde

Die Erscheinung der Gezeiten

Seit Jahrmillionen hebt und senkt sich der Wasserstand unserer Weltmeere, lösen Flut und Ebbe sich in unaufhörlichem Wechsel ab. Seit Menschengedenken hat diese Erscheinung die Geister bewegt. Wenn auch die Erklärungen der alten Völker naturgemäß stark mythischen Einschlag hatten, so war doch am Ausgang der Antike bekannt, daß die Gezeiten durch die Stellung der beiden Himmelskörper Mond und Sonne beeinflußt werden. Man hatte damals bereits festgestellt, daß die tägliche Verschiebung der Eintrittszeiten von Hoch- und Niedrigwasser den Verspätungen der Mondkulmination folgt und daß der Wechsel im Tidenhub — die Spring- und Nippzeit — durch die Mondphasen bedingt ist. Auch die Abhängigkeit der sog. täglichen Ungleichheit, d. h. der Tatsache, daß die beiden Hoch- bzw. Niedrigwasser eines Tages nicht jeweils dieselbe Höhe haben, war schon damals auf die Deklination zurückgeführt worden.

Alle diese Erkenntnisse wurden in den folgenden eineinhalb Jahrtausenden kaum übertroffen. Erst durch die Methoden der höheren Mathematik und Mechanik gelangte man schrittweise zu quantitativen Aussagen, die aber oft einer erheblichen Modifikation bedurften, ehe sie für die praktische Gezeitenvorhersage von einigem Wert wurden. Es zeigte sich nämlich, daß die aus der astronomischen Theorie ermittelten Werte der Gezeitenverteilung durch die wechselnde Meerestiefe und die Verteilung der Kontinente auf der Erde derart beeinflußt werden, daß die terrestrischen Effekte letztlich dominieren. Das eigentliche Problem der Bestimmung der Gezeiten für jeden Ort auf dem Meer bzw. an der Küste aus den astronomischen Konstellationen von

Erde, Mond und Sonne zueinander ist bis heute trotz erheblicher Fortschritte ungelöst, und der heute über 90jährige Senior der deutschen Meeresforschung, Prof. Schott, hat recht behalten, wenn er sagte:

„Ebbe und Flut in ihrer geographischen tatsächlichen Ausbildung zu verstehen und womöglich in rechnerischer Analyse zu erfassen, ist das Bemühen mathematischer Geister seit vielen Jahrzehnten; wir sehen, daß das Gezeitenphänomen zu den allerschwierigsten geophysikalischen Erscheinungen gehört."

Während der Tidenhub in den freien Ozeanen die rein theoretischen Beträge von 27 cm lunarem und 12 cm solarem Anteil nicht allzu sehr überschreitet, beobachten wir an den Küsten, namentlich in tiefeinschneidenden, seichten Buchten häufig weit größere Schwankungen des Wasserstands, die stellenweise zu einer großartigen Naturerscheinung anwachsen. Nicht zu vergessen sind die dabei auftretenden Gezeitenströme, die kräftemäßig gesehen den Primäreffekt darstellen, weil sie erst den Aufstau hervorrufen. Im Hinblick auf die Ausnutzung der Gezeitenenergie sei hier ein gedrängter Überblick der Orte großen Tidenhubs auf der Erde gegeben.

In der Deutschen Bucht erreichen die Gezeitenunterschiede höchstens 4 m, dagegen an der französischen Kanalküste an der Somme-Mündung und in der Seine-Bucht bis zu 8, in der Bucht von St. Malo sogar örtlich bis über 12 m. Bis Brest hält sich der Springtidenhub auf etwa 6 m und fällt bis zur Biskaya nur allmählich auf 4 m ab. In England zeichnet sich der Bristol-Kanal durch Tidenhübe von maximal 13 m aus, zwischen Liverpool und dem Solway Firth rangieren die Hubhöhen zwischen 7 und 8 m, an der Humber-Mündung und der Wash bleiben sie nur um einen Meter darunter.

Betrachten wir noch kurz die anderen Erdteile. Afrika ist relativ „arm" an Gebieten mit großen Tidenhüben, die nirgends die 7 m-Linie überschreiten. Anders dagegen auf dem asiatischen Kontinent. Indien hat bei Bhaunagar eine Stelle mit maximalem Tidenhub von 11 m, China in der Bucht von Hangtschou und Korea in mehreren Buchten seiner Westküste, wie z. B. in der Kanghoa-Bucht, Tidenhübe bis zu 9 m. Schließlich hat die Sowjetunion im Ochotskischen Meer ein Gebiet hoher Gezeitenunterschiede. Außerordentliche Tidenhübe von 10 bis 12 m treffen wir an der Nordwest- und Nordostküste Australiens an. Auf dem amerikanischen Kontinent sind zu erwähnen Alaska, der Golf von Kalifornien, der Eingang zur Hudson-Bay und die Fundy-Bay im Norden — wobei die letztere die größten Tidenhübe der Welt mit maximal 16 m aufweist — und im Süden Patagonien und die Südküste von Chile, dazu das Gebiet nördlich des Deltas des Amazonenstroms.

Kurz gestreift seien noch die Gezeitenströme, obwohl sie direkt bei der Ausnutzung der Gezeitenkraft keine Rolle spielen. Während in der Deutschen Bucht Gezeitenströme von wenigen Seemeilen in der Stunde (Knoten) schon beachtlich sind, erreichen sie im Kanal bei der Halbinsel Cotentin, auf deren Spitze Cherbourg liegt, 6 bis 9 Knoten. Werte von 8 bis 10 Knoten kommen in mehreren Teilen der Welt vor, wie beispielsweise in der japanischen Inlandsee, der Torres-Straße, zwischen den Inseln der Philippinen, den Aleuten, ferner in Buchten an der argentinischen Küste, in der Magellan-Straße und bei den Falklandinseln. Noch größere Geschwindigkeiten kommen zwischen den Inselgruppen Britisch Columbiens vor, wo sie 11 bis 14 Knoten erreichen können. Schließlich bleibt noch die enge Durchfahrt des Saltstraumen zum Skjerstadfjord in Norwegen unweit Bodö, wo der Ebbstrom zeitweilig zur Zeit der Schneeschmelze bis zu 16 Knoten stark werden kann, so daß die Häuser in der Umgebung erzittern!

Die Energie der Gezeiten

Es ist nach dem Vorhergegangenen klar, daß den Gezeiten enorme Energien innewohnen müssen, über die man sich nur schwer eine Vorstellung machen kann, zumal genauere Berechnungen in früherer Zeit fehlten, worin vielleicht der Grund liegt, daß man immer noch geradezu phantastischen Werten in der Literatur begegnet, die weit über die Tatsachen hinausgehen und sich nur schwer ausmerzen lassen. Dennoch bleibt selbst bei nüchterner Betrachtung eine gewaltige Energiequote übrig, die man zu etlichen Milliarden Kilowatt beziffern darf und die das theoretische Leistungsvermögen aller Flüsse der Erde bei mittlerer Wasserführung um ein Mehrfaches übertrifft. Erwähnt sei vielleicht noch, daß die nutzbare Leistung der Gesamtheit der Flüsse auf etwa 700 Millionen Kilowatt geschätzt wird.

Um eine konkretere Vorstellung von der Gezeitenenergie zu erhalten, sollen hier zwei Beispiele angeführt werden, für die nähere Angaben verfügbar sind. Um wieder einen Vergleich mit der Leistung des Flußwassers zu haben, betrachten wir die Elbe bei Cuxhaven, wo man im Laufe der Jahre zahlreiche Messungen durchgeführt hat, aus denen folgendes zu entnehmen ist:

Mit jeder Flut und jeder Ebbe strömen durchschnittlich bei Cuxhaven 780 Mill. m^3 ein bzw. aus. Dagegen beträgt die während einer halben Tide abströmende Oberwassermenge der Elbe nur 16 Mill. m^3, also nur den fünfzigsten Teil der Tidewassermenge. Im Extremfall kann sich die durch die Gezeiten einströmende Wassermenge etwa verdoppeln, die Menge des Oberwassers bei stärkstem Abfluß den sechsfachen Wert erreichen. Interessant ist noch die Tatsache, daß der Einfluß des Tidewassers nur den äußeren Trichter der Elbmündung erreicht, was die Salzgehalts- wie die Strommessungen

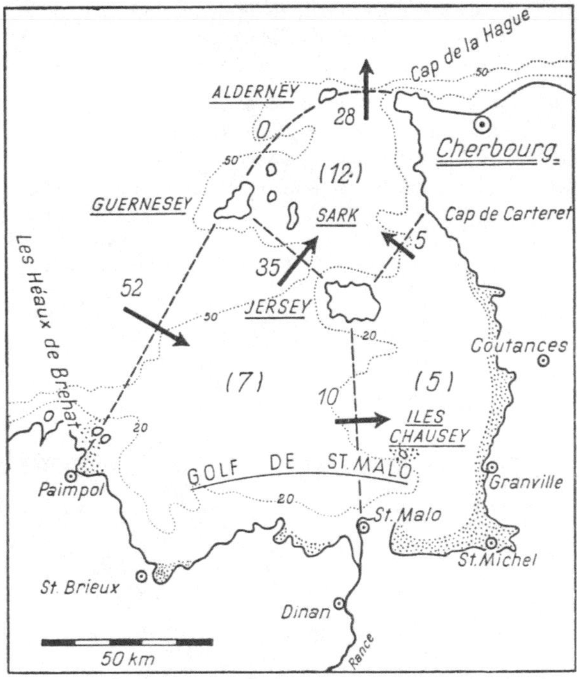

Abb. 1. Leistungsvermögen der Gezeiten bei Springzeit im Golf von St. Malo — Mittelwerte in 10^6 kW (nach ALLARD)

bestätigen. Selbst bei niedrigstem Oberwasser und Springflut gelangt das Seesalz selten über Brunshausen hinaus und höchstens bis auf die Höhe von Schulau. Mengenmäßig halten sich Oberwasser und Tidewasser bei Hamburg bereits die Waage. Bei Sturmfluten gelten diese Aussagen natürlich nicht mehr.

Von besonderem Wert für die Vorstellung von der Energie der Gezeiten sind die Untersuchungen von ALLARD, die er 1951 für die Bucht von St. Malo abgeschlossen hat. Seine Resultate lassen sich sehr gut graphisch darstellen und geben erstmalig Daten über die Energieverteilung und den Energieverlust durch Reibung in einem Gebiet extremer Tidenhübe, wie es die 6000 km² große Bucht von St. Malo ist. In der Abb. 1 bedeuten die an die gestrichelten Linien geschriebenen Zahlen die Leistung der Gezeitenwelle beim Durchströmen des betreffenden Profils in Millionen Kilowatt, die eingeklammerten Zahlen den Leistungsverlust in den umrandeten Gebieten.

Man sieht, daß von Westen in den Golf zwischen Guernesey und dem Kontinent 52 Mill. kW eintreten, von denen aber nach und nach beim weiteren Vordringen in den inneren Golf und dem Umbiegen der Gezeitenwelle nach Norden entlang der Halbinsel Cotentin nicht weniger als 24 Mill. kW durch Reibung verlorengehen, so daß nur noch etwas mehr als die Hälfte, nämlich 28 Mill. kW, zwischen Alderney und dem Cap de la Hague wieder austreten, während die Linie Guernesey — Alderney sehr durchflußarm ist.

Der Leistungsverlust nimmt nicht so sehr wunder, wenn man einen Blick auf die Tiefenverteilung wirft und in Betracht zieht, welche gewaltigen Umlagerungen fortwährend am Meeresboden vor sich gehen und daß namentlich die Gegend zwischen Granville und Iles Chausey durch die Wanderung der Sandbänke und die abwechselnde Bedeckung und Entblößung der Riffe zu den gefürchtetsten Küstengebieten des Kanals zählt. Andererseits läßt sich die Gezeitenenergie, soweit sie nicht durch Reibung aufgezehrt wird, ebenfalls nur zu einem Bruchteil verwenden, es sei denn, daß man große Teile der Bucht künstlich vom Meer abtrennt, wie dies ein kühnes Projekt vorsieht, auf das noch zurückzukommen ist.

Flutmühlen und Gezeitenkraftwerke

Versuche zur Ausnutzung der Gezeitenkraft lassen sich schon im elften Jahrhundert nachweisen, wo man das mit der Flut herangeführte Wasser aufspeicherte

Abb. 2. Flutkraftanlage des Sienesers MARIANO im Jahre 1438

und bei Ebbe zum Betrieb von Korn-, Gips- und Sägemühlen verwandte. Die älteste Skizze einer Flutmühle verdanken wir dem Italiener MARIANO; sie stammt aus dem Jahre 1438 und ist im Prinzip bis heute gültig geblieben. Als historisch interessanter Vergleich zu dem später behandelten Projekt des Severn-Kraftwerks ist sie in der Abb. 2 wiedergegeben.

Man sieht darin einen vom Meer abgetrennten See, der rechts durch einen Zufluß und links durch einen Abfluß zugängig ist. In den beiden Bauwerken sind die Schützen untergebracht, die Zu- und Abfluß regulieren. Bei Flut ist das Fluttor (rechts) geöffnet, das Ebbetor (links) geschlossen. Nach Beendigung der Flut schließt man das Fluttor und wartet nun den Eintritt der Ebbe ab. Nachdem das nötige Gefälle eingetreten ist, zieht man den Schützen des Ebbetors und nutzt das abströmende Wasser zur Betätigung der (in der Skizze nicht eingezeichneten, vor dem Ebbetor zu denkenden) Mühle aus.

Nachdem MARIANOS Landsmann, der Bischof VERANZIO, Einzelheiten über Flutmühlen veröffentlicht hatte, begannen die bei Boston und Brooklyn siedelnden Holländer mit dem Bau solcher Anlagen, von denen einige noch heute erhalten sind. Während alle diese Anlagen praktisch nur den Ebbestrom ausnutzten, baute hundert Jahre später, nämlich 1713, der Zimmermann PERSE bei Dünkirchen Mühlen, die durch Umkehrung des vorhin beschriebenen Vorgangs sowohl den Ebb- als auch den Flutstrom ausnutzten und jahrzehntelang in Betrieb waren.

Welches Interesse Flutmühlen derzeit fanden, zeigt ein in London durchgeführtes Preisausschreiben, bei dem von neun in den Jahren 1760—1764 eingesandten Modellen fünf prämiiert wurden, nachdem bereits 1693 ebenfalls in England das erste Patent auf die Konstruktion einer Flutmühle vergeben worden war. Mit der in den folgenden Jahrhunderten einsetzenden Technisierung stieg das Interesse weiter, um aus der Gezeitenenergie elektrischen Strom zu gewinnen. Trotzdem ist man nicht wenig erstaunt, wenn man hört, daß die Zahl der für Projekte der Gezeitenkraftausnutzung ausgestellten Patente in den letzten hundert Jahren fast dreihundert (!) erreicht hat.

Pläne in Gestalt von Gezeitenkraftwerken tauchten in Deutschland gegen Ende des vorigen Jahrhunderts auf, als der Ingenieur KNOBLOCH die Anlage von Speicherbecken an der Unterelbe zum Zwecke der Stromerzeugung vorschlug. Ein zweiter Plan von PEIN (1913) sah den Bau eines „Elektroflutwerks" von 8000 PS zwischen der Insel Nordstrand, dem Festland und einem aufzuschüttenden Eisenbahndamm von 2,8 km Länge vor. Tatsächlich kam daraufhin ein Versuchswerk bei Husum zustande, das aber trotz relativ günstiger Erfahrungen den Zeitumständen des ersten Weltkriegs zum Opfer fiel.

Das Grundprinzip ist für alle Gezeitenkraftwerke dasselbe, nämlich der Abschluß einer nach Lage, Tiefe und Tidenhub geeigneten Meeresbucht oder Flußmündung. Allen Arbeiten voraus geht eine genaue Vermessung und Kartierung des in Aussicht genommenen Gebietes, dazu eine möglichst mehrjährige, stündliche Beobachtung der Tideverhältnisse nach Tidenhub und Gezeitenströmen. Der Tidenhub muß wenigstens 4 m betragen, damit das an sich sehr teure Gezeitenkraftwerk rentabel arbeiten kann. Die Gezeitenströme sollen möglichst nicht stark sein, um den Bau des Absperrdamms nicht zu erschweren oder gar in Frage zu stellen.

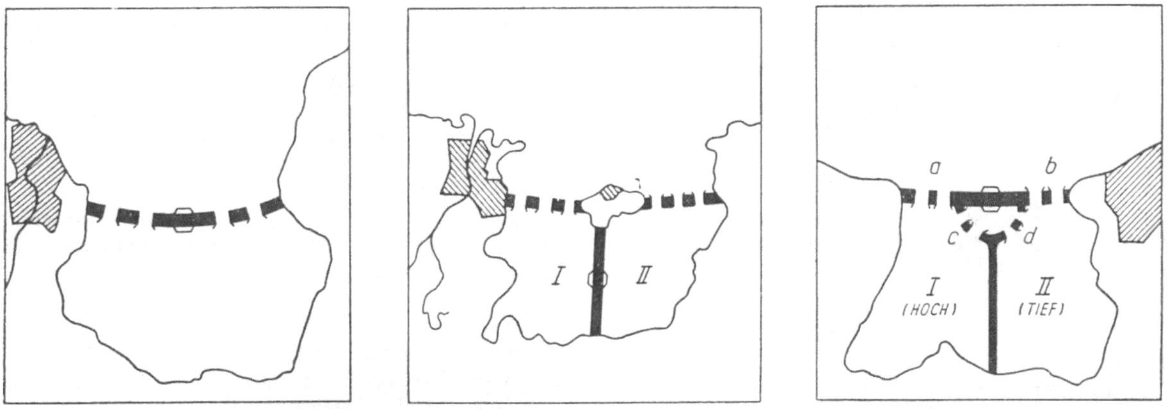

Abb. 3. Schematische Darstellung der Grundtypen von Gezeitenkraftwerken
a) Einbeckentyp für Ebbe- oder Ebbe/Flut-Betrieb. – b) Zweibeckentyp für kombinierten Betrieb. – c) Zweibeckentyp für getrennten Betrieb

Hand in Hand mit diesen Arbeiten geht eine genaue geologische Aufnahme des Gebiets, wobei man einerseits sorgfältig auf die Untergrundverhältnisse in der künftigen Dammlinie achten muß, um die für eine Stein- oder Sandschüttung erforderliche Festigkeit zu garantieren; fast noch wichtiger ist andererseits die Erkundung einer für die Gründung des Krafthauses mit seinen großen Massen an schwingenden Teilen in Gestalt von Turbinen und Generatoren in Betracht kommenden Stelle. Bei sogenannten Einbeckensystemen, die mit Unterbrechung arbeiten, kommt das Krafthaus auf dem Absperrdamm zu liegen und ist dann noch dem Wellenangriff bei Sturmfluten ausgesetzt. Bei den pausenlos arbeitenden Zweibeckensystemen ist das Becken durch einen meist senkrecht auf den Absperrdamm stoßenden Zwischendamm in zwei Teilbecken getrennt, deren Spiegel auf verschiedenen Höhen gehalten werden; in diesem Fall wird das Krafthaus bei kombiniertem Betrieb beider Becken auf dem Zwischendamm, bei Einzelbetrieb der Becken an dem Treffpunkt beider Dämme angeordnet.

In den Abb. 3a bis 3c sind die häufigsten Typen von Gezeitenkraftwerken schematisch dargestellt, wobei die an den Dammdurchlässen angedeuteten Klappen die Richtung des Durchströmens erkennen lassen. Allerdings ist zu sagen, daß der Typ 3a entweder nur bei Ebbe oder auch bei Ebbe und Flut benutzt werden kann, was natürlich zuvor entschieden sein muß, da sich konstruktiv Abweichungen ergeben. Im ersten Fall entsteht eine Zeitlang vor bis nach Hochwasser eine längere Betriebspause, im zweiten Fall stattdessen zwei kürzere Pausen jeweils eine Zeit nach Hoch- und Niedrigwasser.

Der Typ 3b hat die günstigste Lage des Krafthauses auf dem gegen Wellenschlag geschützten Zwischendamm bei meist günstigeren Tiefenverhältnissen, die sich auf die Gründung vorteilhaft auswirken. Beim Typ 3c arbeitet das linke Becken als Ebbe-, das rechte als Flutkraftwerk, wobei der Betriebsablauf mit Hilfe des in der Skizze eingetragenen Durchlaufbeckens zwischen den Teilbecken und dem Krafthaus umgesteuert wird.

Es ist hier nicht der Platz, auf den Betriebsablauf bei den verschiedenen Typen im einzelnen eingehen zu können. Dem interessierten Leser sei mitgeteilt, daß dies in einem Beitrag des Verfassers im Heft 9 der „Annalen für Hydrographie" geschieht, wo auch die zugehörigen Diagramme wiedergegeben werden.

Mit der Kartierung ist jedoch die Arbeit der Geologen noch nicht abgeschlossen, vielmehr kommt noch bei der Anlage der Becken ein wichtiger Faktor hinzu, nämlich die Verschlickung, namentlich in Flußmündungen. Die natürliche Spülkraft ist durch die Dammverschlüsse und die Turbinen weitgehend reduziert, so daß laufend größere Mengen Sinkstoffe anfallen, die durch die dadurch verursachten Baggerkosten einen erheblichen Posten in der späteren Unterhaltung der Anlage ausmachen können. Eine jährliche Ablagerung von nur 5 cm Schlick macht beispielsweise in einem 40 km² großen Becken bereits 2 Millionen Kubikmeter aus (Wert für das Severn-Kraftwerk). Die Untersuchung der anfallenden Sinkstoffe gewinnt damit wesentliche Bedeutung.

Bevor aber Wasserbau- und Elektroingenieure in Zusammenarbeit mit den Vertretern der Wirtschaft an die endgültige Planung gehen können, muß man noch untersuchen, inwieweit sich die Tideverhältnisse durch den Bau des Absperrdammes voraussichtlich ändern werden. Diese Aufgabe ist nicht leicht, obwohl die mathematische Theorie einen guten Anhaltspunkt zu geben vermag. Man unterstützt die theoretischen Untersuchungen durch Modellversuche und kann so Fehlplanungen ausschließen, bei denen durch später verringerten Tidenhub eine merkliche Reduktion der erwarteten Leistung des Werkes eintreten würde.

Nachteile der Gezeitenkraftwerke

Nicht etwa die Verschlickung und auch nicht einmal die Durchdämmung größerer Tiefen, die vereinzelt schon bis zu 40 m gelungen ist, wie wir nachher noch sehen werden, sind die eigentlichen Mängel bei der Planung eines Gezeitenkraftwerks, sondern die eingangs schon gestreiften astronomisch bedingten Wechsel im Eintritt und in der Höhe der Gezeiten. Die täglichen Verschiebungen um rund 50 Minuten bedingen, daß die Leistungsspitze des Gezeitenkraftwerks nur von Zeit zu Zeit in die Hauptbelastungszeit des elektrischen Stromversorgungsnetzes fällt. Bei den Werken vom Einbeckentypus bieten die entstehenden längeren Betriebspausen ein Problem, mit dem wir uns gleich auseinandersetzen werden.

Schließlich kann auch die tägliche Ungleichheit im Tidenhub beträchtlich werden, ja in einigen Meeren sogar so extrem ausgeprägt sein, daß täglich nur noch ein Hoch- und ein Niedrigwasser auftritt, während die zweiten Extrema kaum mehr wahrzunehmen sind. Hier ist an eine Nutzung der Gezeitenenergie kaum mehr zu denken. Allerdings fällt diese Erscheinung nicht so sehr ins Gewicht, da in den betreffenden Meeren – mit Ausnahme des Ochotskischen Meeres – ohnehin der Tidenhub nicht für die Anlage eines Tidekraftwerks ausreicht.

Tabelle 1. Leistungscharakteristik für das Projekt Pontrieux

Tidenhub in m	Vorkommen im Jahr	Durchschnittsleistung in PS	
		je Tide	umgerechnet auf Häufigkeit
2,9	1	450	zus. $11 \cdot 10^3$
3,0	16	650	
3,5	26	1000	26
4,0	40,5	1370	55
4,5	64,5	1770	114
5,0	55,5	2070	115
5,5	63,5	2420	154
6,0	54	2800	151
6,5	54	3160	170
7,0	74	3500	260
7,5	63,5	3850	244
8,0	57	4230	241
8,5	59	4590	271
9,0	25,5	4950	126
9,5	29	5330	155
10,0	21	5670	119
10,5	2	6000	12
	706		$2224 \cdot 10^3$

Am schlimmsten steht es hingegen mit dem Wechsel von Spring- und Nippzeiten, in dessen Folge die Tidenhübe stark wechseln können, wie es die Tabelle 2 für einige Projekte erkennen läßt, in der aber noch nicht die Extremfälle erfaßt sind. Wie ungünstig sich diese Schwankungen auswirken, ersieht man deutlich aus der Tabelle 1, die für ein kleineres Projekt auf Grund sorgfältiger Beobachtungen und Berechnungen die Energieausbeute bei stark schwankendem Tidenhub wiedergibt. Es handelt sich um das Gezeitenkraftwerk Pontrieux im westlichen Teil der Bucht von St. Malo, das durch die Abdämmung des gleichnamigen Flusses geschaffen werden soll.

In der ersten Spalte der Tabelle 1 steht der im Laufe der Zeit auftretende, im allgemeinen auf halbe Meter abgerundete Tidenhub, in der zweiten die Häufigkeit seines Auftretens während eines Jahres. Die dritte Spalte gibt den zu dem betreffenden Tidenhub gehörigen Wert der durchschnittlichen Leistung, der natürlich innerhalb der Tide noch beträchtlich variiert. Die letzte Spalte gibt dann die mit der Häufigkeit der verschiedenen Tidenhübe multiplizierte Leistungsausbeute und ihre Summe die Jahresleistung.

Nach Multiplikation mit der mittleren Dauer einer Tide von 12,4 Stunden kommt als Jahresenergieerzeugung aus 706 Tiden

$$E = 27{,}6 \cdot 10^6 \text{ PS h} = 20{,}3 \cdot 10^6 \text{ kWh.}$$

Man erkennt aus der Tabelle die außerordentliche Streuung der einzelnen Werte, die sich allerdings unter Benutzung von Gezeitenrechenmaschinen vorhersagen läßt, sofern nicht Windeinflüsse die berechneten Werte durch Stau modifizieren. Dennoch bleiben diese Schwankungen einer der Gründe, weshalb bis heute noch kein Gezeitenkraftwerk fertiggestellt worden ist, aber keineswegs stellen sie ein unüberwindliches Hindernis dar. Wie man diesen Nachteilen begegnen kann, soll jetzt kurz umrissen werden.

Für die vorhin zuerst erwähnten drei Nachteile, nämlich die tägliche Verschiebung der Hoch- und Niedrigwasserzeiten, die tägliche Ungleichheit und auch die Überbrückung der Betriebspausen bei den an sich vorteilhaften Einbeckensystemen sind drei Auswege denkbar:

1. Die Speicherung elektrischer Energie

Es erscheint theoretisch möglich, die während der Leistungsspitze des Gezeitenkraftwerks erzeugte elektrische Energie zu speichern. Vom praktischen Standpunkt ist aber dazu zu sagen, daß bis heute eine Speicherung größerer Elektrizitätsmengen nicht rentabel erscheint, womit diese Ausweichlösung ausscheidet.

2. Die hydraulische Speicherung

Man ist aus dem eben angeführten Grunde dazu übergegangen, in den Projekten Speicheranlagen zu berücksichtigen, die aber nur unter bestimmten orographischen Gegebenheiten, wie z. B. beim Vorhandensein einer Steilküste, ausführbar sind. Es wird in diesem Fall ein Teil der erzeugten elektrischen Energie zum Pumpen von Wasser in das höhergelegene Speicherbecken abgezweigt, dessen potentielle Energie in den Betriebspausen des Werkes dann zum Antrieb von Hilfsturbinen in kinetische Energie zurückverwandelt wird.

3. Verbundsysteme von Gezeitenkraftwerken

Besonderes Interesse hat die Idee der Kopplung mehrerer Gezeitenkraftwerke mit voneinander abweichender Eintrittszeit der Extremwasserstände gefunden, wodurch die Betriebspausen eventuell ganz ausgeglichen werden können, da mindestens immer ein Werk Strom zu liefern vermag. Vorbedingung ist natürlich eine Küste mit Orten geeigneter Verschiebung der Eintrittszeiten der Hoch- und Niedrigwasser, wie es beispielsweise in England und Frankreich der Fall ist. Allerdings bereitet bei zu großen Entfernungen die Verbundleitung unerwünschte Leitungsverluste.

Alle eben aufgeführten Ausgleichsmöglichkeiten versagen aber gegenüber dem Wechsel der Spring- und Nipptidenhübe, da eine Speicherung über mehrere Tage praktisch ausscheidet und auch ein Verbundsystem von Gezeitenkraftwerken annähernd zur gleichen Zeit Spring- und Nipptide hätte. Aber selbst hier lassen sich Ergänzungsmöglichkeiten schaffen, nämlich

1. Verbindung mit einem Wasserkraftwerk

Diese Verbindung ist wieder geographisch sehr beschränkt, sie kommt nur in einem Küstenhinterland mit ausreichendem Gefälle und entsprechenden hydrologischen Möglichkeiten in Betracht, wird also immer ein Einzelfall bleiben.

2. Verbindung mit einem Wärmekraftwerk

Eine Kombination zwischen Gezeiten- und Wärmekraftwerk ist zumindest theoretisch durchweg möglich. Lohnenswert ist sie hingegen eigentlich nur, wenn die Kohlenvorräte nicht zu weit vom Orte des Gezeitenkraftwerks entfernt liegen, wie das für England teilweise der Fall ist, wo man trotz der vorhandenen Kohlenschätze an der Nutzung der Gezeitenenergie interessiert ist, weil das Land sehr arm an Wasserkräften ist.

3. Verbindung mit einem Atomkraftwerk

Diese Version ist besonders deshalb bemerkenswert, weil man unter dem Eindruck der gegenwärtig freigemachten atomaren Kräfte den Gezeitenkraftwerken bereits das Ende vorausgesagt hatte, bevor sie eigentlich zu leben begonnen hatten. Einer geschickten Kombination zwischen der Nutzung der in beschränktem Umfang zur Verfügung stehenden Kernenergie mit der unbeschränkt vorhandenen Energie der Gezeiten dürfte aber in der weiteren Zukunft — wenn die augenblicklich dominierende Überschätzung des atomaren Gebiets wieder nüchternen Erwägungen Platz gemacht haben wird — durchaus Realität beschieden sein.

Projekte von Gezeitenkraftwerken

Wir wollen uns nun den einzelnen Projekten zuwenden, soweit sie eine wirtschaftliche Bedeutung gewinnen können, denn es sei gleich betont, daß bislang nur kleine Versuchskraftwerke provisorischen Charakters zur Ausführung gekommen sind. Theoretisch erscheint es dagegen durchaus möglich, Gezeitenkraftwerke von der Kapazität der größten, augenblicklich vorhandenen Wasserkraftwerke zu schaffen. Zieht man einen Vergleich mit den Wärmekraftwerken, so spart ein Gezeitenkraftwerk von 10 Milliarden Kilowattstunden Jahresenergieerzeugung — das entspricht der Kapazität der sowjetischen Wasserkraftwerke bei Stalingrad und Kuibyschew — bei einem Äquivalent von 0,5 kg Steinkohle (Mindestwert) gegenüber 1 kWh im Jahr 5 Millionen Tonnen Steinkohle ein.

Beginnen wir mit Frankreich, wo das Thema Gezeitenkraftwerke augenblicklich besonders akut ist. Das Land hat einen jährlichen Einfuhrbedarf von 15 bis 20 Mill. t Steinkohle, ist dafür aber in der günstigen Lage, daß gerade die von den Wasserkräften der Alpenflüsse am weitesten entfernten Gebiete der Bretagne und Normandie die größten Tidenhübe besitzen und an verschiedenen Stellen recht gute Möglichkeiten zur Anlage von Gezeitenkraftwerken bieten. Der Anfang der Nutzung der Gezeitenenergie in größerem Maßstab ist vor einiger Zeit mit dem folgenden Projekt gemacht worden:

Die zwischen der Doppelstadt St. Malo — St. Servan in den Golf von St. Malo mündende Rance, die zu weiten Teilen bei Niedrigwasser trockenfällt, wird durch einen $^3/_4$ km langen Damm abgeschlossen, so daß sich ein 20 km² großes Becken aufstaut. Die Arbeiten sind infolge der starken Gezeitenströme von 8 bis 9 Knoten nicht einfach, obwohl die Breite des Flusses gering ist. Das Rance-Werk bekommt 18 Turbinen von je 20000 kW Leistung, der nutzbare Tidenhub schwankt in weiten Grenzen vom minimal 3,3 bis maximal 11,5 m. Die Bauzeit ist auf 10 Jahre vorgesehen, die Kosten werden zu 50 Milliarden Francs veranschlagt. Man erwartet nach der Inbetriebnahme einen jährlichen Energiegewinn von 800 Mill. kWh, was etwa dem reichlich vierfachen Wert der Ausbeute beim Walchenseekraftwerk gleichkommt.

Ein weit umfangreicheres Vorhaben stellt die teilweise Abschließung der Bucht von St. Malo dar, bei der man von den Iles Chausey zwei Dämme — einen nach Osten, den anderen nach Süden — zum Festland ziehen will, die je etwa 17 km lang sein werden, wobei der letztere durchschnittlich Tiefen von 15 bis 20 m durchqueren muß und ein wasserbauliches Problem eigener Prägung sein wird. Die entstehende Bucht würde 500 km² umfassen und die Ausnutzung der größten Tidenhübe unseres Kontinents gestatten, wobei man jährlich 15 Milliarden kWh erzeugen will, das ist fast soviel, als gegenwärtig alle französischen Wasserkraftwerke zusammen liefern.

Von weiteren französischen Plänen soll hier nicht mehr im einzelnen die Rede sein, man kann sie aus der Tabelle 2 entnehmen. Nur ein 1940 publizierter Plan sei seiner außergewöhnlichen Kühnheit wegen noch gestreift, bei dem man sich nicht, wie eben geschildert, nur auf den inneren Teil der Bucht von St. Malo — der Bucht von St. Michel — beschränken will, sondern ein Gebiet von 3400 km², also über die Hälfte der gesamten Bucht, durch Dämme von insgesamt 110 km Länge abgrenzen will. Dabei wären Tiefen von stellenweise reichlich 50 m zu durchdämmen, eine Aufgabe, die bisher noch nirgends bewältigt worden ist. Die Leistung dieses Riesenwerkes würde in die Größenordnung derjenigen aller momentan vorhandenen Wasserkraftwerke auf der Erde fallen. Die Realisierung hingegen scheint so lange eine Illusion zu bleiben, als nicht ein Staat ohne die Zersplitterung in zahlreiche kapitalistische Interessen sie durchzusetzen vermag.

Als zweites europäisches Land hat sich England lebhaft mit Plänen für Gezeitenkraftwerke beschäftigt. Das wichtigste, bereits in die Zeit um die Jahrhundertwende zurückdatierende Projekt umschließt die Abdämmung des in den Bristol-Kanal mündenden Severn, wo die mittleren Springtidenhübe reichlich 12 m betragen. Der Plan wurde mehrfach abgeändert und hat neuerdings das in der Abb. 4 skizzierte Aussehen. Der Damm hat eine Länge von über 2 km und ist durch eine Schleuse für die Schiffahrt unterbrochen. Das 44 km² große Becken wird bei Flut durch mehr als hundert Einlaßöffnungen aufgefüllt. Die Jahresenergieerzeugung wird zu 2,4 Milliarden kWh benannt. Trotz der hier verhältnismäßig geringen Anlagekosten der sonst ziemlich

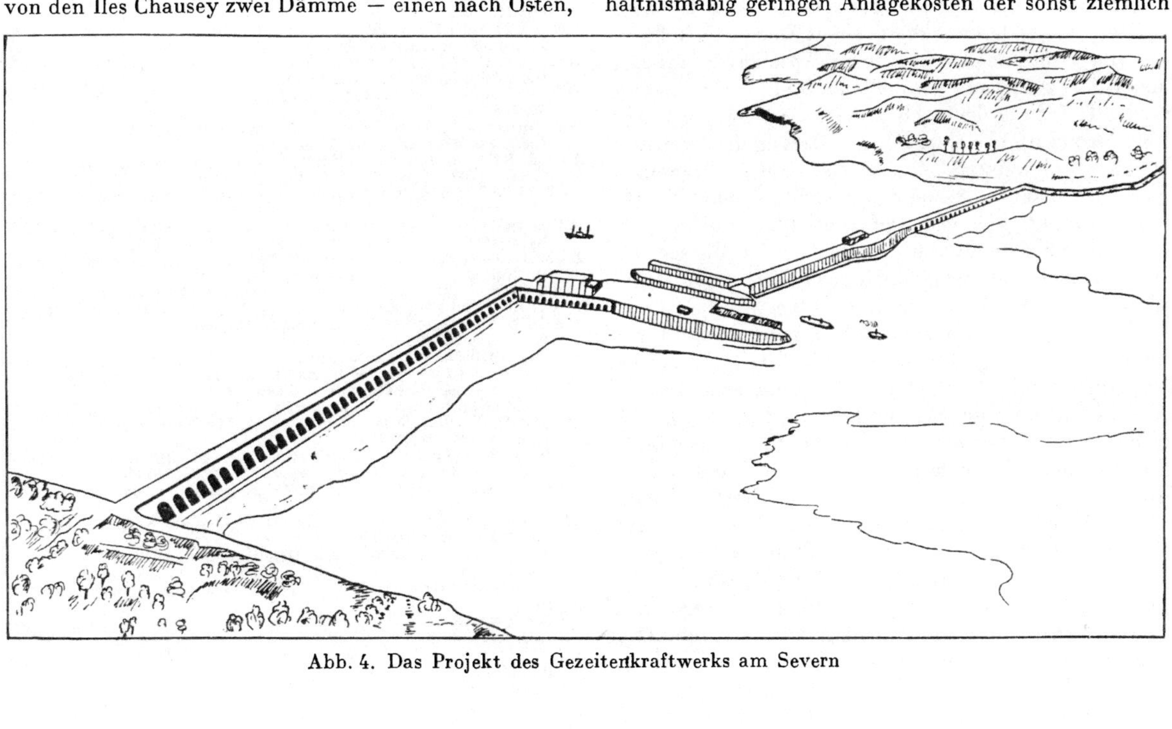

Abb. 4. Das Projekt des Gezeitenkraftwerks am Severn

Tabelle 2. Daten der wichtigsten Projekte von Gezeitenkraftwerken

Projekt	Land	Mittlerer Tidenhub Springzeit m	Mittlerer Tidenhub Nippzeit m	Dammlänge m	Beckenfläche km²	Jahreserzeugung Mio kWh
Lorient	Frankreich	4,3	2,2	750	16	240
Passamaquoddy . .	USA	6,4	5,0	verschieden	120	etwa 600
La Rance	Frankreich	10,7	5,3	725	20	800
Arguenon/Lancieux	Frankreich	etwa 10,5	etwa 5,0	6 275	28	850
Brest	Frankreich	6,0	2,9	3 460	92	900
Somme	Frankreich	etwa 8,5	etwa 5,0	5 100	49	1 000
Petitcodiac	Kanada	12,7	9,2	4 270	118	1 600
Severn	England	12,2	6,8	2 040	44	2 365
San José Golf . . .	Argentinien	7,2	4,7	7 000	750	10 000
Mt. St. Michel . . .	Frankreich	12,5	6,0	34 000	500	15 000

teuren Gezeitenkraftwerke – sie liegen für das Severn-Werk unter den Kosten der üblichen Laufwasserkraftwerke – ist man bislang über das Stadium kleiner Versuchsanlagen nicht hinausgekommen.

Auf dem amerikanischen Kontinent ist an mehreren Stellen der Bau von Gezeitenkraftwerken vorgesehen, von denen wir die drei wichtigsten besprechen wollen. In der schon genannten Fundy-Bay hat Kanada die Durchdämmung des nördlichen Teils der inneren Bucht beim Zusammenfluß des Petitcodiac und Memramcook geplant, wo ein Zweibeckensystem von zusammen 118 km² Oberfläche entstehen soll, das Tidenhübe zwischen $6^1/_2$ und 16 m (!) ausnutzen wird. Für das Krafthaus sind 30 Turbinen geplant, die Jahresarbeit wird auf 1,6 Milliarden kWh geschätzt.

In einer nördlichen Seitenbucht am Eingang der Fundy-Bay, der Passamaquoddy-Bay, haben die Vereinigten Staaten 1935 mit dem Bau eines Werkes begonnen, bei dem der westliche Teil der Bucht mit 120 km² Oberfläche abgeschlossen werden soll. Der Bau der Dämme wurde einerseits durch die einzubeziehenden Inseln erleichtert, mußte andererseits aber lokale Tiefen bis zu 40 m überwinden. Zu diesem Zweck wurden zahlreiche Felsblöcke abgesenkt, die für die jeweilige Tiefe gerade schwer genug sein müssen, um nicht von der herrschenden Strömung fortgerissen zu werden. Um eine Vorstellung von den Schwierigkeiten der Arbeiten zu bekommen, sei erwähnt, daß bei dem Bau des Sylter Dammes die größten Tiefen Auskolkungen von 9 m im Osterley, beim Abschlußdamm der Zuider-See zwischen Nordholland und Wieringen im Amstel-Tief 12 m betragen haben. Dennoch lag hierin nicht der eigentliche Grund zur Stillegung des Projekts, für das drei verschiedene Ausführungen vorgesehen waren, deren Jahreserzeugung zwischen 340 und 625 Mill. kWh schwankt. Vielmehr stießen die Pläne auf die teilweise entschiedene Kritik von Seiten der Eigner der großen Wärmekraftwerke, die in dem Werk einen ernsthaften Konkurrenten zu sehen glaubten.

Schließlich sei noch ein argentinisches Projekt genannt, das zu den größten der Welt zählt. Trotz der an der patagonischen Küste vorhandenen hohen Gezeitenunterschiede hat man einer nördlicher gelegenen Lokalität den Vorzug gegeben, weil sie mit ihrer ausnahmsweise günstigen Küstenform ideal erscheint, nämlich dem San Matias Golf, dessen südlichster Teil eine zu etwa 9/10 vom Land umschlossene Bucht bildet. Dieser 750 km² große Golf von San José läßt sich durch einen 7 km langen Damm über Tiefen von 6 bis 15 m abschließen, der allerdings dem Atlantik direkt zugekehrt ist, was konstruktiv berücksichtigt werden muß. Das als Ebbe/Flut-Werk geplante Projekt soll 376 Turbinen (!) erhalten, die jährlich 10 Milliarden kWh erzeugen.

Abschließend werden die wichtigsten Projekte von Gezeitenkraftwerken in der Tabelle 2 zusammengestellt. Man darf zusammenfassend sagen, daß auf dem Gebiet der Gezeitenkraftnutzung in Zukunft interessante Bauwerke zu erwarten sind, die den bisher üblichen Kraftwerken aller Art durchaus nicht an Leistungsvermögen nachstehen und im Wasserbau einen neuen Sektor eröffnen werden, der für die angespannte Energielage der Welt von einiger Bedeutung sein dürfte.

Literatur

AMET: Utilisation des marées. – Revue Générale de l'Electricité, Paris 1920.
BATTISCOMBE: Tidal as source of energy. – Scientific American, Supplement 1913.
BOISNER: Utilisation de l'Energie des Marées. – Paris 1921.
BÜGGELN: Argentinische Gezeitenprojekte. – V. D. I. Bd. 74, 1930.
CASEY: Tidal Powerstation. – Mechanical Engineering, Bd. 57, 1935.
CLAUDE: Sur l'utilisation de l'énergie des marées. – Revue Générale de l'Electricité, 1921.
COLLYNS: The Production of Tidal Power. – Engineering 1951.
CREEK: Tidal Mill near Boston. – Civil Engineering, 1952.
DARWIN: The Tides. – London 1911.
DAVEY: Studies in Tidal Power. – London 1922.
–: Tidal Power Stations. – The Engineer, 1920.
DECOEUR: Utilisation de l'énergie des Marées. – La Technique moderne, 1936.
DEFOUR: L'electrification de la Bretagne et de la Normandie est-elle possible au d'usines marémotrices? – Revue Générale de l'Electricité, 1934.
–: Les derniers progrès de la houille bleu: conjugation des usines marémotrices avec les usines generatrices thermiques et hydrauliques. – Revue Générale de l'Electricité, 1938.
DOODSON & WARBURG: Admiralty manual of tides. – London 1941.
DOSSER: Tidal Power and the Severn Barrage. – The Proceedings of the Institution of Electrical Engineers, Vol. 97, 1950.
FICHOT: Les marées et leur utilisation industrielle. – Gauthier-Villars., Paris 1923.
GIBSON: Tidal power development. – Engineering, 1920.
–: Construction and operation of a Tidal Model of the Severn. – London 1933.
GIBRAT: L'énergie des marées. – Bulletin de la Société française des Electriciens. – Paris 1953.
GIROD: L'Utilisation de la force motrice des marées. – Schweiz. Bauzeitung, Bd. 81, 1923.
HAMMOND: Gezeitenkraftwerk zweckmäßig? – Die Umschau, Frankfurt/M., 1952.
HARVEY: Tidal Power and the Severn Barrage. – The Proceedings of the Institution of Electrical Engineers, Vol. 97, 1950.
HEADLAND: Tidal Power and the Severn Barrage. – The Proceedings of the Institution of Electrical Engineers, Vol. 96, Part II, 1943.
–: Tidal Power. – Proceedings of the Institution of Electrical Engineers, 96, 1949.
–: Discussion on Tidal-Power. – The Proceedings of the Institution of Electrical Engineers, Vol. 97, Part II, 1950.
HERMANN: Die Gezeiten als Kraftquelle. – Die Umschau, 1911.
HORSNAIL: Tidal Power. – The Engineer, 1909.
LÉTRILLART: Energie hydraulique du mouvement des mers. – La Technique moderne, 1950.
MAYNARD: Etude sur l'utilisation des marées pour la production de la force motrice. – Revue Générale de l'Electricité, Paris 1918.
MAYNE: Tidal Power and the Severn Barrage. – The Proceedings of the Institution of Electrical Engineers, Vol. 98, 1951.
PAULY: Das Gezeitenkraftwerk am Severn. – V. D. I. 48, 1949.
PEIN: Ebbe und Flut, die Kraftquelle der Zukunft. – Hamburg 1913.
PIAGGIO: Die Gezeiten als Kraftquelle in Argentinien. – Bericht zur 2. Weltkraftkonferenz, 1930.
PILLET: Utilisation du mouvement des marées au moyen de turbines moyées à faible chute. – Journal technique et industriel, 1908.
POINCARÉ: Theorie des marées. – Paris, 1910.
PROUDMAN: Dynamical Oceanography. – Methuen and Co, London 1953.
PUGMEISTER: Die Ausnutzung der Gezeitenkräfte in Amerika. – Deutsche Technik, Berlin 1935.
RICHARDS: Tidal Power: Its Development and Utilisation. – Journal of the Institution of Civil Engineers, Vol. 29/30, 1947/48.
ROMANOSKY, FRANCIS-BOEUF, BOURCART: La Mer. – Librairie Larousse, Paris 1953.
DE ROUVILLE: Utilisation de l'énergie des marées. – Revue Génerale de l'Electricité, Paris 1921.
SAGER: Gezeitenvoraussagen und Gezeitenrechenmaschinen. – Warnemünde 1955.
–: Gezeitenkraftwerke – Annalen für Hydrographie, Heft 9, Stralsund 1957.
–: Gezeitenrechenmaschinen – Helfer der Schiffahrt – Annalen für Hydrographie, Heft 9, Stralsund 1957
SEIFERT: Das Gezeitenkraftwerk Rance. – Arch. Energiewirtsch., Berlin 1950.

Zeitschrift für angewandte Geologie (1958) Heft 2/3

STÜRZENACKER: Die technischen und wirtschaftlichen Grundlagen für die Gewinnung von Gezeitenenergie. – Diss. Karlsruhe 1928, ferner V. D. I. 1929.
SVERDRUP, JOHNSON & FLEMING: The Oceans. – Englewood-Cliffs, New Jersey, 1955.
SCHISCHKOFF: Tidal Power. – The Engineer, 1930.
SCHULEIKIN: Physik des Meeres. – Verl. Akad. Wiss. UdSSR, Moskau 1953.
SCHÜTTE: Tide-Kraftwerke. – Der Bauingenieur, 24, 1949.
SCHWENGELER: Ebbe und Flut als Energiequellen. – Universitas, Frankfurt/M., 1948.
VANTROYS: L'énergie des marées. – Electricité, 1953.
–: Mitteilung über den Bau des Versuchsgezeitenkraftwerks Cambeyrac. – Electricité de France, Service d'Etudes sur l'Utilisation des Marées, Paris 1953.
–: Le remous d'un ouvrage dans une mer à marée (thèse de doctorat es – sciences), 153 S., 1957
VAUGHAN-LEE: Report on the Severn Barrage Scheme. – His Majesty's Stationery Office, London 1954.
VOYER: Usine marémotrice de la Rance. – Electricité, 1953.
WICKERT: Probleme der Gezeitenkraftausnutzung. – Habil.-Schrift, T. H. Karlsruhe, 1954.
WIGRO: Turbinen für Gezeitenkraftwerke. – Vortrag an der T. H. Karlsruhe am 2. 6. 1953.
WOIT: Was sind Gezeiten? – Verl. Akad. Wiss. UdSSR (Populär-wiss. Reihe), Moskau 1956.
Wasserkraftgewinnung aus Ebbe und Flut. – Schweiz. Bauzeitung, Bd. 50, 1907.
Elektroflutwerke bei Husum am Wattenmeer. – Schweiz. Bauzeitung, Bd. 59, 1912.
Elektroflutwerke an der französischen Küste. – Schweiz. Bauzeitung, Bd. 73, 1919.
Power from tides. – Electrical Review, 1920.
The Severn Barrage. – The Engineer, 1920.
Intéressante installation pour l'emploi de la force des marées. – La Houille Blanche, Grenoble, 1921.
Gezeitenkraftwerk in England. – V. D. I., Bd. 65, 1921.
Flutkraftwerke in der Bretagne. – Schweiz. Bauzeitung, Bd. 83, 1924.
Gezeitenkraftwerk in Kanada. – Schweiz. Bauzeitung, Bd. 89, 1927.
A propos de l'utilisation de la force motrice des marées. – Revue Générale de l'Electricité, 1928.
Utilizacion de las Mareas de las Costas Patagonicas. – Buenos Aires 1929.
Das bretonische Flutkraftwerk Abervrach. – Schweiz. Bauzeitung, Bd. 98, 1931.
Französische Flutkraftwerk-Projekte. – Schweiz. Bauzeitung, Bd. 105, 1935.
Water on the Passamaquoddy Tidal-Power Project. – Second Congress on Large Dams, Washington 1936.
Gezeitenkraftwerk-Ausbau in Frankreich. – Industrie und Technik, Bd. 4, Wien 1949.
Gezeitenkraftwerke in Frankreich. – Die Umschau in Wissenschaft und Technik, Frankfurt/M. 1949.
US Tide and Tidal Stream Tables. – (1952).
L'exploitation de l'énergie des marées. – La Houille Blanche, 1953.
Mitteilung über Modellversuche für das Gezeitenkraftwerk Rance. – Laboratoire Dauphinois d'Hydraulique, Grenoble 1953 (Mai).
British Tide Tables. – London 1957.

Der ehemalige Manganerzbergbau im Harz

PETER RUSSWURM, Quedlinburg

Die Verknappung an Manganerzen für Zwecke der Stahlveredelung zwingt zu einer erneuten Überprüfung der auflässigen alten Manganerzgruben. Diesem Ziel dienen auch diese Mitteilungen über den alten Manganbergbau im Harz.

Ilfelder Manganerzstufen sind vor Jahrzehnten in viele Museen und Privatsammlungen gelangt. So sind dem Verfasser vorzügliche Stufen und Schaustücke Harzer Manganerzvorkommen aus Museen in Wernigerode und Ilfeld in Erinnerung. Das Otto-Museum in Wernigerode – das Heimat-Museum und das Feudal-Museum – besitzen davon nichts. Der Verfasser wandte sich deshalb an den langjährigen Kammerdirektor in Wernigerode, Herrn BRAULKE, jetzt Braunfels (Lahn). Es traf sich glücklich, daß er zu einer Reise nach Wernigerode rüstete und mir hier eingehend Auskunft über den Manganerzbergbau im Harz – Elbingerode und Ilfeld – sowie über den Verbleib von seltenen Stufen Rissen, Dokumenten und Akten geben konnte. Sehr viel davon war nach Clausthal (Oberbergamt und Bergakademie) gebracht und nur ein geringer Teil zur Stolberger Hütte in Ilsenburg. Da diese aufgelöst ist, war die Nachsuche hier vergeblich. Es konnte aber ermittelt werden, daß die Abschrift eines umfangreichen Verzeichnisses von Akten und Dokumenten bei der Forstverwaltung in Wernigerode vorhanden sei.

Von besonderem Interesse ist die Herbeischaffung von Kartenmaterial über den Ilfelder Manganerzbergbau: „Spezialkarte vom Braunstein-Bergbau am Mönchenberge", 1836, (s. Karte); „Generalkarte von dem Braunsteinbergbau, 1840, „Spezial Bergmanns Hoffnung" und „Braunsteinzeche", 1888.

Die wichtigsten Bergbauanlagen sind aus der hier wiedergegebenen Spezialkarte von 1836 zu ersehen. Die anderen Karten enthalten Angaben von Versuchen im westlichen Streichen und kommen hier weniger in Betracht. Den Angaben zur Spezialkarte ist folgendes zu entnehmen:

Manganerzstufe von ILEFELD (aus der Sammlung der Staatlichen Geologischen Kommission, Berlin)

Neben den Gängen, die hier beschrieben und auch auf der Geologischen Karte – Bl. Nordhausen-Nord – eingetragen sind, deuten die größeren Pingen und Tagesschürfe auf der Spezialkarte darauf hin, daß nahe der Oberfläche offenbar Nester und metasomatische Anreicherungen vorhanden waren und in kleinen Tagebauen abgebaut wurden, wie bei Elbingerode, im Elbingeröder Komplex.

Auf der Geologischen Karte sind die Manganerzgänge sowohl nach Westen wie besonders nach Osten weiter zu verfolgen, hier besonders um den Silberkopf herum, auf seiner Nord- und Südseite.

Der Hauptgang streicht, nördlich von dem Zechenhaus

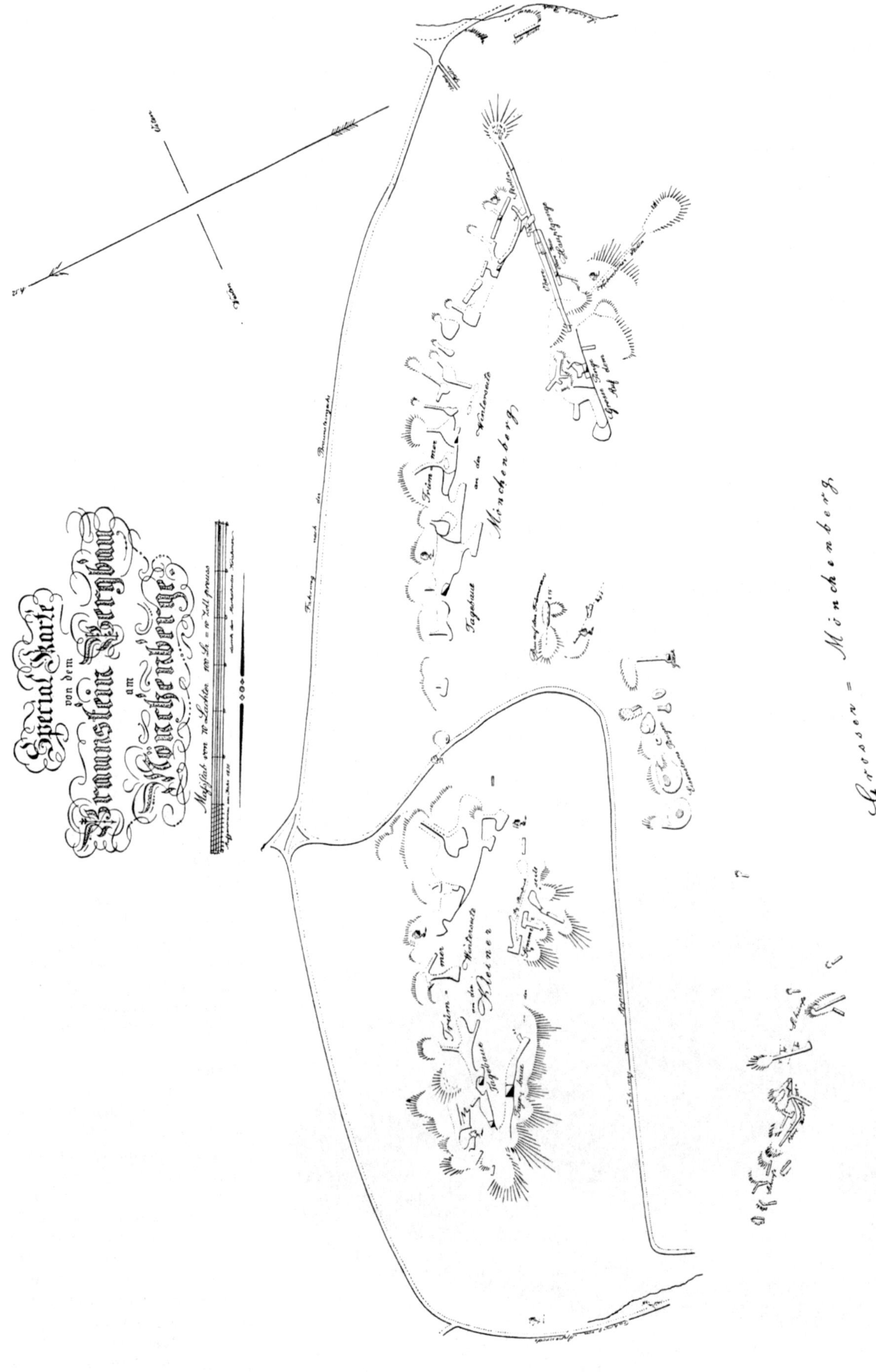
Special Karte
von dem
Braunstein Bergbau
am
Mönchenberge
Grosser = Mönchenberg
Mönchenberg
Kleiner
Tagebaue

„Braunsteinzeche", in hora 9, von Frankenhorst bis Harzeburg (auf der Geologischen Karte:„Harzburg"). Weiter nördlich von diesem Gang streicht der „Braunsteingang" durch den Hägersberg (auf der Geologischen Karte: Hegers-Berg") in h. 6, 5 u. 8.

Die Gänge setzen im Porphyrit auf. Viele Stufen von Ilfeld zeigen die enge Verwachsung mit diesem Gestein. Die Trennung von Erz und Porphyrit war schwierig und im Kleinbetrieb verlustreich und nicht lohnend. Oft findet sich das Manganerz auch als Spalten- oder Kluftfüllung. Nach Angabe von Herrn Kammerdirektor BRAULKE haben die Gänge meistens nur eine Mächtigkeit von 40 bis 50 cm erreicht.

Weitere Pingenzüge sind unregelmäßig und nur mit Unterbrechung zu verfolgen, so

über den Hägersberg (auf der Geolog. Karte: „Hegers-Berg") zum Heiligenberg bis zum Liesenberg und zur Alten Harzstraße (von Nordhausen—Rothesütte),

über den Krippenberg zum Holzapfelkopf und Dachsfang (Chaussee: Sülshayn—Werna).

Östlich vom Sachswerfer Bach sind im Streichen nach NW beachtliche Pingenzüge, der Untere, Mittlere und Obere Zug mit ihren Stollenmundlöchern vorhanden. Es handelt sich hier aber vorwiegend um Eisenstein-Bergbau an der Harzeburg.

Es wird davon gesprochen, daß der letzte Pächter der Braunsteinzeche mehr mit dem Verkauf von Stufen als mit dem der Manganerze selbst verdient habe. Das hier wiedergegebene Bild (Abb.) zeigt eine solche Stufe von Ilfeld aus der Sammlung der Staatlichen Geologischen Kommission, Berlin. Auf dem hellen Schwerspat heben sich die Kristalle von Hartmanganerz besonders deutlich ab.

Von den mehrfachen Versuchen, bei Wernigerode, Elbingerode und Ilfeld Manganerze abzubauen, hat sich der Bergbaubetrieb am längsten bei Ilfeld gehalten, wenn auch mit mehreren Unterbrechungen. Die Lagerstätte am Mönchenberg war wahrscheinlich sehr ergiebig. Wie zumeist bei dem alten Bergbau, wurde vermutlich mit Erreichung des Grundwasserspiegels der Betrieb eingestellt. Die Erze unter dem Grundwasser sind wahrscheinlich noch nicht untersucht und müßten erst erschlossen werden. Jedenfalls sind nähere Untersuchungen erforderlich, um zu entscheiden, ob größere Teufenuntersuchungen aussichtsreich sind. Geophysikalische Untersuchungen könnten die Vorerkundung gewiß wirksam unterstützen. Es sei besonders darauf hingewiesen, daß es sich hier um das größte Manganerzvorkommen im Harz handelt, das nach allen Anzeichen im Vergleich mit den Spuren im Elbingeröder Komplex relativ die meisten Hoffnungen erweckt, in der Teufe noch Manganerze gewinnen zu können.

Bemerkungen zur sowjetischen Instruktion zur Anwendung der Vorratsklassifikation auf Schwerspat- und Witheritlagerstätten

GÜNTER PRATZKA, Berlin

Die von I. A. ROSANOW und der methodischen Abteilung der Staatlichen Vorratskommission erarbeitete Instruktion wurde nach Absprache mit entsprechenden Ministerien und Hauptverwaltungen durch M. LOSHETSCHKIN als Vorsitzenden der Vorratskommission im Februar 1956 bestätigt.

Im Rahmen dieser Arbeit sollen nur jene Abschnitte der Instruktion näher betrachtet werden, die unsere Kenntnisse über diese Lagerstätten und ihre wirtschaftliche Bedeutung bereichern.

Allgemeiner Teil

Chemisch reiner Schwerspat (Baryt) $BaSO_4$ und Witherit $BaCO_3$ zeigen bei der Analyse folgende Zusammensetzung:

Bariumsulfat $BaSO_4$ = BaO 65,7%; SO_3 34,3%
Bariumkarbonat $BaCO_3$ = BaO 77,7%; CO_2 22,3%.

In der Natur kommen beide Mineralien gemeinsam mit Quarz, Flußspat, Karbonspäten, sulfidischen Erzen und anderen Mineralien vor. Diese Begleitmineralien erreichen im Haufwerk bisweilen mehrere Dutzend Prozent.

In eluvialen und alluvialen Seifen sowie in tektonischen Brekzien treten Verunreinigungen des mineralischen Rohstoffes durch Nebengesteinseinlagerungen auf.

Bei den Schwerspat- und Witheritlagerstätten werden folgende Typen unterschieden:

1. hydrothermale Ganglagerstätten
2. metasomatische Lagerstätten
3. sedimentere Lagerstätten
4. Verwitterungslagerstätten.

In den einzelnen Typen sind Lagerstätten zusammengefaßt, die sich nach Alter, Paragenese, Form und Ausdehnung und in ihrer Beziehung zum Nebengestein unterscheiden lassen.

Nach ihrer Paragenese können die meisten Schwerspatvorkommen in folgende Gruppen eingeordnet werden (s. Karte):

1. vorwiegend monomineralische Vorkommen
2. Quarz-Schwerspatvorkommen
3. Flußspat-Schwerspat-Vorkommen
4. sulfidische Erze mit Schwerspat
5. Eisenerz-Schwerspatlagerstätten
6. tonig-barytische und sandig-barytische Vorkommen (Seifen und Brekzien).

1. Gruppe: Als *vorwiegend monomineralische Vorkommen* werden Paragenesen bezeichnet, in denen die Begleitkomponenten des Schwerspates praktisch fehlen oder nur in unbedeutenden Mengen vertreten sind. Zu erwähnen sind hier Quarz, Kalkspat und Eisenoxyde. Bei einem $BaSO_4$-Gehalt von 80—98% ist der Anteil an SiO_2 0,2—8%, an CaO von 0,2—5%, an Fe_2O_3 von 0,02—2%. Lagerstätten der 1. Gruppe befinden sich in Grusinien, Aserbaidshan, Chakassien und Vorderarmenien.

Auf den monomineralischen Lagerstätten ist der Witherit häufiger Begleiter des Schwerspates. Er tritt gewöhnlich in Form unbedeutender Beimengungen auf. Schwerspat-Witherit-Vorkommen mit bedeutendem oder überwiegendem Witheritanteil sind selten (Lagerstätten von Turkmenistan).

Nach der Textur wird zwischen gutspaltbarem grobkristallinen und schwer zu zerkleinerndem feinkristallinen Schwerspat unterschieden.

In diese Lagerstättengruppe werden die Gold-Baryt-Erze gestellt. Obgleich das Gold in quantitativ unbedeutender Menge vorliegt, sind diese Lagerstätten für die Sowjetunion trotzdem von großem wirtschaftlichem Interesse.

2. Gruppe: *Quarz-Schwerspat-Vorkommen* führen außer Schwerspat (und Witherit) bedeutende Mengen Quarz.

Zahlreiche Lagerstätten dieser Gruppe haben im Schwerspat einen Quarzgehalt von 30–45%. Die Qualität des Schwerspates hängt von der Art der Verquarzung ab. Rohhaufwerk, in dem Quarz mit Schwerspat sehr fein verwachsen ist, kann nur sehr schwer aufbereitet werden. Als Begleitmineralien treten Kalkspat, Flußspat und sulfidische Erze auf.

Lagerstätten dieses Typs sind im Nordkaukasus (Dshalankol, Alykbasch) und Zentralkasachstan bekannt. In der Lagerstätte Alykbasch bewegt sich der $BaSO_4$-Gehalt zwischen 55–87%, der Quarzgehalt zwischen 12–45%.

3. Gruppe: In den *Flußspat-Schwerspat-Vorkommen* sind die Hauptmineralien Flußspat und Schwerspat. Quarz, Kalkspat sowie untergeordnet Sulfide von Blei, Zink und Kupfer gehören zur Paragenese dieser Lagerstätten (bekannt durch die Vorkommen von Badamsk in Südkasachstan). Auf diesen Lagerstätten macht sich der primäre Teufenunterschied dahingehend bemerkbar, daß Schwerspat nach der Teufe zu durch Flußspat ersetzt wird.

4. Gruppe: *Lagerstätten sulfidischer Erze mit Schwerspat* führen bisweilen Edelmetallkonzentrationen von wirtschaftlicher Bedeutung. Sulfide sind Schwefelkies, Kupferkies, Zinkblende, Bleiglanz u. a. Minerale. Als Gangart tritt Quarz, Kalkspat und Flußspat auf. Die Sulfide sind in der Oxydationszone weitgehend zu Limonit, Malachit, Azurit u. a. Mineralien umgewandelt. Es bilden sich die in vielen Ländern bekannten „Eisernen Hüte" sulfidischer Lagerstätten. Der Schwerspat wird dabei zersetzt und es entstehen sogenannte „Schwerspat-Lockermassen", die nach der Teufe zu in festes sulfidisch-barytisches Erz übergehen. Typische Ausbildungen dieser Art sind in den Lagerstätten des Mittel- und Südural, von Salair und im Altai zu beobachten.

Der $BaSO_4$-Gehalt bewegt sich auf den Lagerstätten des Südural (Rayon Tanalyk-Bajmak) zwischen 40 bis 98% $BaSO_4$, 2–30% SiO_2, 0,2–8,0% Fe_2O_3. Die Erze der Lagerstätten Westsibiriens (Salair) enthalten bis 60% $BaSO_4$, bis 16% SiO_2, bis 12% Zinkblende und bis 1,5% Bleiglanz.

5. Gruppe: Die *Eisenerz-Schwerspat-Lagerstätten* bestehen vorwiegend aus Schwerspat und den Eisenoxyden Magnetit, Hämatit und in der Oxydationszone aus Goethit und Hydrogoethit.

Als Nichterze sind Quarz und Kalkspat vertreten. Der Eisenerzanteil beträgt 30–45%. Im Tuwinsker Autonomen Gebiet (Kara-Sug) sind Vorkommen dieses Types bekannt. Es handelt sich hierbei um metasomatische Lagerstättenbildungen.

6. Gruppe: *Tonig-barytische und sandig-barytische* Mineralanreicherungen bestehen aus verschieden großen Bruchstücken von fast monomineralischem Baryt in Verbindung mit Ton, Lehm, Bruchstücken von Schiefern, Sandsteinen, Kalksteinen und anderen Gesteinen. Das barythaltige Konglomerat zeigt durch den Anteil der verschiedensten Gesteine eine sehr wechselnde Zusammensetzung. Auf der Lagerstätte Medwedjew im Südural sind Schwerspatbruchstücke oft mit einer Kruste von Eisenoxyden überzogen.

Eine weitere Schwerspatlagerstätte dieser Gruppe ist Dshalair in der Kasachischen SSR.

Zum allgemeinen Teil kann zusammenfassend gesagt werden, daß in der Sowjetunion zahlreiche Lagerstätten der verschiedensten Typen bekannt sind. Durch ihre Mineralführung und Paragenese lassen sich die Lagerstätten der UdSSR mit den Vorkommen in der DDR parallelisieren. Von den Lagerstätten der DDR reichen nur wenige in der Größe an die Lagerstätten der UdSSR heran. Die großen säulenförmigen Gold-Baryt-Vorkommen auf Gangkreuzen bzw. sedimentäre tonig-barytische Trümmerlagerstätten sind in der DDR nicht bekannt, haben aber in der Sowjetunion beachtliche wirtschaftliche Bedeutung.

Die hydrothermalen sulfidischen Erzlagerstätten mit Flußspat und Schwerspat als Gangart werden in der UdSSR auch unter Schwerspatlagerstätten geführt. In der DDR werden diese Mineralvorkommen (z. B. Freiberger Ganglagerstätte u. a.) aus folgenden Gründen noch nicht genützt:

1. Der Eigenbedarf an Flußspat ist viel geringer als in der UdSSR.

2. In der DDR sind mächtige leicht gewinnbare Flußspatgänge bekannt und im Abbau (Straßberg, Ilmenau, Steinbach u. a.).

3. Die sulfidischen Erzgänge führen Flußspat und Schwerspat als Gangart in nicht bedeutenden Mengen (Freiberg) bei feiner Verwachsung mit Erzen, Quarz und Karbonspäten. Ihre Aufbereitung ist schwierig und kostspielig.

Einteilung der Lagerstätten nach den natürlichen Faktoren, die die Methodik der Erkundung in der UdSSR bestimmen

Schwerspat- und Witheritlagerstätten sind in ihrer Art sehr unterschiedlich, lassen sich aber zu mehreren Typen zusammenfassen:

1. Ganglagerstätten, die an tektonische Bruchstörungen gebunden sind;

2. unregelmäßig kompliziert geformte metasomatische Schwerspatlager;

3. an Gangkreuze gebundene säulenförmige Schwerspatanreicherungen;

4. Verwitterungslagerstätten (Seifen).

1. Typ: Steileinfallende Gänge (seltener flach) sind vorwiegend an tektonische Bruchstörungen gebunden und bilden die Ganglagerstätten. Schwerspat und Witherit kommen zusammen mit Quarz, Kalkspat, Flußspat, sulfidischen Erzen u. a. Mineralen auf den Gängen vor. Schwerspat tritt auch als Bindemittel von Gangbrekzien auf.

Lagerstätten dieses Types bestehen meistens aus zahlreichen (bis ca. 20) parallel laufenden Gängen, die nur geringe Mächtigkeit besitzen und im Streichen kaum aushaltend sind. Nur einzelne Gänge lassen sich im Streichen auf 2–3 km verfolgen.

Gänge, die im Streichen aushaltend sind, lassen sich häufig auch im Fallen in größere Teufen nachweisen. Zahlreiche Gänge zeigten in mehreren hundert Metern Tiefe noch keine wesentliche Abnahme der Mineralführung.

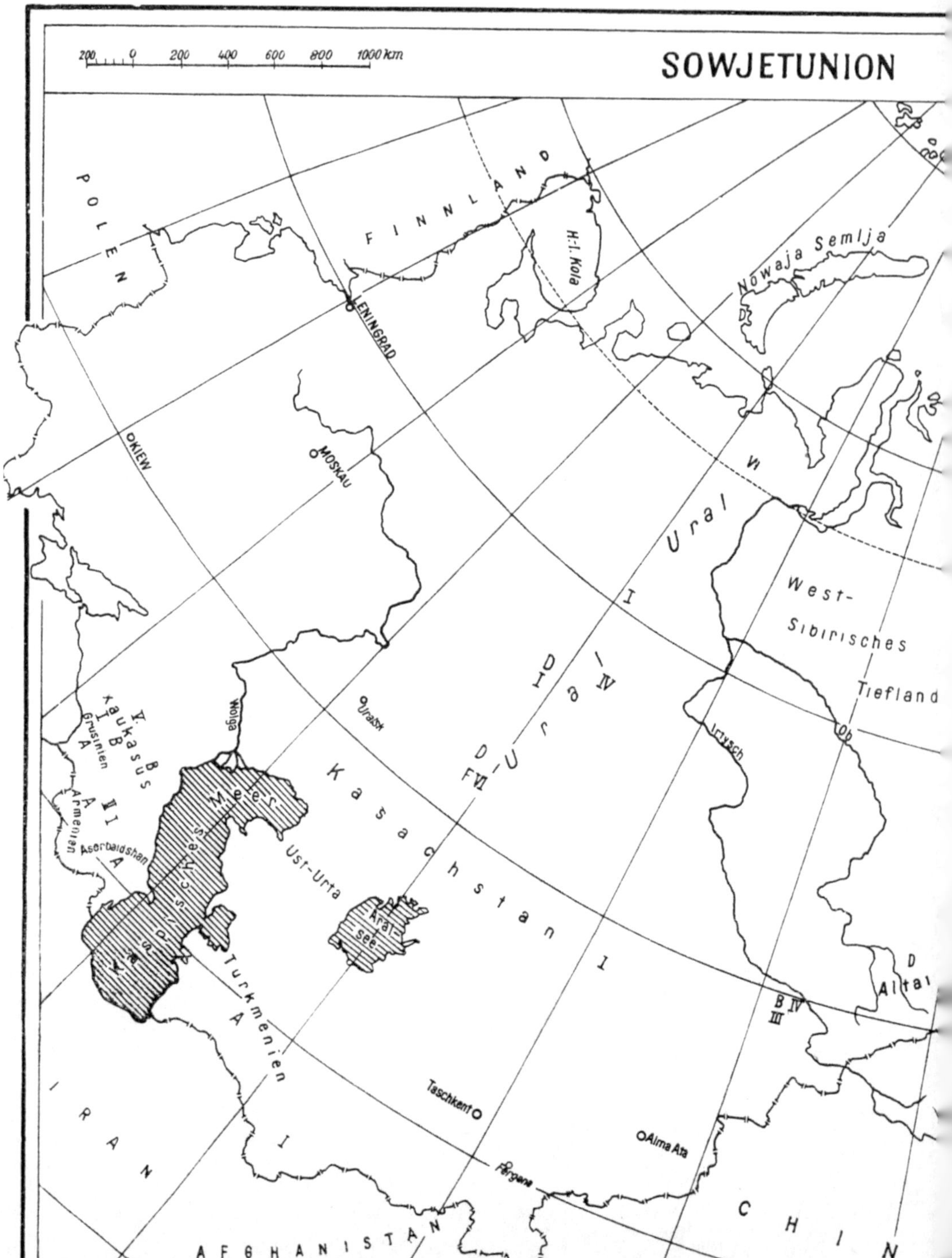
SOWJETUNION
200 0 200 400 600 800 1000 km
POLEN
FINNLAND
H.I. Kola
Nowaja Semlja
LENINGRAD
KIEW
MOSKAU
Ural
West-
Sibirisches
Tiefland
Kaukasus
Grusinien
Armenien
Aserbaidshan
Wolga
Uralsk
Kaspisches Meer
Kasachstan
Ust-Urta
Aral-
see
Irtysch
Ob
Altai
Turkmenien
Taschkent
Alma Ata
Fergana
IRAN
AFGHANISTAN
CHIN

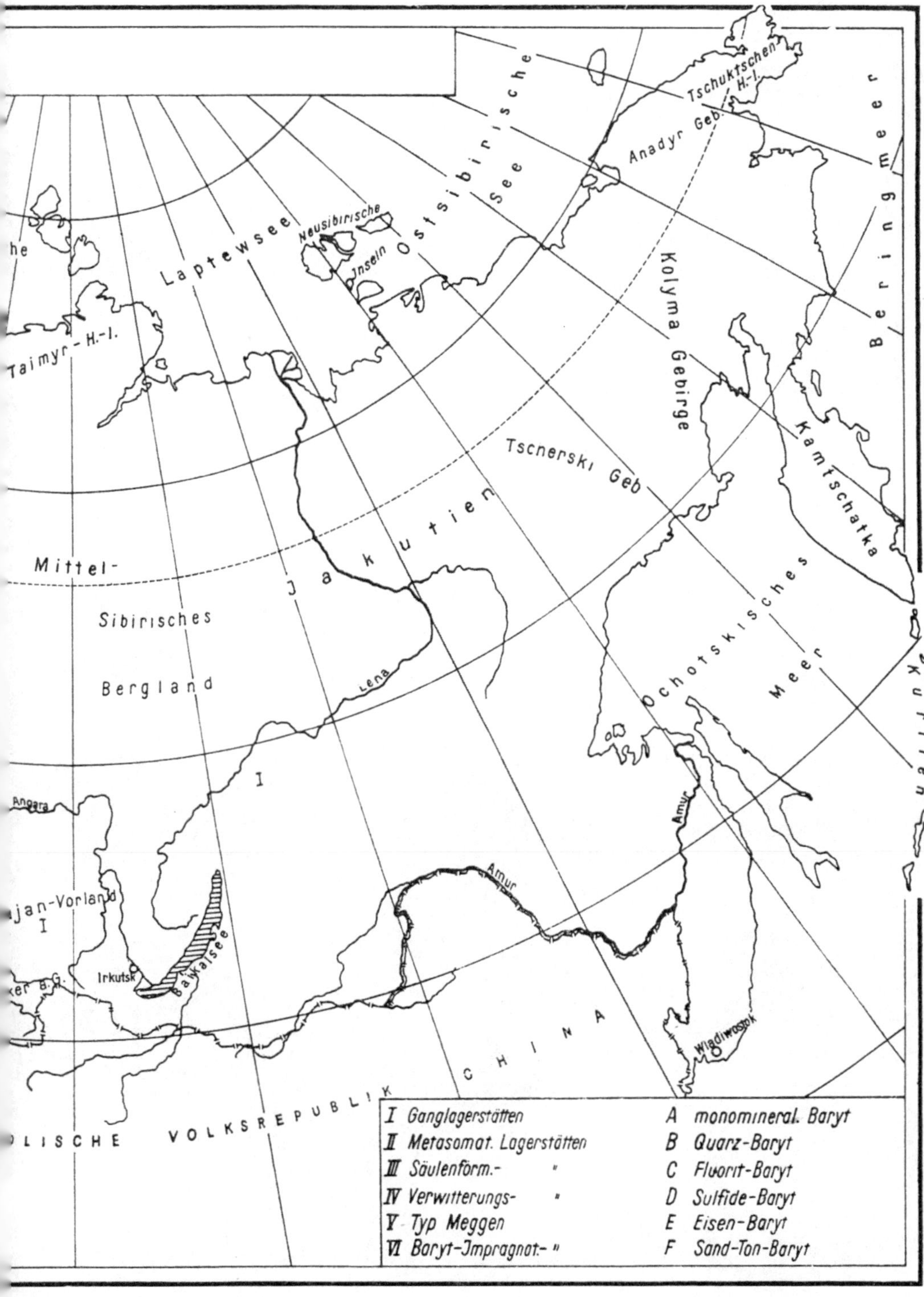

Laptewsee
Neusibirische Inseln
Ostsibirische See
Tschuktschen H.-I.
Anadyr Geb.
Beringmeer
Kolyma Gebirge
Taimyr-H.-I.
Tscnerski Geb
Kamtschatka
Jakutien
Mittel-
Sibirisches
Bergland
Lena
Ochotskisches Meer
Kurilen
I
Angara
jan-Vorland
I
Irkutsk
Baikalsee
Amur
Amur
Wladiwostok
CHINA
VOLKSREPUBLIK
LISCHE
I Ganglagerstätten
II Metasomat. Lagerstätten
III Säulenförm.- "
IV Verwitterungs- "
V Typ Meggen
VI Baryt-Jmpragnat.- "
A monomineral. Baryt
B Quarz-Baryt
C Fluorit-Baryt
D Sulfide-Baryt
E Eisen-Baryt
F Sand-Ton-Baryt

Oft haben die Gänge im Streichen und Fallen keine beständige Mächtigkeit. Die Gänge nehmen plötzlich an Mächtigkeit beachtlich zu und erreichen 5—10 m (auf der Dshalair-Lagerstätte noch mächtiger), um dann ebensoschnell wieder zu vertauben. Es kommt zu Einschnürungen, und der Gang besteht nicht selten nur noch aus Gangletten, Kalkspat oder Quarz. Es wird zwischen vererzten (schwerspat-witherit-führenden) und tauben Gangabschnitten unterschieden. Die abbauwürdigen Mineralanreicherungen stellen in der Regel linsenförmige Körper verschiedener Größe dar. Sie liegen im Streichen der Gangspalte und erreichen Ausmaße von mehreren hundert Metern Länge. Nicht selten gabeln sich die Gänge oder zertrümern.

Die Minerallinsen zeigen innerhalb des Ganges häufig eine gesetzmäßige Anordnung.

Wieweit die Schwerspatmineralisation auf den Gängen in die Teufe reicht, ist unbekannt, da noch keine der großen Lagerstätten so tief erkundet worden ist.

In den auf den Gängen vorkommenden Brekzien bilden Schmerspat und Witherit das Bindemittel.

Brekzienzonen sind der Mineralführung der normalen Gangausbildung sehr ähnlich. An der Zusammensetzung der Brekzien nimmt oft das Nebengestein (Kalkstein, Sandstein, Schiefer u. Effusiva) regen Anteil.

Sekundär gestörte Lagerstätten können ziemlich große Vorräte besitzen (z. B. in den Lagerstätten von Medwedjewsk und Dshalair). Sie treten aber selten auf. Ein relativ geringer $BaSO_4$-Gehalt ist für sie charakteristisch. Durch eine unkomplizierte Aufbereitung (Erzsortierung mit Handklauben und Waschen) kann daraus ein Produkt gewonnen werden, das den Anforderungen der Industrie entspricht. Die beschriebenen Typen umfassen nur jene Schwerspatlagerstätten, die auf dem Territorium der UdSSR bekannt und abbauwürdig sind. Zu einem bisher hier noch nicht beschriebenen Typ gehört die in Westdeutschland liegende sehr bekannte Schwerspatlagerstätte von Meggen. Sie ließe sich mit wenig untersuchten Schwerspatlagerstätten in sedimentären Schichten des Nordkaukasus und der südöstlichen Region Ustj-Urta vergleichen.

Es muß noch ein weiterer Lagerstättentyp erwähnt werden, der z. Z. fast keine industrielle Bedeutung besitzt. Es handelt sich um metasomatisch oder infiltrativ gebildete kleine Schwerspatnester hydrothermalen Ursprungs, die vorwiegend an Karbonatgesteine, seltener an Effusiva gebunden sind. Es sind nur kleine Anreicherungen und der $BaSO_4$-Gehalt liegt bei 8—12%, selten darüber. Lagerstätten dieser Art besitzen zur Zeit noch keine wirtschaftliche Bedeutung, führen aber mitunter zur Bildung eluvialer Barytseifen. Die kleinen Lagerstätten von Ferghana, des Südurals und des Urals nördlich des Polarkreises gehören zu diesem Typ.

Der Flußspat bzw. Schwerspat ist im Rohhaufwerk noch weitgehend mit Begleitmineralien verwachsen bzw. durch diese verunreinigt. Probleme der Aufbereitungstechnologie sind auf fast allen Flußspat-Schwerspat-Lagerstätten der Sowjetunion von wirtschaftlicher Bedeutung und entscheidend für den Abbau der Vorkommen.

Zahlreiche Aufbereitungsuntersuchungen auf Lagerstätten in Kasachstan und Grusinien zeigten, daß besonders bei feiner Verwachsung eine rentable Aufbereitung von verquarzten oder mit Flußspat verwachsenen Schwerspäten erst bei einem $BaSO_4$-Gehalt von 35—40% möglich wird.

Die Aufbereitung von Schwerspäten, die mit Eisenoxyden verwachsen oder überzogen sind, ist besonders schwierig. Die Trennung des Schwerspates von größeren Mengen Eisenoxyd gilt auch in der Sowjetunion noch als schwere technische Aufgabe. Eine Aufbereitung ist nur bei günstigen Verwachsungsstrukturen und bekannter mineralogischer Zusammensetzung der Eisenverbindungen möglich. Tonig-barytisches bzw. sandig-barytisches Haufwerk läßt sich am leichtesten aufbereiten. Aufbereitungsversuche bei der Lagerstätte Dshalair ergaben, daß Rohhaufwerk mit einem durchschnittlichen $BaSO_4$-Gehalt von etwa 20% und einem Bort-Gehalt von etwa 15% rentabel verarbeitet werden kann.

Die wechselnde mineralogische Struktur und die verschiedenen Mineralparagenesen der Schwerspat- und Witheritlagerstätten machen auf jeder großen Lagerstätte spezielle Aufbereitungsversuche notwendig. Die Ergebnisse müssen der Technologie des gesamten Betriebes zugrunde gelegt werden.

Die Industrie schätzt Schwerspat und Witherit wegen ihrer chemischen und physikalischen Eigenschaften. Schwerspat hat ein spezifisches Gewicht von 4,3—4,6 und wird als schweres Füllmittel in Spezialgummi, in Kunststoffen und als Belastungsmittel verwendet.

In der Sowjetunion ist die Erdölindustrie der größte Schwerspatverbraucher. Beim Niederbringen von Öl- und Gasbohrungen, bei der Durchbohrung von ölführenden Schichten mit hohem Gasdruck, beim Durchbohren von Schichten, bei denen infolge lockeren Gesteines mit Nachfall zu rechnen ist, wird die Spülflüssigkeit mit gemahlenem Schwerspat beschwert.

Für die Erdölindustrie verwendeter Schwerspat muß nach der Staatsnorm ein spezifisches Gewicht von 4,0—4,2 aufweisen und der Gehalt an wasserlöslichen Salzen darf 0,35% nicht übersteigen. Quarz ist wegen seiner hohen Abriebfähigkeit und seines niedrigen spezifischen Gewichtes unerwünscht.

Die chemische Industrie benutzt Schwerspat und Witherit zur Herstellung von weißen Barium-Zink-Farben (Lithopone) und verschiedenen Bariumsalzen sowie Bariumpräparaten.

Schwerspat hat eine hohe Adsorptionsfähigkeit für radioaktive Strahlen und Röntgenstrahlen und wird in der Atomindustrie und Medizin gebraucht. Zahlreiche Bariumverbindungen, die aus Schwerspat hergestellt werden, haben wegen ihrer Giftigkeit Bedeutung erlangt.

Bei der Herstellung von Gummi wird Schwerspat fein gemahlen als Füllmittel auf der Grundlage des natürlichen pflanzlichen Kautschuks verwandt. An den dafür zur Verwendung kommenden Schwerspat werden folgende Qualitätsansprüche gestellt: ein $BaSO_4$-Gehalt von 98—99%, CaO-Anteil nicht über 0,36%, nur Spuren von R_2O_3, Cu- und Pb- frei.

Schwerspat dient auch als Füllmittel bei der Papierherstellung. Die Industrie verlangt eine reine weiße Farbe sowie das Fehlen von Färbern wie Eisen und Mangan. Blei darf nicht im Schwerspat enthalten sein. Der Quarzanteil muß minimal sein, da er den Maschinen schadet.

Farblose Schwerspatkristalle kommen sehr selten vor und werden in der optischen Industrie verarbeitet.

Die sowjetische Instruktion besagt ferner, daß bei Änderung der Normen oder technischen Bedingungen, die an die Qualität des Schwerspats bzw. Witherits gestellten Anforderungen geändert werden können.

Da die Instruktion nur für Schwerspat und Witherit zugeschnitten ist, werden die Anforderungen der Industrie an auf einigen Lagerstätten mit anfallendem Flußspat leider nicht erwähnt.

Witheritlagerstätten sind in der DDR nicht bekannt und haben auch in der UdSSR im Vergleich zu den Schwerspatvorkommen nur untergeordnete Bedeutung.

Sind die Industriezweige, die Schwerspat oder Bariumverbindungen verarbeiten, in beiden Ländern annähernd die gleichen, so ist doch die prozentuale Verteilung der Gesamtmenge in beiden Ländern sehr unterschiedlich. In der Sowjetunion ist die ausgedehnte Erdölindustrie der Hauptverbraucher. In der DDR steht die Farbenindustrie mit ihrem Farb- und Reduzierspatbedarf neben der Bauindustrie (Belastungspäte für Schwerbetonbauten) an erster Stelle.

Die in der sowjetischen Instruktion gestellten Forderungen an die Methodik der Erkundung und Untersuchung der Lagerstätten sowie die Klassifikation der Vorräte und die Bedingungen für ihre Einstufung in die Katagorien werden Gegenstand einer weiteren Veröffentlichung sein.

Die Unterwasserfotografie im Dienste der Geologie

KURT RABE, Schwerin & HANS JÜRGEN ROGGE, Rostock

Allgemeines

In der Entwicklung der modernen Tauchsportmethoden nimmt die Unterwasserfotografie einen bedeutenden Platz ein. Während der letzten beiden Jahrzehnte sind durch Tauchsportler und „Fischmenschen" eine große Zahl eindrucksvoller Aufnahmen des Meeresgrundes, der Pflanzen und Tiere, die diesen Raum bevölkern, gemacht worden. Besonders die klimatisch begünstigten Franzosen und Italiener haben bei den guten Sichtverhältnissen im Mittelmeer Pionierarbeit auf diesem Gebiet geleistet. Anfangs waren es vorwiegend Tauchsportler, die durch die Unterwasserfotografie Dokumente ihrer reizvollen Tätigkeit bringen wollten. Später haben sich dann im zunehmenden Maße Wissenschaftler und Institute für die Methoden der Sporttaucherei interessiert. Nicht nur den Biologen, auch den Geologen eröffnete sich dadurch ein ganz neues Arbeitsfeld. In Frankreich, Italien, Schweden und Amerika gibt es seit Jahren Forschungsinstitute für Meereskunde, in denen auch Geologen mit Hilfe von Tauchgeräten ihre Kenntnisse von der Geologie des Meeresbodens erweitern. Auch bei den Erkundungen von Bodenschätzen in den küstennahen Meeresteilen leisten die Geräte den Menschen wertvolle Hilfe. So suchen beispielsweise vor der mittelamerikanischen Küste tauchkundige Prospektoren nach Hinweisen auf Erdöl.

Die modernen Tauchgeräte erlauben es, mit recht einfachen Ausrüstungen Tiefen von 40–50 m aufzusuchen. Dem Geologen ist die Wasseroberfläche heute kein Hindernis mehr. Er braucht seine Bodenproben nicht mehr „blind" mit dem Bodengreifer zu holen. Die Untersuchungen über Lagerungsverhältnisse der Sedimente auf der Schorre können unmittelbar auf dem Meeresgrund vorgenommen werden. Die Unterwasserkamera liefert dazu das beruflich benötigte Bildmaterial.

Beim Geologischen Dienst Schwerin wurde die Notwendigkeit moderner Tauchsportmethoden für die Arbeitsgruppe Küstengeologie erkannt. Entsprechende Ausrüstungen wurden angeschafft. Unterwasserkameragehäuse wurden 1956 von der Industrie der DDR noch nicht angeboten. K. Rabe hat daher im Auftrag des Leiters des Geologischen Dienstes Schwerin eine Unterwasserkamera gebaut.

Einige Bedingungen der Unterwasserfotografie

Nach den Erfahrungen beim Bau von UW-Gehäusen für einige Kameratypen, die einer der Verfasser als Sporttaucher in den Jahren zuvor sammelte, ergaben sich verschiedene Forderungen. Als Kamera kam nur ein Spiegelreflexgerät in Frage, da dieser Kameratyp eine einwandfreie Scharfeinstellung der Bilder unter Wasser zuläßt. Durch die veränderten Lichtbrechungsverhältnisse erscheinen alle Gegenstände im Wasser um ein Drittel näher und entsprechend größer. Die auf dem Objektiv eingravierten Entfernungsmarkierungen gelten unter Wasser nicht mehr, da das Auge sich im gleichen Maße wie die UW-Kamera irrt. Ein Gegenstand, der unter Wasser 6 m entfernt ist, bedingt eine Entfernungseinstellung von etwa 4,50 m, um scharf abgebildet zu werden.

Durch die geringe Sichtweite im Wasser ist die Entfernung, in der man noch fotografieren kann, stark begrenzt. Die Verwendung eines Weitwinkelobjektives gibt dem Unterwasserfotografen trotzdem die Möglichkeit, eine größere Fläche aufzunehmen. Die fotografisch nutzbaren Sichtweiten betragen an den Küsten der westlichen Ostsee in den Sommermonaten allgemein 3–4 m. An der Küste Usedoms ist die Sicht bedeutend geringer. Nur in Ausnahmefällen, nach tagelang ruhiger See, kann die Unterwassersicht auch in der Ostsee bis zu 15 m betragen (s. Abb. 6). Im Mittelmeer dagegen hat man durchschnittlich Sichtweiten von 20 bis 40 m.

Die Kamera

Zum Einbau in ein UW-Gehäuse wurde die „Exa" von der Fa. Ihagee vorgesehen. Sie ist z. Z. in ihren

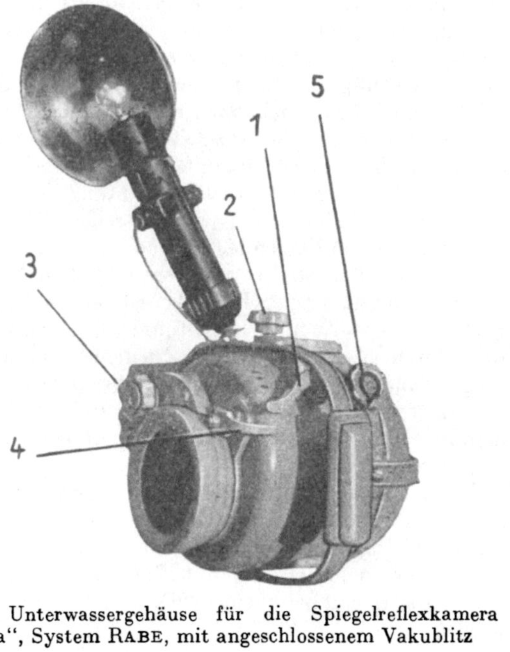

Abb. 1. Unterwassergehäuse für die Spiegelreflexkamera „Exa", System RABE, mit angeschlossenem Vakublitz

Abb. 2. Torfkliff am Strand von Neuhaus. Die Höhe der Abbruchkante betrug 0,45 m. Im Hintergrund auf den Strand geworfene Torfblöcke. Der lagenförmige Aufbau ist im Vordergrund angedeutet

Abb. 3. Submarin ausstreichendes Torfvorkommen bei Neuhaus. Auf dem Torf befindet sich nur ein Sandschleier in Form kleiner Rippeln. Tiefe: 2 m, Belichtung: F 4 $^1/_{25}$ sec. Isopan F 17/10

Abb. 4. Teilansicht einer Geschiebemergelrippe in 4 m Wassertiefe. Die am Kliff (Redewisch) auftretenden Stauchungserscheinungen sind auch bei der Rippe zu erkennen. Belichtung: F 2,8 $^1/_{25}$ Agfa Color UT 16/10

Abmessungen die kleinste und zugleich die billigste unter den Spiegelreflexkameras. Die einstellbaren Belichtungszeiten von 1/25 bis 1/150 sec sind auch unter Wasser die gebräuchlichsten. Sämtliche Mechanismen sind sehr einfach und robust gehalten. Die Hauptforderungen, die an einen UW-Fotoapparat gestellt werden, lassen sich in 4 Punkten zusammenfassen:

a) Die UW-Kamera muß wegen der großen Beanspruchung unempfindlich gegen Transportgefährdung sein und auch in Tiefen von über 30 m wasserdicht bleiben.

b) Sämtliche Mechanismen der Aufnahmekamera „Exa" müssen betätigt werden können. Die Übertragungen müssen sehr einfach gehalten sein, da eine komplizierte Ausführung immer störanfällig ist. Der Einbau der Aufnahmekamera muß schnell vonstatten gehen.

c) Das UW-Gehäuse muß den Gebrauch von Wechseloptiken und Zwischenringen für Nahaufnahmen zulassen.

d) Mit dem Gehäuse muß ein Elektronen- oder Vakublitzgerät gekoppelt werden können, damit Aufnahmen auch unter ungünstigen Lichtverhältnissen zu machen sind.

Diese Forderungen wurden beim Bau des hier beschriebenen Gehäuses berücksichtigt.

Die Kamera besteht aus einem seewasserbeständigen Leichtmetallgußgehäuse. Die Wandung ist 6 mm stark. Zur Herstellung dieses Gehäuses wurde ein Modell aus Vinidur angefertigt, damit spätere Nachgüsse möglich sind.

Die Kamera (Abb. 1) hat folgende Bedienungsmöglichkeiten:

1. Auslöser,
2. Filmtransport,
3. Entfernungseinstellung,
4. Blende,
5. Belichtungszeit.

Die wasserdichten Durchführungen der Bedienungsmittel werden durch Stopfbuchsen gewährleistet. Die Achsen in diesen Stopfbuchsen haben einen Durchmesser von 6 mm. Die Bedienung des Auslösers und die Einstellung der Belichtungszeit geschieht durch einfache Hebel, die auf die Achsen geschraubt sind. Zum Filmtransport dient eine auf das entsprechende Rad der „Exa" geschraubte Muffe als Übertragung. Die Betätigung der Entfernungseinstellung geschieht durch Zahnräder. Das in das Gehäuse eingebaute Zahnrad ist in seiner Größe so gewählt, daß das am Objektiv sitzende Gegenrad auch auf das größte Objektiv (Flektogon- oder Biometar 80 mm) gesetzt werden kann. Für Objektive mit kleinerem Durchmesser kann man dann entsprechende Zwischenstücke oder andere Zahnräder verwenden. Die Zahnräder bestehen aus 20 mm dickem Kunststoff. Sie sind immer in Eingriff, auch wenn andere Objektive oder Zwischenringe verwandt werden. Auf der Blendenfassung ist ein Ring mit einem Stift befestigt. Eine darübergreifende Gabel besorgt die Verstellung der Blende.

Das vordere Fenster hat 95 mm Durchmesser. Es tritt auch bei Verwendung eines Weitwinkelobjektives keine Vignettierung an den Bildecken ein. Beim Einblick für die Entfernungseinstellung wurde eine plankonvexe Lupe mit der gekrümmten Seite nach innen eingebaut, so daß man ein fast doppelt vergrößertes Bild auf der Mattscheibe sieht. Im Gehäuse wird die „Exa" mit einer Stativschraube auf einer Schiene befestigt. Eine auf einem klappbaren Spannbügel in der Mitte angebrachte Schraube drückt den halbkugelförmigen Abschlußdeckel auf die Gummidichtung am Gehäuse. Der Außendurchmesser der Kamera beträgt 16,5 cm, größte Länge 19 cm. Mit eingebauter Kamera wiegt das Gehäuse ca. $3^1/_2$ kg, im Wasser dagegen hat die Kamera durch ihre Wasserverdrängung nur ein Gewicht von ca. 100 g.

Die geologische Anwendung

Die bisher durchgeführten Untersuchungen im Litoral hatten unter anderem die Aufgabe, die Kenntnisse über die geologischen Lagerungsverhältnisse in besonders gefährdeten Küstenabschnitten zu erweitern. Da bisher

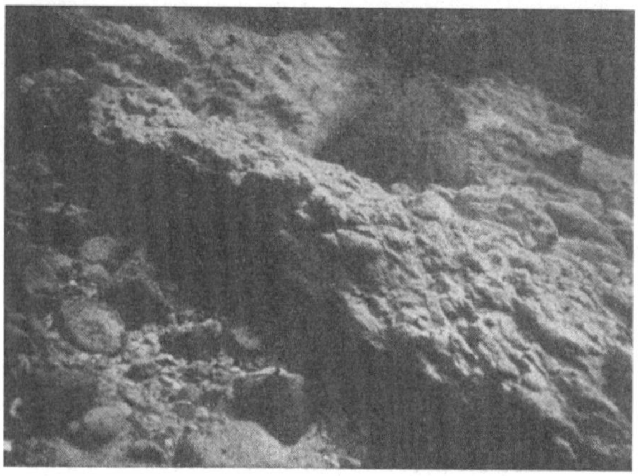

Abb. 7. Teilansicht einer kleinstückigen Geschiebemergelrippe bei Kühlungsborn. Im Hintergrund der beschädigten Rippe bewachsene Geröllage. Höhe der Rippe: 30 cm, Tiefe: ca. 3 m, Belichtung: F 4 $^1/_{50}$ Isopan F 17/10

über das Verhalten der Sedimente im submarinen Bereich nur wenig bekannt war, dienten die Arbeiten in erster Linie dazu, die speziellen Lagerungsformen der Sedimente zu beobachten. Während sich die Untersuchungen im Küstenabschnitt Neuhaus mit der submarinen Lagerung des am Strande und im Hinterland anstehenden Hoch- und Flachmoortorfes beschäftigten, interessierte bei den Küstenabschnitten Kühlungsborn und Boltenhagen die küstennahe Sandanreicherungszone.

Im Küstenbereich Neuhaus treten Ablagerungen von Hoch- und Flachmoortorf über Geschiebemergel bzw. Sand auf. Der teilweise bis zu 5 m Mächtigkeit anstehende Torf setzt sich seewärts fort. Die am Strande beobachteten Formen der Torfabbrüche (Abb. 2) konnten auch im submarinen Bereich verfolgt werden (Abb. 3). Wie aus den Abbildungen hervorgeht, bildet der angeschnittene Torf ein Kleinkliff, aus dem je nach der Intensität der anbrandenden Wellen kleine bzw. große kantige Torfblöcke herausgerissen werden können. Die Höhe der Torfabbrüche ist sehr unterschiedlich. Sie beträgt beispielsweise auf Abb. 2 0,45 m, auf Abb. 3 0,25 m. Die submarin ausstreichenden Torflager weisen teilweise in der strandnahen Zone nur eine geringfügige bzw. keine Sandbedeckung auf (Abb. 3). Ähnliche Erscheinungen konnten auch in uferfernen Zonen wahrgenommen werden. Eine stärkere Geröllbedeckung wurde an der Bugspitze (Rieden) beobachtet. Verschiedene freigelegte Aufschlüsse enthielten Baum- und Wurzelreste sowie mehrere Torflagen, die einen guten Einblick in den Aufbau und die Zusammensetzung der einzelnen Torfvorkommen vermittelten.

Im Gegensatz zu den holozänen Torfbildungen im Gebiet Neuhaus steht in den Küstenabschnitten Kühlungsborn und Boltenhagen vorwiegend Geschiebemergel im submarinen Bereich an. Lediglich in der Rieden-Niederung und nordöstlich von Meschendorf wird der Geschiebemergel von Torf bzw. Seekreide und Gyttja überlagert. Bei den Untersuchungen vor dem Ostseebad Kühlungsborn-West wurde u. a. festgestellt, daß dem submarin anstehenden Geschiebemergel mehrere Riffe aufgesetzt sind. Der mittel- bis feinkörnige Sand des Strandes wird in dem genannten Bereich in der Nähe der Wasserlinie von Geröllen begrenzt. In einer Entfernung von ca. 5 m seewärts der Strandlinie folgt ein durchschnittlich 25 m breites Riff, das abermals von einem Geröll-Blockhorizont abgegrenzt wird. Vereinzelt anstehender Geschiebemergel läßt vermuten, daß es sich bei einem großen Teil der Gerölle und Blöcke um Restsedimente des aufgearbeiteten Geschiebemergels handelt (Abb. 4 und 5). Dieser Wechsel von Riffen und Geröllhorizonten kann sich mehrfach wiederholen und wurde nicht nur in Kühlungsborn, sondern auch am Groß Klütz-Höved beobachtet. Die Grenze Sand/Geröll einschließlich des Geschiebemergels ist nicht immer scharf ausgeprägt, da z. B. die Geröllhorizonte verschiedentlich schwach übersandet sein können. Auch der Bewuchs gibt Hinweise über die jeweiligen Lagerungsverhältnisse. Während die Geröllhorizonte mit Blasentang (*Fucus vesiculosus*), Meerseide (*Cladophora sericea* Reinb.), Meersaite (*Chorda filum* Stackh.) und verschiedenen anderen Algen bewachsen sind, tritt bei den größeren Sandflächen das Seegras (*Zostera marina*) auf (Abb. 6 und 10).

Die Erscheinungsform des unter Wasser teilweise freiliegenden Geschiebemergels ist unterschiedlich. Außer einem flächenhaften Auftreten zeigen sich auch größere Geschiebemergelrippen (Abb. 6 und 7). Die Höhe derartiger Rippen kann mehr als einen Meter betragen. Sie ist wie Länge und Breite verschieden.

Die Strukturelemente des Geschiebemergels sind, wie die Abb. 4, 5 und 7 zeigen, auch submarin erhalten geblieben. Deutliche Stauchungserscheinungen sind z. B. an der Geschiebemergelrippe auf Abb. 4 erkennbar. Im Gegensatz zu dem gestauchten Geschiebemergel (Abb. 4)

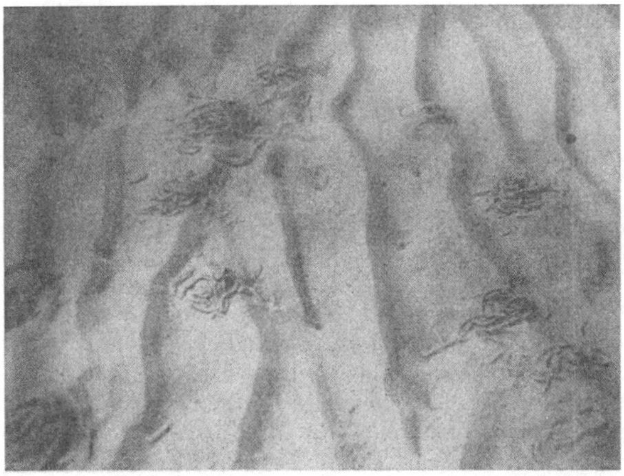

Abb. 8. Teilausschnitt von den Wellenrippeln auf einem Riffkamm bei Boltenhagen. Die einzelnen bindfadenförmigen Sandanhäufungslagen sind Ausscheidungen des Sandwurmes (*Arenicola marina* L.). Tiefe: 2 m, Belichtung: F 4 $^1/_{25}$ Agfa Color UT 16/10

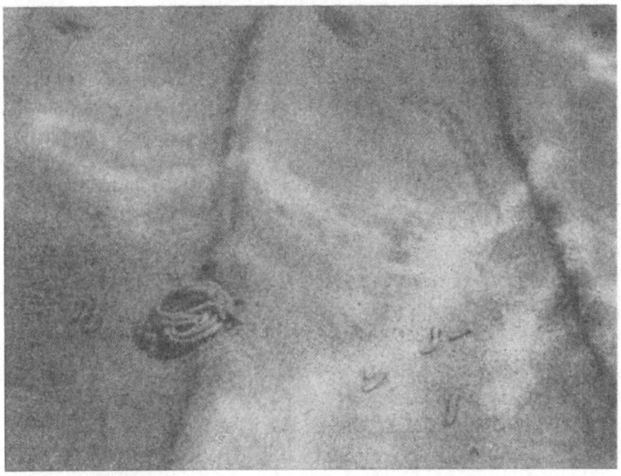

Abb. 9. Breite Wellenrippeln im seewärtigen Anschluß an eine Geröllage vor Kühlungsborn. Etwas unterhalb des Rippelkammes Anreicherungen von Schwermineralien. Abstand von Rippelkamm zu Rippelkamm ca. 20 cm. Tiefe: 2,5 m, Belichtung: F 5,6 $^1/_{50}$ Isopan F 17/10

handelt es sich auf Abb. 5 und 7 um eine normal gelagerte Grundmoräne, die sich jedoch in ihrer Beschaffenheit (groß- oder kleinstückig) unterscheidet.

Die auf dem Geschiebemergel bzw. Geröllhorizonten liegenden Riffe sind im Vergleich zu ihrem Untergrund größeren Veränderungen unterworfen. Bedingt durch wellendynamische Prozesse ist ihre Oberfläche in Rippeln gegliedert, deren Gestalt sowohl von der Wellenauflaufrichtung als auch der Wellenintensität geformt wird. Während in der ufernahen Zone bzw. in Bereichen geringerer Wassertiefe vor allem kurze und markante Wellenrippeln auftreten (Abb. 8), kann in größerer

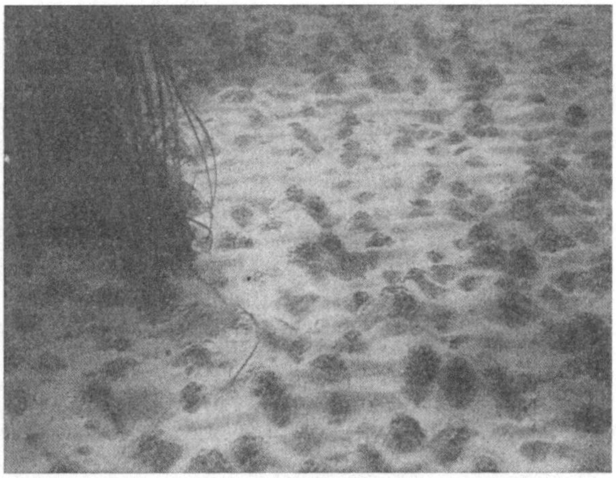

Abb. 10. Durch Sandwürmer (*Arenicola marina* L.) zerstörte Wellenrippeln als Folge längerer Windstille. Ort: Klütz-Höved. Tiefe: ca. 3 m, Belichtung: F 4,5 $^1/_{50}$ Isopan F 17/10

Wassertiefe bzw. bei einer Zunahme der gröberen Kornfraktionen eine Formänderung in verhältnismäßig große und breite Rippeln erfolgen (Abb. 9). Ein derartiger Gestaltwandel der Rippeln konnte in allen untersuchten Küstenabschnitten nachgewiesen werden. Vor Kühlungsborn-West traten z. B. beiderseits der Geröllhorizonte erst große und breite Rippeln auf, die mit dem Feinerwerden des Materials zum Riffkamm hin immer kürzer und steiler werden. Der Bereich der breiten Rippeln hat jedoch in der strandnahen Zone geringe Ausmaße. Mit zunehmender Tiefe, insbesondere ab 4–6 m, vergrößert er sich zusehends. Wie sehr die Wellenrippeln von der Welleneinwirkung abhängig sind, zeigt beispielsweise Abb. 10. Längere Zeit anhaltende sehr schwache Winde aus wechselnden Richtungen, die oft in Windstille übergehen, haben zu einer teilweisen Auflösung der Rippeln geführt.

Die Arbeiten vor Kühlungsborn ergaben ferner die interessante Feststellung, daß sich land- und seeseits der Geröllhorizonte, insbesondere beim 2. Horizont (vom Land gesehen) im Bereich der breiten Rippeln Schwermineralien angereichert haben (Abb. 9). Die Schwermineralien befinden sich sowohl auf dem Rippelkamm als auch auf der Böschung.

Die zum Schutz einzelner Küstenabschnitte durchgeführten Untersuchungen trugen dazu bei, die Kenntnisse über die geologischen Lagerungsverhältnisse im Litoral zu erweitern. Bei diesen Arbeiten leistete die Unterwasserkamera eine wertvolle Hilfe. Es war möglich, die submarinen Lagerungsverhältnisse im Bild festzuhalten. Wenn dabei auch noch einige Mängel, wie z. B. die Wahl geeigneter Maßstäbe usw., auftraten, so wurde doch ein Weg beschritten, der zur Bereicherung des submarinen Beobachtungsmaterials beitragen dürfte.

Ein Doppelkernrohr zur speziellen Gewinnung ungestörter Steinkohlenkerne

HANS LOOSE, Freiberg

Aufschlußbohrungen werden zum Aufsuchen sowie zur Untersuchung von Lagerstätten nutzbarer Mineralien angesetzt. Sie müssen durch möglichst vollständige Kerngewinnung einen einwandfreien Gebirgsaufschluß und den Nachweis über das Vorhandensein und die Beschaffenheit der Lagerstätte erbringen. Die lückenlose Kerngewinnung aus den von dem Geologen angegebenen Gebirgsformationen bestimmt den geologischen und wirtschaftlichen Wert einer solchen Bohrung.

Abb. 1. Doppelkernrohr 133/140 mm

Das Kernen selbst und der Kerngewinn ist, allgemein gesehen, heute kein Problem mehr. Im Zuge der technischen Entwicklung der Tiefbohrtechnik haben sich auch die Kernbohrmethoden und Kernbohrwerkzeuge gleichfalls mitentwickelt. Das trifft sowohl für die „mechanische Kerngewinnung" mittels des „klassischen" einfachen Kernrohres beim Drehbohren, sowie auch für das „elektrische Kernen" (SCHLUMBERGER-Verfahren) durch geophysikalische Meßverfahren zu. In neuester Zeit werden unter anderem radioaktive Stoffe zur Bestimmung der anstehenden Gebirgsformationen in Bohrungen mit sehr exakten Ergebnissen angewendet.

Entgegen aller bisherigen Erkenntnisse und Erfahrungen kann das Kernen, und vor allem der Kerngewinn, trotzdem in einigen Gebirgsformationen zum Problem werden. So auch unter anderem in der Niederlausitz und dem Erzgebirgischen Becken, wo Untersuchungs- und Aufschlußbohrungen auf Steinkohle niedergebracht werden.

Die geologischen Verhältnisse und vor allem die erschwerenden Bedingungen für einen ausreichenden Kerngewinn in der dort anstehenden Steinkohlenformation hat H. J. BLÜHER in seiner Arbeit „Erfahrungen bei der Verwendung von Doppelkernrohren bei Steinkohlenbohrungen" (Z. angew. Geol., Bd. 3, 1957, Heft 5/6, Seite 240–43) ausführlich beschrieben. Der Verfasser verzichtet darum auf eine Wiederholung an dieser Stelle. In Anlehnung an die Arbeit von BLÜHER soll eine technische Beschreibung des verwendeten Doppelkernrohres erfolgen. Der Verfasser hat dieses Doppelkernrohr auf Grund von Erfahrungen mit herkömmlichen einfachen und doppelten Kernrohren in Steinkohlenformationen entwickelt.

Das Doppelkernrohr (Abb. 1) wird mit einem Rohraußendurchmesser von 133 mm und einem Schneidendurchmesser der Krone von 140 mm hergestellt. Seine gesamte Länge beträgt ohne Sandfänger 3160 und mit Sandfänger 4100 mm. Die maximale Kernaufnahme ist 1800 mm Länge bei 60 mm Durchmesser. Das Innenrohr rotiert nicht mit. Gesamtgewicht 250 kg.

Als vom Herkömmlichen abweichend und neu ist die Konstruktion der Krone, des Kernfängers und des aufklappbaren Innenrohres für die Kernaufnahme zu bezeichnen.

Die Krone ist eine Abart der bekannten Stufenkrone. Ihre Lippe läuft von der Kronenaußenkante als Kegel in einem Kragen aus. Über die Lippenbreite sind 6 Reihen sechskant- und in dem stehengebliebenen Kragen 6 Dreikant-Widia-Steine hart eingelötet. Die sechs Spülungslöcher befinden sich jeweils unmittelbar vor den Schneidsteinen in der Lippe und spülen diese und die Bohrlochsohle laufend vom Bohrklein frei. Seitlich am Kronenaußenkörper sind die Kalibersteine eingelassen.

Die Krone nimmt noch einen Vorschneidekopf und in diesen eingeschraubt die Vorschneide auf. Die Vorschneide läßt sich entsprechend der Höhe der Schneiden einstellen, so daß sie in jedem Fall mit der Schneidenoberkante bündig abschließt. Der freigeschnittene Bohrkern tritt unmittelbar hinter der Schneidfläche in die Vorschneide und danach in das innere Kernrohr ein und kann vom Spülstrom nicht mehr zerstört oder angegriffen werden. Auch wärend des Herausschneidens aus dem Gebirge kann keine Zerstörung des Kernes durch den Druck des Spülstromes erfolgen, weil der stehengebliebene Kragen ein Zerstören verhindert.

Diese Konstruktion hat den Vorteil, daß der Bohrfortschritt tatsächlich nur auf Grund der Schneidarbeiten der Widia-Steine erfolgt und nicht auf Grund der Zerstörung des Materials durch den Spülstrom. Das ermöglicht in der Folge über die Änderung des Bohrfortschrittes beim Kernmarsch Rückschlüsse auf die Schichtenfolge zu ziehen. Bei einigen Erfahrungen kann

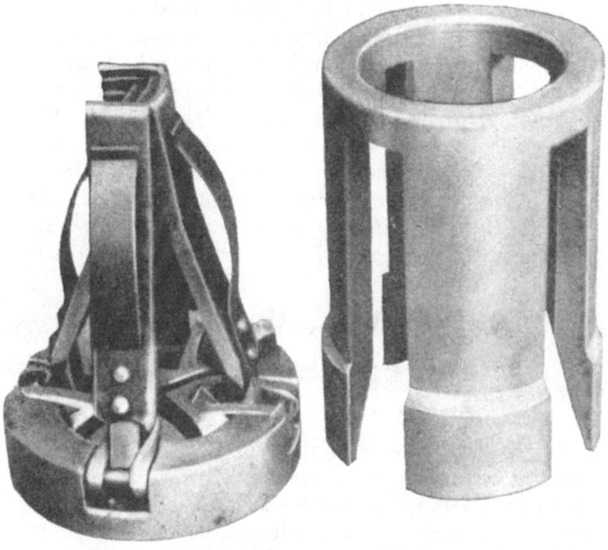

Abb. 2. Kernfangvorrichtung und Führungshülse

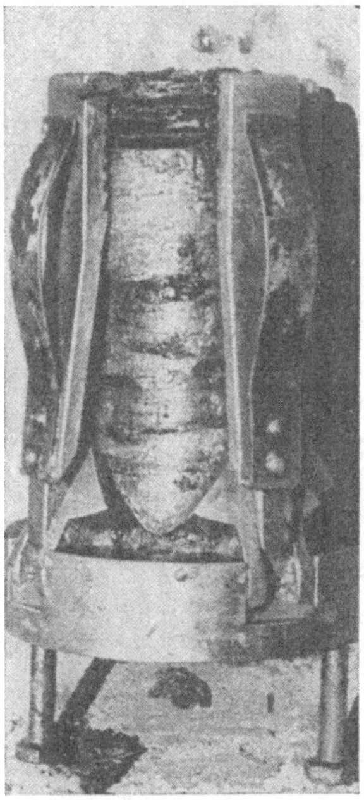

Abb. 3. Kernfangvorrichtung mit weichem und unzerriebenem Kernstück. Die Arbeitsstellung der Druckstangen und Herzblätter ist deutlich erkennbar

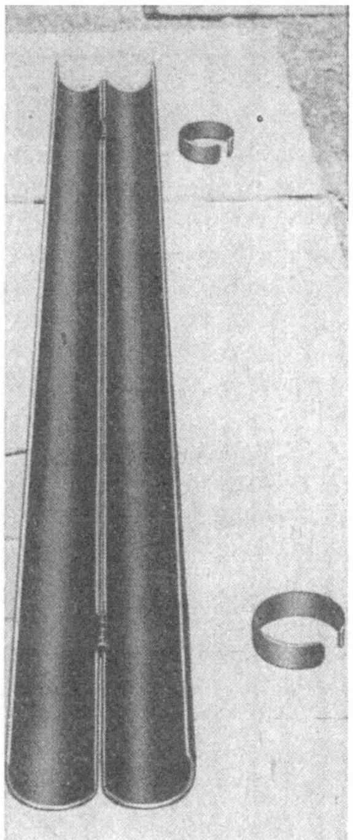

Abb. 4. Inneres Kernrohr aufgeklappt und Federringe

dann auf Grund des registrierten Bohrfortschrittes (min/cm) bestimmt werden, ob es sich um ein anstehendes Flöz, Zwischenmittel oder Nebengestein handelt.

Die Kernfangvorrichtung (Abb. 2 und 3) ist so ausgebildet, daß auch Lockermassen in den meisten Fällen zu 100% über Tage gebracht werden können. In einem Ring sind 4 Druckstangen, die jeweils beweglich in einer ebenfalls beweglichen Herzklappe gelagert sind, angebracht. Diese Druckstangen sind in ihrem oberen Drittel, zum besseren Halt des Kerns beim Abreißen von der Sohle und während des Gestängeausbaues, gezahnt. Stahlfedern auf dem Rücken der Druckstangen verhindern ein Zurückschlagen dieser nach hinten. Will ein kompakter Kern nach unten herausrutschen, oder auch im Moment des Abreißens des Kernes von der Sohle, übertragen die Stangen den Druck nach unten auf die beweglichen Herzblätter. Diese legen sich dann ebenfalls mit ihren gezahnten Blattflächen an den Kern an und halten ihn fest. Die Blattflächen können sich soweit nach innen neigen, wie ihnen vom Kernmaterial nicht Widerstand entgegengesetzt wird. Handelt es sich um Lockermassen, klappen die Blätter vollends bis zu ihrem Anschlag herunter und verschließen den gesamten inneren lichten Durchgang nach unten. Ein Verlieren des gewonnenen Kerns ist somit unmöglich gemacht.

Abb. 5. Inneres Kernrohr geschlossen

Die Kernfangvorrichtung wird in eine Führungshülse eingesetzt. Diese verhindert einmal, daß sich Bohrgut hinter die Druckstangen setzen kann, zum anderen wird die Fangvorrichtung gegen Verdrehen arretiert.

Die Schwierigkeiten der Kernentnahme, bei der oft durch Zerstörung die Eigenschaften der im Erdinnern befindlichen Gesteinsarten oder die Schichtenfolge nicht mehr erkannt werden konnten, sind durch Schaffung des aufklappbaren Innenkernrohres beseitigt. Dieses aufklappbare Innenkernrohr (Abb. 4 und 5) besteht aus zwei Rohrhälften, die mittels Scharniere verbunden sind, und von zwei Federringen geschlossen gehalten werden. Dieses Rohr wird in das bisher übliche Innenrohr eingeschoben und mit ihm verbunden. Nach Abbohren der Kernrohrlänge wird das Kernrohr auseinandergenommen und der gewonnene Kern liegt seiner Schichtung nach ungestört vor dem Geologen zur Auswertung bereit (Abb. 6).

Abb. 6. Inneres Kernrohr geöffnet mit einliegendem Steinkohlenkern und deutlich erkennbaren Zwischenlagerungen

Die Aufnahmewelle für das mittlere Kernrohr im Kopfstück ist am oberen und unteren Ende mittels Drucklager gelagert. Die Schmierung wird durch ein Ölloch vorgenommen, dessen Austritt nach oben durch eine Abschlußhülse vor Verschmutzung geschützt ist. Am Kopf des mittleren Kernrohres ist ein Kugelventil zum Austritt der Spülung beim Eindringen des Kernes eingebaut.

Das beschriebene Doppelkernrohr hat sich in vielen Einsätzen bewährt und wurde zur Gewinnung von Steinkohlenkernen mit einem Bohrdruck von durchschnittlich 1,5—2,0 t, einer Gestängeumdrehung von ca. 80—90 U/min und einem Spülungsdruck von durchschnittlich 15 at gefahren. Das angegebene Eigengewicht von 250 kg hat sich als das günstigste Gewicht erwiesen, weil auch bei Nichtverwendung von Schwerstangen ein ruhiger Lauf des Werkzeuges gewährleistet ist.

Die Kerngewinnung für die geologische Auswertung war bis auf einige Ausnahmen bisher sehr gut. Die so geschaffene Möglichkeit, für die geologische Auswertung immer einen ausreichenden Kerngewinn zu erzielen, vermeidet weitestgehend die wenig geschätzten Ablenkungen von Bohrlöchern bzw. das Abteufen von Ersatzbohrungen. Eine beträchtliche Menge an sonst aufzuwendenden Mitteln wird somit eingespart.

Zeitschrift für angewandte Geologie (1958) Heft 2/3

Zur Anwendung der Mikrosonde[1]

G. N. NESTERENKO & E. A. NEIMAN, Baschkirische ASSR

Auf den Lagerstätten Westbaschkiriens ziehen karbonatische Ablagerungen des Oberdevons immer mehr die Aufmerksamkeit der Erdölerkundung auf sich. Das Interesse an diesen Ablagerungen wuchs besonders, seit man Anfang 1957 in der Bohrung 315 Öl aus Kalksteinen des Oberdevons erhielt.

Die Profile der Bohrungen, die karbonatische Gesteine enthalten, weisen eine Reihe von Besonderheiten auf, die ihre Untersuchung mit elektrischen Standardmethoden erschweren. Insbesondere ist es sehr schwierig, in diesen Profilen durchlässige und poröse Schichten, die Erdöl und Gas enthalten können, auszuscheiden und die genauen Grenzen festzulegen..

In Abb. 1 sind Diagramme der verschiedenen geophysikalischen Methoden zur Bohrlochmessung wiedergegeben, durch die ein Abschnitt des karbonatischen Profils charakterisiert wird.

Als Grundlage für die Ausscheidung poröser Gesteine in sandig-tonigen Ablagerungen dient die SP-Kurve, wenn der Widerstand der Bohrspülung nicht zu niedrig ist. In karbonatischen Gesteinen ist die Ausführung der SP-Kurve jedoch weniger effektiv, was im wesentlichen mit den hohen spezifischen elektrischen Widerständen der Gesteine zusammenhängt, in denen die porösen Schichten enthalten sind. Unter diesen Bedingungen sind Folgen von durchlässigen porösen Schichten, die mit undurchlässigen Gesteinen hohen Widerstandes wechsellagern, auf dem SP-Diagramm als eine allgemeine negative Anomalie vermerkt, bei der es nicht möglich ist, das Vorhandensein undurchlässiger Gesteine in dem betreffenden Intervall (z. B. 1329—1355 m in Abb. 1) festzustellen. Bei Einzellagerung einer durchlässigen porösen Schicht geht die Anomalie auf der SP-Kurve ferner über deren Grenzen hinaus, was die Bestimmung der Lage der Schichtgrenzen und der Schichtmächtigkeiten erschwert (z. B. Schicht zwischen 1377 und 1379 m).

Bei der Untersuchung von Bohrungen mit der Neutronen-Gamma-Methode (NGM) können in Intervallen, die als allgemeine negative SP-Anomalien gekennzeichnet sind, infolge der Intensitätsverringerung der sekundären γ-Strahlung verhältnismäßig mehr Horizonte ausgeschieden werden, was durch einen erhöhten Gehalt an Wasserstoff in ihnen hervorgerufen wird (z. B. 1347 bis 1352 m und 1438—1447 m).

Karbonatische Gesteine sind durch natürliche γ-Aktivität sehr schwach differenziert; infolgedessen hilft die GM-Kurve bei der Ausscheidung von Porösitätsunterschieden wenig.

Am besten lassen sich poröse und durchlässige Schichten in karbonatischen Ablagerungen des Oberdevons mit der Mikrosondenmethode ausscheiden, die in den letzten Jahren in den Lagerstätten Westbaschkiriens besonders zur Ausscheidung und zur Untersuchung sandiger Speicher erfolgreich angewandt wurde.

Bei der Mikrosondierung wird das Profil der Bohrung gleichzeitig von zwei Sonden mit sehr geringer Größe untersucht: der Gradientensonde mit einer Länge von 3—3,75 cm und der Potentialsonde mit 4—5 cm Länge. Die Elektroden dieser Sonden werden in eine Isolierplatte montiert (gewöhnlich Gummi), die durch Federn an die Bohrlochwand gedrückt wird, wodurch ein Einfluß der Bohrspülung fast völlig ausgeschaltet wird. Die Untersuchungstiefe der Gesteine mit der Mikropotentialsonde ist größer als bei der Mikrogradientensonde, jedoch sind Gesteine, die mehr als 8—10 cm von der Elektrodenplatte entfernt sind, praktisch schon ohne Einfluß auf die Größe des scheinbaren Widerstandes, der sowohl in der einen als auch in der anderen Sonde gemessen wird. Diese Behauptung ist unter der Bedingung gerechtfertigt, daß die zweite Meßelektrode der Mikropotentialsonde nahe der Elektrodenplatte angeordnet ist, d. h. daß die Messung nicht mit einer idealen Mikropotentialsonde vorgenommen wird. In der Praxis wird bei Verwendung eines dreiadrigen Kabels die Größe ϱ_k^p, die der nicht idealen Mikropotentialsonde entspricht, durch die Abweichung der Kurve der idealen Mikropotentialsonde (ausgezogene Linien in Abb. 1 und 2) von der 0,4 m-Kurve der idealen Potentialsonde bestimmt.

Undurchlässige Gesteine mit hohem Widerstand (z. B. dichte Kalke) zeichnen sich auf den Mikrosondendiagrammen als gezackte Kurvenabschnitte und durch hohe Werte des scheinbaren Widerstandes (die den spez. Widerstand der Bohrspülung mehr als 15mal übertreffen) ab. Die Divergenz zwischen den Größen ϱ_k^p, gemessen mit der Mikropotentialsonde, und ϱ_k^g, gemessen mit der Mikrogradientensonde, kann in Abhängigkeit

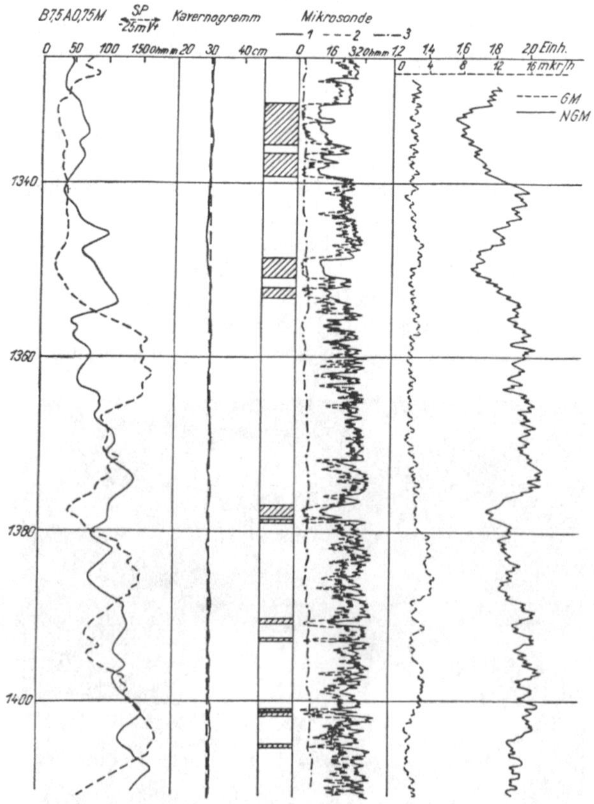

Abb. 1. Diagramm der geophysikalischen Bohrlochmessungen in einem Karbonatprofil

Mikrosonden: 1) A 0,05 M_2; 2) A 0,025 M_1 0,025 M_2; 3) Sonde A 0,4 N

[1]) Die Anwendung der Mikrosonde zur Ausscheidung karbonatischer Ablagerungen der Lagerstätten Westbaschkiriens. — Geologija nefti 1, Nr. 8, Moskau 1957 (russisch).

von der Dicke des Bohrspülungsfilms, der zwischen Elektrodenplatte und Gestein verblieben ist, und vom Vorhandensein und der Mächtigkeit sehr geringmächtiger Schichten im Gestein, aus denen hochmineralisierte Schichtwässer durch das Süßwasser der Bohrspülung ausgelaugt werden, beliebige Vorzeichen annehmen.

Undurchlässige Gesteine mit geringem Widerstand (z. B. Tone) sind durch Werte von ϱ_k^p und ϱ_k^g, charakterisiert die nahe beieinander liegen und dem wahren spezifischen Widerstand des betreffenden Gesteins ähneln, wenn die Kavernen unbedeutend sind und die Elektrodenplatte an die Bohrlochwand gedrückt ist. Bei Vorhandensein großer Kavernen und wenn die Elektrodenplatte sich in bedeutendem Abstand von den Bohrlochwänden befindet, sind ϱ_k^p und ϱ_k^g ungefähr gleich dem Widerstand der Bohrspülung.

Die Anzeige durchlässiger poröser Gesteine durch das Mikrosondendiagramm beruht darauf, daß sich bei solchen Gesteinen infolge Eindringens des Filtrates der Bohrspülung in die Bohrlochwände eine Tonrinde bildet. Ihr spez. Widerstand ϱ_k^g ist nahe dem spez. Widerstand ϱ_0 der Bohrspülung, während ihre Dicke gewöhnlich zwischen 0,5 und 2 cm schwankt.

Das Filtrat der Bohrspülung, dessen spez. Widerstand ebenfalls nahe ϱ_0 ist, verdrängt innerhalb der Wirkungszone der Mikrosonde bei wasserführenden Schichten praktisch alles Schichtwasser oder einen bedeutenden Teil des Erdöls bei erdölführenden Schichten. Infolgedessen ist der spez. Widerstand des hinter der Tonrinde liegenden Bereichs in wasserführenden und noch mehr in erdölführenden Schichten bedeutend höher (mindestens 8—10mal) als der Widerstand der Tonrinde. Wenn sich also die Elektrodenplatte der Mikrosonde gegenüber der durchlässigen und porösen Schicht befindet, so kann 1. wegen des Einflusses der Tonrinde der scheinbare Widerstand ϱ_k^g, der durch die Mikrogradientensonde registriert wird, den spez. Widerstand der Bohrspülung nicht mehr als 5—7mal überschreiten; 2. ist der scheinbare Widerstand ϱ_k^p, der durch die Mikropotentialsonde registriert wird, höher als ϱ_k^g, der durch die Mikrogradientensonde registriert wird, weil die Umgebung mit höherem Widerstand, die hinter der Tonrinde liegt, auf die Größe ϱ_k^p einen größeren Einfluß ausübt als auf die Größe ϱ_k^g.

In der Mehrzahl der Fälle erlauben es die genannten beiden Merkmale, durchlässige Intervalle im Bohrprofil eindeutig auszuscheiden.

Abweichungen von dieser Regel sind unter folgenden Bedingungen möglich:

a) wenn die Eindringtiefe des Filtrats der Bohrspülung in die durchlässige wasserführende Schicht geringer als die Untersuchungstiefe der Gesteine durch die Mikrosonde ist, dann kann die Größe ϱ_k^p annähernd gleich ρ_k^g oder sogar kleiner als sie sein; in diesem Falle kann das Vorhandensein einer porösen durchlässigen Schicht durch eine negative Anomalie der SP-Kurve und durch das Fehlen von Kavernen in dem entsprechenden Tiefenintervall festgestellt werden;

b) wenn zwischen der Elektrodenplatte und undurchlässigen Gesteinen eine Schicht von Bohrspülung mit einer Dicke von 2—5 cm verbleibt, was beim Durchgang der Sonde durch kleine Kavernen möglich ist; in diesem Falle werden die Größen ϱ_k^p und ϱ_k^g den Merkmalen einer porösen durchlässigen Schicht entsprechen (z. B. 1379—1380 m in Abb. 2); derartige Intervalle können durch Gegenüberstellung des Mikrosondendiagramms

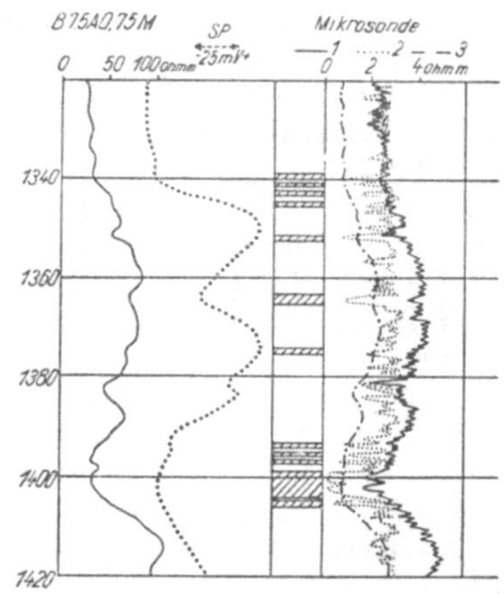

Abb. 2a. Standarddiagramm von Elektrometrie und Mikrosondierung in einem Karbonatprofil bei einem spez. Widerstand der Spülung von $\varrho_0 = 0{,}3\ \Omega$ m

Spülung von $\varrho_0 = 0{,}3$ Ohm m
Mikrosonden: 1) A 0,04 M_2; 2) A 0,02 M_1 0,02 M_2; 3) Sonde A 0,4 N

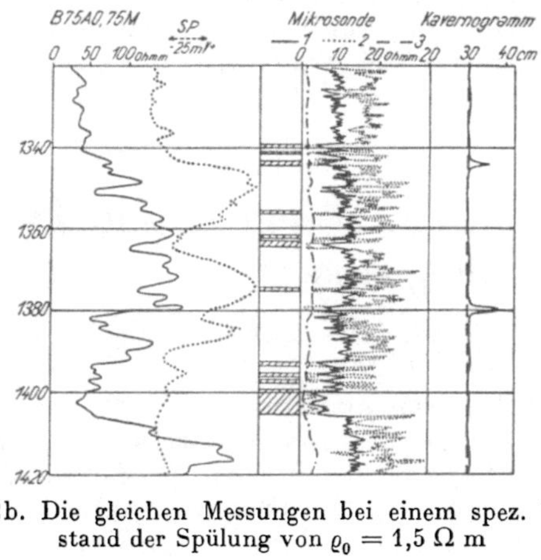

Abb. 2b. Die gleichen Messungen bei einem spez. Widerstand der Spülung von $\varrho_0 = 1{,}5\ \Omega$ m

mit dem Kavernogramm und der SP-Kurve leicht von durchlässigen unterschieden werden.

In Abb. 1 und 2 sind die porösen durchlässigen Abschnitte, die auf Grund der beschriebenen Merkmale ausgeschieden wurden, schraffiert dargestellt.

In einer Bohrung wurde die elektrische Untersuchung zuerst bei einem spez. Widerstand der Bohrspülung von 0,3 Ωm (Abb. 2a), danach von etwa 1,5 Ω m (Abb. 2b) vorgenommen. Die Deutlichkeit der SP-Kurve erhöhte sich bei Ersatz der Salz- durch Süßspülung etwas, wurde aber dennoch ohne die Kurven der Mikrosondierung nicht genau genug zur Aufgliederung des Profils nach der Durchlässigkeit.

Indessen zeichnen sich die durchlässigen Schichten auf dem Mikrosondendiagramm durch Übersteigen des Wertes von ϱ_k^p über ϱ_k^g, sowohl bei hohem als auch bei niedrigem Widerstand der Bohrspülung hinreichend deutlich ab.

Der größere Anstieg der Werte von ϱ_k^g gegenüber ϱ_k^p für die undurchlässigen Gesteine kann durch die Bildung einer sehr dünnen ausgesüßten Schicht an der Grenze dieser Gesteine gegen die Bohrung nach Wechsel der Spülung erklärt werden.

Die in Abb. 2 dargestellten Diagramme zeigen, daß es in karbonatischen Gesteinen nicht nötig ist, den spez. Widerstand der Bohrspülung zu erhöhen, um qualitative Kurven der Mikrosondierung zu erhalten, wenn dieser nicht niedriger als 0,3 Ωm ist.

Die Diagramme der Methode des scheinbaren Widerstandes tragen dazu bei, die Wahrscheinlichkeit der Erdölführung dieser oder jener porösen Schicht durch Abschätzung ihres wahren spez. elektrischen Widerstandes festzustellen, besonders wenn die Mächtigkeit dieser Schicht es erlaubt, eine Interpretation der seitlichen elektrischen Sondierung vorzunehmen. In einigen Fällen kann der erste Schluß auf die Erdölführung der Schicht ohne die Eichkurven (палетка) der seitlichen Sondierung durch Gegenüberstellung der Kurven vorgenommen werden, die durch verschieden große Sonden aufgenommen werden. Wenn der scheinbare Widerstand der durchlässigen Schicht mit höherer Sondengröße anwächst, so ist die Schicht vielleicht erdölführend oder umgekehrt, wenn er sich verringert, so ist die Schicht wasserführend.

Aus den betrachteten Beispielen und nach Materialien aus anderen Bohrungen kann folgendes festgestellt werden:

1. Die Mikrosondierung trägt dazu bei, durchlässige poröse Schichten im karbonatischen Profil zu finden und ihre Grenzen genau zu bestimmen.

2. Als Kriterien für die Unterscheidung durchlässiger poröser Gesteine und dichter Gesteine hohen Widerstandes dienen:

a) das Verhältnis der Größen der scheinbaren Widerstände, die durch die beiden Kurven der Mikrosonde festgestellt werden, zur Größe des spez. Widerstandes der Bohrspülung;

b) die Divergenz der Kurven.

Wenn der scheinbare Widerstand, der auf den beiden Kurven angegeben ist, den Widerstand der Bohrspülung mehr als 10—15mal übersteigt, so sind die Gesteine undurchlässig, unabhängig davon, welche Sonde den größeren Widerstand anzeigt.

Wenn die Größe des scheinbaren Widerstandes, die durch die Mikrogradientensonde registriert wird, niedriger als der scheinbare Widerstand ist, der durch die Mikropotentialsonde gemessen wird, und den Widerstand der Bohrspülung nicht mehr als 5—7mal übersteigt, so ist die Schicht durchlässig und porös.

Die Erfahrung der Anwendung der Mikrosonden des wirtschaftlich-geophysikalischen Dienstes West-Baschkiriens zeigt die dringende Notwendigkeit einer breiten Anwendung dieser Methode zur Detaillisierung lithologischer Profile von Bohrungen und in erster Linie für die Ausscheidung poröser durchlässiger Schichten in karbonatischen Gesteinen.

Bemerkungen „Zur Frage der Steinbruch- und Lockergestein-Karteien“[1])

H. SCHUNACK, Berlin

Wird an Lagerstätten, Lagerstättenforschung und Aufsuchen von Lagerstätten gedacht, so werden im allgemeinen die Lagerstätten der Metalle, der Salze und höchstens noch die der feuerfesten Minerale erwähnt. Die nutzbaren Gesteine — Fest- oder Lockergesteine — werden nicht oder sehr selten in diesem Zusammenhang behandelt.

Es ist daher zu begrüßen, wenn in dieser Zeitschrift über die Erfassung und Vorratsperspektive dieser Gruppe von Bodenschätzen Stellung genommen wurde.

Vom Verbraucher dieser Stoffe werden in den folgenden Zeilen einige Bemerkungen zur Bedeutung einer Vorratsperspektive für die Baustoff- und Bauindustrie gemacht.

Aus Bindemitteln und Zuschlagstoffen werden Betone und Mörtel hergestellt. Betone und Mörtel sind geologisch betrachtet verfestigte Sedimente. Bindemittel für diese wichtigen Baustoffe sind die verschiedenen Zemente, während als Zuschlagstoffe schwere und leichtere Gesteinsarten verwendet werden. Die Art der Zuschläge richtet sich nach dem Verwendungszweck der Betone.

Es ist bekannt, welche große Bedeutung bei den Brekzien und Konglomeraten die einzelnen Komponenten haben. Die verschiedenen Kornformen und Bindungsarten haben große Auswirkungen auf die Festigkeiten und auf viele andere Eigenschaften. Die gleiche Bedeutung haben im Beton die Zuschläge als Sand, Kies oder Splitte. Auch die Verfestigung der Sedimente und der Betone haben sehr viele gemeinsame Merkmale, abgesehen von der Dauer der Verfestigung, die bei Betonen wesentlich schneller geht als bei den Sedimenten.

Ein wesentlicher Unterschied zwischen beiden so ähnlichen Stoffen ist der, daß die Konglomerate und Brekzien ohne Zutun des Menschen entstanden sind, während der Beton oder Mörtel vom Menschen hergestellt wird. Wir sind in der Lage — soweit wir wollen und können —, diese „künstlichen Gesteine“ entsprechend unseren Forderungen herzustellen. Das geht nur, wenn der Betonhersteller die Eigenschaften der Zuschlagstoffe und Bindemittel kennt. Diese Kenntnis kann nicht immer vorausgesetzt werden, besonders bei den natürlichen Zuschlagstoffen. Es ist keine Seltenheit, daß der Bauindustrie zur Betonherstellung ungeeignete Splitte geliefert werden. So wurden z. B. Splitte aus Glimmerschiefer als Granitsplitt geliefert. Die Beurteilung der Zuschläge ist eine gemeinsame Arbeit. In diesem Sinne muß auch eine Lagerstättenforschung und -aufsuchung auf diesem Gebiet aufgefaßt werden: als Gemeinschaftsarbeit zwischen Forschungsinstituten und Verbrauchern.

Die gründliche Erfassung der in Abbau befindlichen Lagerstätten, das Aufsuchen neuer und besonders die Ausarbeitung einer Vorratsperspektive ist eine sehr umfangreiche Arbeit von großer Bedeutung. Für die Erfassung des Bestehenden wurden bereits Arbeiten veröffentlicht und der Bauindustrie zur Verfügung gestellt. So sind in einer Broschüre, die vom Institut für Baustoffe Weimar herausgegeben wurde, alle größeren Sand- und Kiesvorkommen der DDR aufgeführt. Gleichzeitig werden Angaben über die mineralogische Zusammensetzung der Sande und Kiese, der Tagesleistung des Betriebes, der Verladungsart usw. gemacht.

Im „Baustoff-Katalog“, der vom Ministerium für Aufbau herausgegeben wurde, sind neben den Sand- und Kiesvorkommen auch die Lieferwerke für Natursteine, Natursteinteile und Splitte aufgeführt.

Diese Arbeiten sind der Anfang, sie müssen wesentlich ergänzt und teilweise nach anderen Gesichtspunkten geordnet werden.

[1]) s. Aufsatz von J. POMPER, Z. angew. Geol., Bd. 2, H. 8/9.

Wenn im Artikel „Zur Frage der Steinbruch- und Lockergestein-Karteien" am Ende die Frage nach dem Nutzen gestellt wird, so kann dieser Nutzen noch nicht in DM-Gewinn angegeben werden. Der Aufwand für die aufzunehmenden Arbeiten lohnt sich auf jeden Fall, die Ergebnisse werden die Aufwand-Kosten weit übertreffen. Es muß auch bei diesen Bodenschätzen daran gedacht werden, daß sie nicht unbeschränkt zur Verfügung stehen. Auch die Forderung an die Betongüten werden höher. Vor zehn Jahren war ein Beton mit 500 Kp/cm² Druckfestigkeit sehr selten, heute, wenn die entsprechenden Zuschlagstoffe vorhanden sind, eine Selbstverständlichkeit. In den nächsten Jahren werden sich diese Forderungen noch erhöhen.

Die Wichtigkeit der Erfassung und Aufsuchung von Lagerstätten der nutzbaren Gesteine für die Bauindustrie wird auch in anderen Ländern erkannt. So wird z. B. in der Volksrepublik Polen die Ausarbeitung von Unterlagen der mineralischen Rohstoffe für die Belange der Baustoffindustrie als außerordentlich dringendes Problem bezeichnet.

Es ist zu hoffen, daß in der DDR die Geologische Kommission und die Geologischen Dienste die Bedeutung dieser Arbeiten erkennen und daß die Voraussetzungen gegeben werden zur Durchführung dieser Arbeiten.

ELMER W. PEHRSON

Domestic resources and the problem of future mineral supply for the United States

Referiert von HERBERT REH

Der Leiter der Division of Foreign Activities des Bureau of Mines E. W. PEHRSON[1]) hielt auf der Tagung der Gesellschaft Deutscher Metallhütten- und Bergleute in Berlin am 6. September 1957 einen Vortrag, in dem er die neuesten Berechnungen und Schätzungen der Vorräte an mineralischen Rohstoffen der Vereinigten Staaten nach verschiedenen Gesichtspunkten auswertete. Eine z. T. wörtliche Wiedergabe der wichtigsten Ausführungen erscheint wegen ihrer allgemeinen Bedeutung gerechtfertigt:

Die Rohstoffknappheit während zweier Weltkriege und der steigende Bedarf des letzten Jahrzehnts haben in den USA die Aufmerksamkeit auf die Versorgungslage mit Rohstoffen gelenkt. Von Sachverständigen des Bureau of Mines und des Geological Survey wurden Berechnungen der Reserven und Schätzungen der Vorräte an mineralischen Rohstoffen vorgenommen. Unter Berücksichtigung eines steigenden künftigen Bedarfs wurden diese Zusammenstellungen für eine nationale Rohstoff-Politik auszuwerten versucht.

Die USA gelten als rohstoffreichstes Land der Erde. 1953 erzeugten sie ein Drittel der Weltproduktion an mineralischen Rohstoffen, gefolgt von der Sowjetunion mit einem Achtel. In der Produktion vieler wichtiger Rohstoffe stehen die Vereinigten Staaten an erster Stelle, darunter auch der 3 Hauptgrundlagen unseres Maschinen-Zeitalters Kohle, Eisen und Erdöl. Diese führende Rohstoffproduktion läßt aber andererseits auch darauf schließen, daß die USA ihre unersetzlichen Rohstoffvorräte in einem Tempo abbauen, das für die Zukunft Schwierigkeiten erwarten läßt. Tatsächlich läßt sich bei einigen Rohstoffen bereits feststellen, daß der steigende Bedarf nicht mehr aus heimischen Lagerstätten gedeckt werden kann. Aus der Abbildung geht das Verhältnis von Produktion und Verbrauch der Vereinigten Staaten für eine größere Anzahl von Jahren hervor. Bei Blei und Zink ist ein Nachlassen der heimischen Erzeugung bei bedeutend gesteigertem Bedarf unverkennbar. Bei den übrigen Rohstoffen hat die Steigerung der Erzeugung mit dem ansteigenden Bedarf nicht Schritt halten können.

Diese nachlassende Deckungsmöglichkeit des Bedarfs an Grundstoffen ist nur eines der Rohstoffprobleme der Vereinigten Staaten. Ein weiteres Problem ist das Fehlen einiger wichtiger strategischer Rohmaterialien wie Manganerz, Chromit, Zinn, Nickel, Platin, Glimmer und Asbest, Piezoquarz, Industriediamanten und andere. Insgesamt werden die Vereinigten Staaten in zunehmendem Maße von fremden Rohstoffquellen abhängig.

Die Geologen und Lagerstättenkundler sind bei der zahlenmäßigen Ermittlung von Rohstoffvorräten durch die unvollkommene Kenntnis tieferer Krustenteile sehr behindert. Der Schritt vom Bekannten zum Unbekannten ist ungewiß. Aus Erfahrung muß man aber feststellen, daß Lagerstättenfachleute bei der Auswertung des Bekannten sehr konservativ sind. Die Entdeckung einer bisher unbekannten Lagerstätte oder eines Lagerstättenbezirks oder auch der technische Fortschritt in der Gewinnung, Aufbereitung oder Verarbeitung kann die Vorratslage einer Nation für einen Rohstoff in kurzer Zeit grundlegend ändern. Trotz der aufgezeigten Einschränkungen sind Schätzungen der nationalen Vorräte an Rohstoffen für die industrielle und volkswirtschaftliche Planung und die Aufstellung einer Rohstoffpolitik von großer Bedeutung.

In einem Land, das so gründlich nach Lagerstätten durchsucht ist wie die USA, kann die Tatsache, daß eine Entdeckung neuer Lagerstätten unweigerlich immer kostspieliger und schwieriger werden wird, nicht übersehen werden. Eine gesunde nationale Rohstoffpolitik kann deshalb nicht einfach von der optimistischen Annahme ausgehen, daß eine intensive Sucharbeit unbegrenzt genügend Rohstoffvorräte zu schaffen imstande ist.

Im Oktober 1953 übergab das Bureau of Mines einem Senats-Komitee für die Untersuchung der nationalen Rohstoff-Probleme eine Aufstellung der heimischen Rohstoff-Reserven und einen Ausblick auf bedeutsame Änderungen in der Zukunft. Gleichzeitig wurden auch die Möglichkeiten der Versorgung untersucht. Deshalb wurde die Untersuchung auch auf ganz Nordamerika (Kanada, USA und Mexiko) und die westliche Hemisphäre ausgedehnt. Das Ergebnis ist in den Tabellen 1 und 2 zusammengefaßt dargestellt. Die Bauwürdigkeit bezieht sich auf die seinerzeit herrschenden technologischen und wirtschaftlichen Verhältnisse. Zukünftig mögliche Entdeckungen sind nicht berücksichtigt.

Aus den Zahlen für die Vorräte im Verhältnis zur Produktion oder zum Verbrauch ergibt sich die Möglich-

[1]) Die Redaktion bringt diesen Beitrag, ohne mit allen von E.W.PEHRSON geäußerten Ansichten übereinzustimmen.

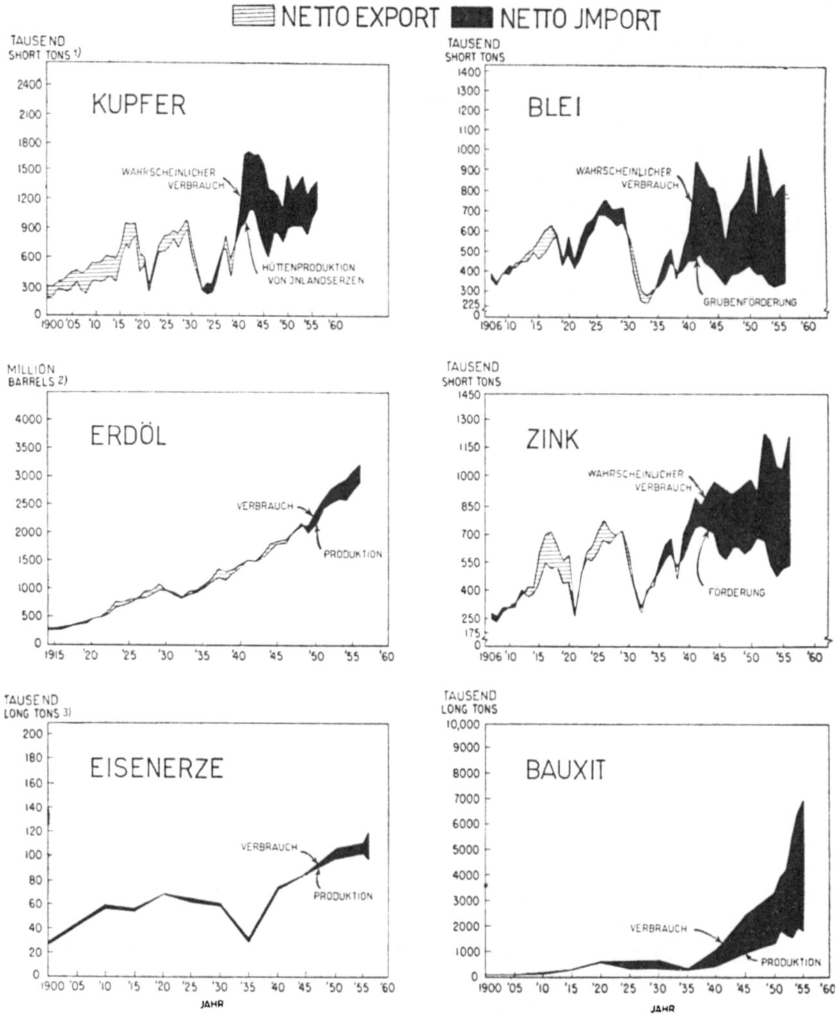

1) 1 short ton = 2000 lbs = 907,185 kg 2) Im Durchschnitt 7,3 barrels = 1 t
3) 1 long ton = 2240 lbs = 1016,035 kg

keit der Bedarfsdeckung oder die Notwendigkeit zu importieren. Beispielsweise bestand in der Zeit von 1948—52 für die USA und Nordamerika die Notwendigkeit, Kupfer zu importieren, während die westliche Hemisphäre Kupfer exportieren konnte.

Bei den Nebenprodukten Arsen und Kobalt ist die Situation so, daß diese zwangsläufig bei der Produktion des Hauptminerals mit anfallen. Trotzdem große Vorräte vorhanden sind, entsteht infolge ihres ungenügenden Anfalls als Nebenprodukt eine Importlage.

Die gewaltigen Kohlenvorräte der USA garantieren ihre industrielle Entwicklung ebenso wie die der westlichen Hemisphäre. Desgleichen gestattet die reichliche Reserve an Düngesalzen eine Aufrechterhaltung der Bodenfruchtbarkeit auf lange Sicht. Demgegenüber ist Eisenerz nur beschränkt vorhanden. Allerdings werden die armen Takoniterze des Mesabi-Distrikts, die nunmehr in Angriff genommen werden, noch jahrhundertelang den„Bedarf decken können. Weiter haben bedeutende Entdeckungen in Kanada und Südamerika die Eisenerz-Vorräte der westlichen Hemisphäre wesentlich vergrößert. Die größten Schwächen der Rohstofflage der USA sind die relativ geringen Vorräte an Nichteisen-Metallen und Stahlveredlern, ferner an Erdöl und einigen strategischen nichtmetallischen Rohstoffen. Die Vorräte an den letztgenannten Mineralien sowie an Nickel und Zinn sind ohne Belang.

Aus der Tabelle 1 geht noch hervor, daß Nordamerika gegenüber den USA bei einigen Rohstoffen, vor allem bei Eisenerz, Ilmenit, Nickel, Kobalt, Platin, Antimon und Asbest günstigere Vorräte aufweist. Die bedeutenden Vorräte Mittel- und Südamerikas an Eisenerz, Manganerz, Kupfer, Bauxit und Piezoquarz sichern der westlichen Hemisphäre eine starke Stellung für diese wichtigen Rohstoffe.

Die in der Tabelle 1 angeführten Zahlenwerte können durch die Entdeckung neuer Lagerstätten, veränderte wirtschaftliche Bedingungen und eine verbesserte Technologie, durch die jetzt unbauwürdige Vorräte bauwürdig werden, eine Änderung erfahren. Außerdem können Rohstoffe, die importiert werden müssen, in Zukunft vielleicht aus heimischen Grundstoffen synthetisch hergestellt werden und dadurch die Versorgungslage entscheidend gebessert werden.

Von den Sachverständigen des Bureau of Mines wurden diese Möglichkeiten für die USA untersucht. In der Tabelle 2 sind die Verhältnisse bei 60 Rohstoffen für die Gegenwart und nächste Zukunft sowie für eine spätere Zeit zusammengestellt, wenn eine fortgeschrittene Technik jetzt noch unbauwürdige Vorräte möglicherweise gewinnbar gemacht hat. Weiterhin sind die Rohstoffe nach dem Grad der Bedarfsdeckung unterteilt. Es ergibt sich, daß die USA gegenwärtig und in nächster Zukunft eine vollkommene Bedarfsdeckung in 23 Rohstoffen erreichen, in der ferneren Zukunft möglicherweise in 38.

Es fällt auf, daß in der Tabelle 2 das Erdöl zu den Rohstoffen gezählt wird, für die eine Bedarfsdeckung auf längere Zeit gesichert erscheint, während aus der Abb. eine nachlassende Bedarfsdeckung hervorgeht. Obwohl die USA genug Erdöl fördern könnten, um den eigenen Bedarf zu decken, hat man aus wirtschaftlichen Gründen auch billiges Öl importiert. Die Regierung hat aus strategischen Gründen die steigende Einfuhr gedrosselt. Zweifellos wird es möglich sein, auch in Zukunft noch bedeutende Erdölvorräte nachzuweisen, trotzdem die Aufschlußkosten immer höher werden. Schließlich stellen die riesigen Ölschiefer-Vorkommen und die Kohle-Hydrierung noch bedeutende Erzeugungsmöglichkeiten für Treibstoffe auf lange Sicht dar.

Die Erzeugung von Kupfer, Blei und Zink konnte nicht entsprechend dem steigenden Bedarf gesteigert werden. Obwohl die Aussichten auf die Entdeckung neuer Lagerstätten nicht ungünstig sind, werden sich wohl auch in Zukunft bedeutende Importe ebenso wie an Eisenerz nicht vermeiden lassen. Die Entdeckung

Tabelle 1. Geschätzte bauwürdige Rohstoff-Vorräte im Verhältnis zu der mittleren Produktion und zum Verbrauch der Jahre 1948 bis 1952

Rohstoffe	USA		Nordamerika		Westliche Hemisphäre	
	Produktion	Verbrauch	Produktion	Verbrauch	Produktion	Verbrauch
Magnesium	unbegrenzt	unbegrenzt	unbegrenzt	unbegrenzt	unbegrenzt	unbegrenzt
Nitrate	unbegrenzt	unbegrenzt	unbegrenzt	unbegrenzt	unbegrenzt	unbegrenzt
Salz	unbegrenzt	unbegrenzt	unbegrenzt	unbegrenzt	unbegrenzt	unbegrenzt
Stein- und Braunkohle	1892	2095	1932	2039	2014	2108
Phosphate	440	530	420	490	430	510
Kalisalze	270	250	350	310	350	310
Helium	198	206	198	206	198	206
Anthrazit	150	170	161	164	161	164
Seltene Erden	240	120	240	120	400	200
Arsen	163	110	keine Angaben	keine Angaben	keine Angaben	keine Angaben
Molybdän	80	95	80	90	80	90
Talk	70	70	70	70	70	70
Eisenerz	60	58	100	96	115	120
Rutil	64	34	64	32	65	32
Wismut	54	32	68	63	60	73
Ilmenit	43	32	277	209	278	210
Erdgas	31	32	31	keine Angaben	keine Angaben	keine Angaben
Kobalt	200	23	230	50	260	55
Kupfer	29	20	27	23	39	44
Wolfram	33	20	33	20	31	35
Gold	19	19	keine Angaben	keine Angaben	keine Angaben	keine Angaben
Zink	25	18	21	25	31	30
Flußspat	23	16	15	14	15	13
Schwefel	10	13	13	16	16	19
Bauxit	27	12	27	8	116	132
Kadmium	24	12	17	19	21	23
Quecksilber	59	12	54	16	54	16
Erdöl	13	12	14	12	15	15
Blei	18	11	15	17	16	19
Selen	15	10	27	23	39	44
Silber	13	10	keine Angaben	keine Angaben	keine Angaben	keine Angaben
Antimon	15	5	50	36	45	56
Beryllium	18	3	18	3	55	60
Asbest	33	2	50	51	50	47
Mangan	37	2	34	3	150	37
Chromit	30	–	30	–	11	1
Niob-Tantal	400	–	500	–	130	4
Platin	–	–	50	50	60	60
Nickel	–	–	36	52	38	56
Piezoquarz	–	–	–	–	50	50
Kryolith	–	–	–	–	10	18
Zinn	–	–	–	–	17	8
Glimmer	–	–	–	–	50	2

neuer bedeutender Bauxitlagerstätten erscheint unwahrscheinlich, jedoch kann damit gerechnet werden, daß eine verbesserte Technologie die reichlich vorhandenen geringprozentigen Aluminiumrohstoffe verwertbar macht und so möglicherweise eine Bedarfsdeckung an diesem wichtigen Leichtmetall zu erreichen gestattet.

Zu den Rohstoffen, für die eine Bedarfsdeckung aus heimischen Lagerstätten nicht vorhanden ist und auch in Zukunft nicht wahrscheinlich erscheint, gehören die Industrie-Diamanten. Unterdessen ist es jedoch gelungen, synthetische Diamanten herzustellen. Wenn es möglich werden sollte, synthetische Steine zu einem angemessenen Preis zu erzeugen, ließe sich die Bedarfsdeckung für einen weiteren Rohstoff von strategischer Bedeutung sichern.

Die bisherigen Feststellungen über Rohstoff-Reserven und Vorräte wurden zunächst ohne Nennung der Vorratsmengen getroffen. In einer Tabelle 3 sind nun noch die neuesten Vorratsschätzungen des Bureau of Mines mit Ausnahme der Brennstoffe nach dem Stand vom Januar 1957 mitgeteilt. Die in den Tabellen 1 und 2 enthaltenen Ableitungen, die auf den Schätzungen aus dem Jahre 1953 beruhen, bedürfen nach der neuesten Schätzung keiner wesentlichen Änderung.

Aus den mitgeteilten Angaben geht hervor, daß die USA hinsichtlich der mineralischen Rohstoff-Vorräte gut gestellt sind. Mit Ausnahme der Sowjetunion ist keine andere Industrie-Nation in einer ähnlich glücklichen Lage. Darüber hinaus sind die Nachbarn der USA in Nord- und Südamerika gleichfalls verhältnismäßig reich an Bodenschätzen, so daß die westliche Hemisphäre eine starke Position besitzt. Es muß jedoch festgestellt werden, daß die östliche Hemisphäre eine vollkommene Bedarfsdeckung in mineralischen Rohstoffen erreicht, während auch unter den günstigsten Umständen die westliche Hemisphäre in einigen wichtigen Rohstoffen abhängig bleibt.

Die Versorgung mit mineralischen Rohstoffen aus dem Ausland ist von der Regierung der USA mit gesteigerter Aufmerksamkeit verfolgt worden. Für die Sicherung in Kriegszeiten sind sehr große Vorratslager (stockpiles) angelegt worden. Einzelheiten dieses seit 1939 betriebenen Programms werden naturgemäß geheimgehalten. Zunächst war man nur bestrebt, die über die heimische Produktion hinaus benötigten Rohstoffmengen für den Fall einer Blockade von den fremden Rohstoffquellen sicherzustellen. Da man bald erkannte, daß in Kriegszeiten auch Engpässe im Transportwesen, der Stromversorgung, Verarbeitungs-

Tabelle 2 Rohstoff-Bedarfsdeckung der USA

Gegenwart und nächste Zukunft Auf der Grundlage der heutigen Technologie und wirtschaftlichen Verhältnisse sowie der bauwürdigen Vorräte			*Ferne Zukunft* Wenn verbesserte Technologie und erhöhte Preise auch die heute unbauwürdigen Vorräte zu verwerten gestatten		
Brennstoffe	*Metalle*	*Nichtmetalle*	*Brennstoffe*	*Metalle*	*Nichtmetalle*
A. Bedarfsdeckung auf längere Zeit gesichert:					
Anthrazit Stein- u. Braunkohle Helium Erdgas Erdöl	Arsen Gallium Indium Magnesium Molybdän Tellur Thallium Titan (Ilmen.) Zirkonium	Borsalze Brom Lithium Nitrate Phosphate Kalisalze Steinsalz Talk Schwefel	Anthrazit Stein u. Braunkohle Helium Erdgas Erdöl	Aluminium-Rohstoffe Arsen Beryllium Gallium Germanium Indium Eisenerz Magnesium Mangan Molybdän Seltene Erden Selen Tellur Thallium Titan Zirkonium	Baryt Borsalze Brom Korund Graphit Jod Lagersteine Disthen Lithium Nitrate Phosphate Kalisalze Piezoquarz Steinsalz Talk Strontium Schwefel
B. Vollständige Abhängigkeit von Importen:					
1. Wenig Aussicht auf Entdeckung heimischer Lagerstätten:					
Asbest Beryllium Chromit Korund Diamant	Graphit Lagersteine Disthen Manganerz Glimmer	Nickel Platin Piezoquarz Talk Zinn		Nickel Platin Zinn	Asbest Diamant
2. Gute Aussicht auf Entdeckung heimischer Lagerstätten:					
	Niob-Tantal	Strontium			
3. Gute Aussicht auf synthetische Erzeugung:					
	Korund Disthen Glimmer	Piezoquarz Talk			
C. Teilweise Abhängigkeit von Importen:					
1. Gute Aussicht auf Entdeckung heimischer Lagerstätten:					
Baryt Kadmium Kobalt Kupfer Flußspat	Germanium Gold Jod Eisenerz Blei	Quecksilber Seltene Erden Selen Silber Wolfram Zink	Antimon Wismut Kadmium Cäsium-Rubidium Chromit	Kobalt Niob-Tantal Kupfer Flußspat Gold	Blei Quecksilber Glimmer Silber Wolfram Zink
2. Wenig Aussicht auf Entdeckung heimischer Lagerstätten:					
Aluminium-Rohstoffe Antimon Wismut	Cäsium-Rubidium Titan (Rutil)				

kapazität und infolge Mangels an Arbeitskräften auftreten können, stapelte man nicht nur Rohstoffe, sondern auch Zwischenprodukte und bereits verarbeitete Rohstoffe.

1954 wurde ein Hortungs-Programm auf lange Sicht (long-term stockpiling program) in Angriff genommen, das weit über das bisherige hinausging. Dabei sollten die Lager vorwiegend durch Aufkauf heimischer Produkte gebildet werden, besonders zu Zeiten des Absatzmangels für strategische Industrien.

Um die Bedarfsdeckung mit heimischen mineralischen Rohstoffen zu bessern, hat man in den USA den Bergbau durch mäßige Schutzzölle unterstützt. Technologische Forschungen wurden seit 1910 in dem Bureau auf Mines betrieben. Seit 1880 hat der Geological Survey durch seine geologischen Untersuchungen und Kartierungen die Entdeckung und Ausbeutung heimischer Lagerstätten unterstützt. Während des 2. Weltkrieges und seither werden einigen Industrien direkte Unterstützungen durch Sicherung fester Verkaufspreise gewährt. Um Erkundungsarbeiten auf einige wichtige Minerale anzuregen, beteiligt sich die Regierung mit 50 oder 75% an diesen Untersuchungen. Nur im Falle einer wirtschaftlich verwertbaren Entdeckung sind diese Anleihen aus den Gewinnen zurückzuzahlen. Mit den Mitteln des „long-term stockpiling program" wurde verschiedentlich der Metall-Markt unterstützt, vorwiegend für Blei und Zink.

Zur Rohstoff-Politik der USA sind von verschiedenen Kommissionen nach eingehender Untersuchung der Lage Empfehlungen gemacht worden. Zuletzt wurden im Juni 1957 die Empfehlungen eines „President's Cabinet Committee on Minerals Policy" in Form eines „Long-Range Program for Development of Domestic Mineral Resources" dem Kongreß unterbreitet. Die wesentlichen Punkte dieses Programms sind:

1. Erweiterung der geologischen und technologischen Forschungsprogramme des Geological Survey und des Bureau of Mines.

Tabelle 3 Schätzung der bauwürdigen Mineral-Vorräte in den USA (nach Unterlagen des Bureau of Mines und des Geological Survey, Jan. 1957)

Mineral	Einheit[1])	Measured[2]) und indicated	Inferred[3])	Gesamt
Antimon-Inhalt	sh t	40000	60000	100000
Arsenik	sh t	2500000	n. b.	2500000
Asbest	sh t	1000000	n. b.	1000000
Baryt	sh t	—	—	40000000
Bauxit, trocken	l. t	70000000	n. b.	70000000
Beryll, mit 10% BeO[5])	sh t	8350	n. b.	8350
Blei-Inhalt	sh t	2910000	n. b.	2910000
Chromit, Cr_2O_3-Inhalt	l. t	—	—	2000000
Diamant, Industriesteine	—	keine	keine	keine
Disthen, stückig[6])	—	ohne Bedeutung		
Eisenerz (ohne Takonit)	Mio l. t	2341	n. b.	2341
Flußspat, Konzentrat	sh t	13800000	8760000	22560000
Glimmer, strategische Qualität	—	n. b.	n. b.	gering
Glimmer, geringe Qualität	—	n. b.	n. b.	mäßig
Gold-Inhalt	kg	—	—	1555200
Graphit, Flocken	sh t	—	—	600000
Kadmium-Inhalt	sh t	21200	n. b.	21200
Kalisalz, K_2O-Inhalt	sh t	—	—	50000000
Kobalt-Inhalt	sh t	n. b.	42500	42500
Korund	—	keine	keine	keine
Kupfer-Inhalt	sh t	—	—	25000000
Magnesium	—	unbegrenze Vorräte		
Manganerz, 48% Mn	sh t	—	—	2000000
Molybdän-Inhalt	sh t	—	—	1100000
Nickel-Inhalt	sh t	250000	300000	550000
Niob-Tantal	sh t	425	n. b.	425
Phosphat	Mio l. t	—	—	13500
Piezoquarz	—	ohne Bedeutung		
Platin-Metalle, Inhalt	kg	—	—	9331
Quecksilber-Inhalt	Flaschen	208000	442000	650000
Schwefel	Mio l. t	50—70	n. b.	50—70
Selen-Inhalt	sh t	9500	n. b.	9500
Seltene Erden, Inhalt	sh t	5000000	n. b.	5000000
Silber-Inhalt	kg	—	—	18662400
Steinsalz	—	unbegrenzte Vorräte		
Stickstoff, einschließlich Atmosphäre	—	unbegrenzte Vorräte		
Strontium, Cölestin	sh t	—	—	3500000
Thorium, ThO_2-Inhalt	sh t	—	—	18000
Titan, Ilmenit	sh t	501500000	n. b.	501500000
Rutil	sh t	1856000	n. b.	1856000
Wismut-Inhalt	sh t	15000—25000	n. b.	15000—25000
Wolfram, W-Inhalt	sh t	43620	35690	79310
Uran, U_3O_8-Inhalt	sh t	—	—	150000
Zink-Inhalt	sh t	—	—	9000000
Zinn-Inhalt	l. t	—	—	5000—7000
Zirkon	sh t	—	—	15000000

[1]) 1 sh t = 1 short ton = 2000 lbs = 907,185 kg;
1 l. t = 1 long ton = 2240 lbs = 1016,035 kg;
1 Flasche Quecksilber = 34,5 kg.
Die Angaben in Troy oz. = 31,104 g wurden in kg umgerechnet.

[2]) Measured = gemessen, sicher bestimmt; Indicated = angedeutet.

[3]) Inferred = vermutet.

[4]) n. b. = nicht bekannt.

[5]) Die Angaben beziehen sich auf Lagerstätten mit über 1% Beryll. Weitere 270000 sh t sind in Lagerstätten mit 0,1% Beryll verfügbar.

[6]) Die Vorräte an fein verteiltem Disthen und Sillimanit sind bedeutend.

2. Fortsetzung der finanziellen Unterstützung der Privatindustrie für Erkundungsarbeiten.

3. Möglicherweise Revision der Bergbaugesetzgebung, um die Erkundung von mineralischen Rohstoffen durch staatliche Einrichtungen zu erleichtern.

4. Überprüfung der Steuergesetze mit dem Ziel der Beseitigung von Bestimmungen, die eine angemessene Mineralerkundung behindern.

5. Schutzzölle mit gleitender Skala anstelle der bisherigen Tarife, wenn die Bleinotierung unter 17 Cents je Pfund und die Zinknotierung unter 14,5 Cents je Pfund sinken.

6. Fortsetzung des Schutzzolles für Kupfer von 2 Cent je Pfund, wenn die Notierung unter 24 Cents je Pfund fällt.

7. Fortsetzung der bestehenden speziellen Ankaufsprogramme für Wolfram, Säure-Flußspat, Niob-Tantal und Asbest bis zum Abschluß. Überprüfung der Situation für Wolfram und Flußspat. Neue Unterstützungsprogramme für die Erzeugung von Beryll, Niob-Tantal, Chromit und Asbest.

Da die Rohstoff-Politik dem Kongreß vorbehalten ist und von diesem bearbeitet werden muß, war das vorgelegte Programm bis zum August 1957 noch nicht behandelt.

Auch in Zukunft werden die USA bedeutende Importe von mineralischen Rohstoffen benötigen. Bei dem starken Anstieg des Verbrauchs in der ganzen Welt ergeben sich für die Versorgung mit ausländischen Rohstoffen viele Fragen. Im britischen Kolonialreich, Kanada und einigen unentwickelten Gebieten überlegt man sich, ob der ungehemmte Export mineralischer Rohstoffe ihren Interessen entspricht. Einige Nationen schränken den Export von Roherzen ein, um diese für die Zukunft aufzusparen oder selbst zu verarbeiten.

Die augenblickliche Situation in der ganzen Welt verlangt neben diplomatischem Geschick eine intensive Suche nach neuen Minerallagerstätten, ferner eine fortschrittliche Forschung zur besseren Ausnutzung der vorhandenen Rohstoffquellen, eine zukünftige Ausbeutung der geringprozentigen, heute noch unbauwürdigen Lagerstätten. Schließlich muß nach Ersatz für die Rohstoffe gesucht werden, deren Import immer schwieriger wird.

Wenn man die Ausführungen PEHRSONs über die Rohstofflage eines der Wirtschaftsgebiete, die von der Natur außerordentlich günstig ausgestattet worden sind, zusammenfassend überblickt, so muß man die Feststellung machen, daß sich selbst für große Wirtschaftsgebiete mit großen Möglichkeiten immer noch empfindliche Lücken ergeben, die nur durch Import aus anderen Ländern geschlossen werden können. Je kleiner die Wirtschaftsgebiete sind, um so stärker werden die Rohstofflücken sich hindernd bemerkbar machen. Um einen weltwirtschaftlichen Ausgleich anzustreben, sollte man zu immer größeren Wirtschaftseinheiten übergehen und diese von den Einschränkungen nationaler Interessen befreien. Naturgemäß dürfen derartige Maßnahmen nicht einseitig den stärksten Mächtegruppen dienen, sondern müssen zum Wohle aller beteiligten Völker gelenkt werden. Dabei steht für alle die große Aufgabe, ihre Länder nach den modernsten Verfahren auf das Vorkommen von Bodenschätzen zu untersuchen, die Technologie der Gewinnung und Verarbeitung zu verbessern, damit auch ärmere Lagerstätten bauwürdig werden, ferner nach Ersatzstoffen für gewisse knappe Rohstoffe zu forschen oder sie durch Synthese oder Kernumwandlung herstellen zu lernen. Wenn sich alle Völker zu gemeinsamer Anstrengung bereitfinden, die Rohstoffprobleme in friedlicher Zusammenarbeit zu lösen, so wird sich die Deckung des gewaltig ansteigenden Bedarfs an mineralischen Rohstoffen auch auf friedlichem Wege erreichen lassen. Es ist die hohe Aufgabe der Experten für die mineralischen Rohstoffe aller Länder, in ihren Bereichen die zweckentsprechenden Maßnahmen einzuleiten und ihren Regierungen die Wege zu friedlicher Lösung der Rohstoffprobleme zu weisen. Es wäre besser für die Menschheit, wenn man solchen Strategen des Friedens mehr Gehör schenkte.

W. I. Michejew

Ein neues Handbuch zur röntgenometrischen Bestimmung der Mineralien[1]

Referiert von WOLFGANG OESTREICH

Unter den in der Kristallographie üblichen Bestimmungsmethoden besitzt die röntgenometrische Bestimmung eine Reihe von Vorzügen, die der optischen und chemischen Bestimmung fehlen. Diese Vorzüge bestehen in der Einfachheit des Verfahrens, darin, daß nur ein Tausendstel der für die chemische Bestimmung erforderlichen Substanzmenge genügt, darin, daß die zu untersuchende Substanz erhalten bleibt, und schließlich bieten die erhaltenen Debyegramme jederzeit die Möglichkeit der Kontrolle.

MICHEJEW führt an, daß die Idee der röntgenometrischen Methode zur Bestimmung der Mineralien auf den hervorragenden Kristallographen und Mineralogen A. K. BOLDYRJOW zurückgeht.

Zu den bisher vorliegenden Bestimmungswerken ist folgendes zu sagen: Das erste von einem Autorenkollektiv unter Leitung von A. K. BOLDYRJOW in den Jahren 1934 bis 1937 vorbereitete Bestimmungswerk bestand aus drei Teilen. Der erste Teil enthielt die Bestimmungstabellen, den sogenannten „Schlüssel“ (angegeben sind die fünf stärksten Linien des entsprechenden Minerals, die chemische Zusammensetzung und die Nummer des Minerals, unter der es im zweiten Teil ausführlich beschrieben wird). Im zweiten Teil werden außerdem die Debyegramme der einzelnen Mineralien ausführlich beschrieben. Im Schlüssel sind die Mineralien nach dem abnehmenden Netzebenenabstand der intensivsten Linien angeordnet. Im dritten Teil schließlich werden die Mineralien in alphabetischer Reihenfolge aufgeführt. Die erste Auflage dieses Werkes enthielt 142 Mineralien.

MICHEJEW führt dann noch andere Werke ähnlichen Charakters an, die in den USA erschienen (u. a. die Arbeit von HARCOURT zur Bestimmung der Erzmineralien unter Zugrundelegung der drei stärksten Linien, die amerikanische Kartothek zur röntgenometrischen Bestimmung von Substanzen, darunter auch Mineralien), ferner ein portugiesisches Werk, in dem 257 Mineralien erfaßt sind.

In der Gegenwart werden in der UdSSR zwei neue Auflagen des „Handbuches zur röntgenometrischen Bestimmung der Mineralien“ vorbereitet. Die eine 905 Mineralien enthaltende Auflage befindet sich im Druck, die andere, 300 Mineralien umfassende wird zur Drucklegung vorbereitet. Die neuen Auflagen enthalten einen Mineralindex, in dem für jedes Mineral die Netzebenenabstände für die drei stärksten Linien angegeben sind. Dieser Index gibt auch die Möglichkeit, im Debyegramm des zu untersuchenden Minerals schnell auf die Linien von anderen zu prüfen, deren Anwesenheit vermutet wird.

MICHEJEW zählt dann die Anwendungsgebiete auf, in denen die röntgenometrische Methode von Nutzen ist:

1. Diagnostizierung und Identifizierung der Mineralien und Bestimmung der Komponenten von Mineralgemischen
2. Polymorphe Umwandlungen
3. Phasenumwandlungen in allen ihren verschiedenartigen Erscheinungsformen bei der mechanischen und technologischen Bearbeitung von Mineralien und Erzen und beliebiger kristalliner Substanzen überhaupt
4. Untersuchung der Zustandsdiagramme
5. Feste Lösungen und isomorphe Stoffe
6. Feindisperse Tonmineralien
7. Zementmineralien und Betonproduktion
8. Ockerige Eisen-. Aluminium-, Mangan-, Vanadin-, Wolfram-, Molybdän-, Blei-, Antimon-, Arsen-, Wismut- und Uranerze
9. Mineralien der „Eisernen Hüte“ sulfidischer Lagerstätten
10. Sekundäre Veränderungen der Mineralien und Erze, insbesondere der Mechanismus der sekundären Veränderungsvorgänge

[1]) „Kristallographie“ (russisch), Bd. 2, Nr. 4, 1957, S. 465–469.

11. Erze der seltenen Erden und radioaktive Erze
12. Metalle und Legierungen
13. Steinkohlen und die Inkohlungsvorgänge
14. Gläser, keramische Erzeugnisse und Steinguß
15. Produkte der chemischen Industrie und Kontrolle des technologischen Ablaufes
16. Korrelation tauber Ton- und Sandsteinschichten nach der mineralischen Zusammensetzung der feinen Fraktionen
17. Zusammensetzung der Meteoriten

Die Verallgemeinerung der Unterlagen gab die Möglichkeit, mathematische Beziehungen zwischen der chemischen Zusammensetzung und den Abmessungen der Elementarzelle bei isomorphen Mineralgruppen aufzufinden. Für viele Isomorphiereihen ist die Abmessung der Elementarzelle eine Funktion der Mittelwerte der Kationenradien. Für folgende Mineralgruppen wurden derartige Formeln gefunden:

1. Nickeleisen (Kamazit)
2. Magnetkies
3. Oxyde der zweiwertigen Metalle mit NaCl-Struktur
4. Spinelle
5. Karbonate
6. Olivin
7. Granate
8. Glimmer
9. Chlorite
10. Ilmenit

Die zukünftige Erweiterung der röntgenometrischen Methode muß in folgenden Richtungen vor sich gehen:
a) Erhöhung der Genauigkeit bei der Bestimmung der Netzebenenabstände und Vereinfachung der Aufnahme- und Auswertungstechnik;
b) Erhöhung der Zahl der Standardproben, damit ein noch vollständigeres Werk zur röntgenometrischen Bestimmung von Mineralien und sonstigen Substanzen geschaffen werden kann. Ausarbeitung der Grundsätze für die Schaffung eines derartigen Handbuches zur Bestimmung von Metallen und Legierungen;
c) Schaffung objektiver und einfacher Methoden zur Bestimmung des Schwärzungsgrades (der Intensität), damit die röntgenometrische Methode auch für die quantitative Einschätzung der Gehalte der Komponenten in einem Gemisch möglich wird.

Von der Staatlichen Geologischen Kommision (Abt. Mineralogie u. Petrographie, Prof. Dr. SCHÜLLER) wird ein ähnliches Werk „Röntgendiagnose der Mineralien und Rohstoffe" zum Druck vorbereitet, das zusätzlich zu obigen Daten graphische Darstellungen (Röntgennomogramme) der Röntgenaufnahmen enthalten wird.

Diskussionstagung der GDMB zu Fragen der Vorratsklassifikation

am 23. 11. 1957 in Clausthal

HORST ULBRICH, Berlin

In den letzten Jahren wurde den Problemen der Vorratsklassifikation und den damit im Zusammenhang stehenden Fragen in vielen Ländern der Erde erhöhte Aufmerksamkeit geschenkt. Das zeigen auch die zahlreichen Veröffentlichungen zu diesen Fragen, die uns vor allem aus der sowjetischen und angloamerikanischen Fachliteratur bekannt sind. Die Geologen, Bergleute und Wirtschaftler regten in der ganzen Welt verschiedene Entwürfe an, die sich aus den Bestrebungen ergaben, die Vorräte an festen mineralischen Rohstoffen der einzelnen Lagerstätten entsprechend der jeweiligen wirtschaftlichen Situation zu klassifizieren.

Während in der Sowjetunion und den volksdemokratischen Ländern sowie in der DDR die bestehenden Vorratsklassifikationen durch die Regierungen bestätigt und für verbindlich erklärt wurden, bestehen in den kapitalistischen Ländern nach wie vor zahlreiche Vorschläge einzelner Experten oder Institutionen, die aber durchaus nicht bindend für dieses oder jenes Land sind. In der Bundesrepublik wurden die Bestrebungen, die Vorräte zeitgemäß zu klassifizieren, durch die Absicht des FABERG (Fachnormen-Ausschuß Bergbau) die Lagerstättenarchive zu normen, gefördert.

Nachdem sich bereits auf der Hauptversammlung der Gesellschaft Deutscher Metallhütten- und Bergleute e. V. (GDMB) am 6. September 1957 in Berlin einige Referate mit den Problemen der Vorratsklassifikation befaßt hatten, wurde nun in Fortsetzung dieser Vorträge vom Lagerstättenausschuß der GDMB zu einer Diskussionstagung am 23. November nach Clausthal (Oberharz) eingeladen.

Trotz schlechter Witterung und verkehrsmäßig etwas ungünstiger Lage waren etwa 40 Fachleute auf dem Gebiet der Vorratsklassifikation in die Bergstadt Clausthal gekommen. Aus der DDR nahmen die Vertreter der Zentralen Vorratskommission für feste mineralische Rohstoffe, Dipl.-Geol. PRATZKA und Verfasser teil, von der Staatlichen Geologischen Kommission Dr. REH und von der Bergakademie Freiberg Prof. Dr. WATZNAUER.

Die Tagung, die vom Vorsitzenden des Lagerstättenausschusses der GDMB, Herrn Prof. Dr. AHRENS, eröffnet wurde, hatte als Hauptaufgabe eine Aussprache über die verschiedenen Entwürfe der Vorratseinteilung in Ost und West mit dem Ziele einer Vereinheitlichung oder wenigstens einer gegenseitigen Abstimmung. Für die Diskussion wurden einleitend drei Referate gehalten, die hier anschließend referiert werden sollen, ehe zu den wichtigsten Diskussionsbeiträgen übergegangen wird. Der von Dr. H. W. WALTHER (Amt für Bodenforschung, Hannover) gehaltene Vortrag brachte eine Übersicht über die Vorschläge zur Vorratseinteilung in Westdeutschland, Österreich, Frankreich und den USA. Herr Dr. REH (Staatl. Geol. Kommission, GD Jena) gab eine Übersicht über die Klassifikation von Vorräten fester mineralischer Rohstoffe in der DDR. An Stelle des Vortrages von Dr. LEWIEN (Berlin) über „Neuere Entwicklungstendenzen in den Vorratsklassifikationen der UdSSR und den Volksdemokratien" wurde ein von Dipl.-Ing.-Geol. STAMMBERGER (Berlin) schriftlich eingereichter Diskussionsbeitrag zu dem Gesamtproblem der Vorratsklassifikation durch Dipl.-Min. ULBRICH (ZVK, Berlin) verlesen. Besonders der letztgenannte Beitrag regte zu einer lebhaften Diskussion an, und es wurde von vielen Teilnehmern bedauert, daß der Verfasser nicht selbst an der Tagung teilnehmen konnte.

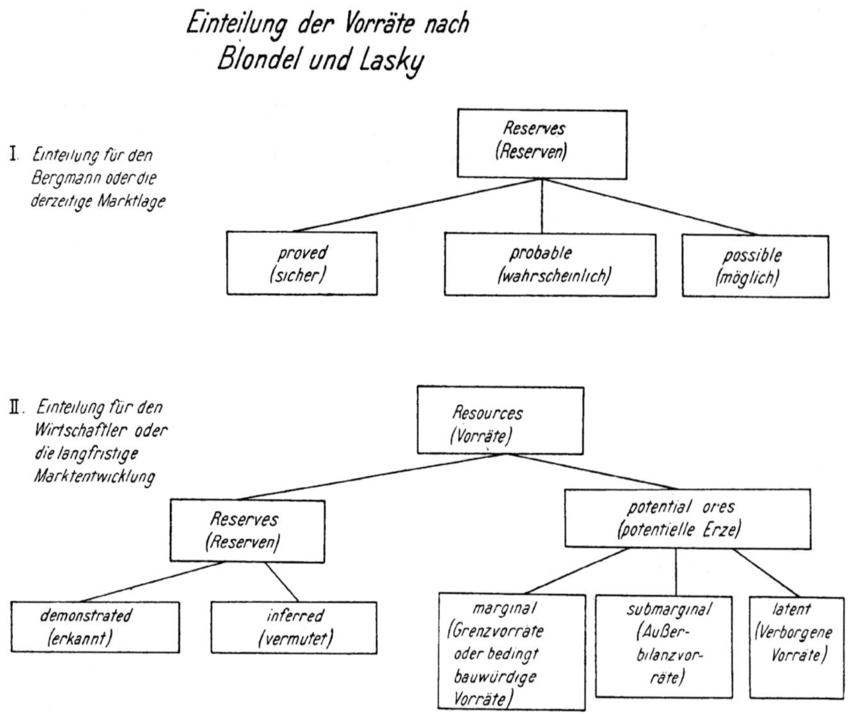

Übersicht 1

1. H. W. Walther (Hannover): *Übersicht über die Vorschläge zur Vorratseinteilung in Westdeutschland, Österreich, Frankreich und den USA*

Der Vortragende ging von der alten Standardgliederung aus, die 1902 vom Institution of Mining and Metallurgy eingeführt wurde und deren Dreiteilung der Vorräte in sichtbares Erz, wahrscheinliches Erz und mögliches Erz im Laufe der Entwicklung der Wirtschaft der einzelnen Länder weiter untergliedert wurde. Dabei traten neue Begriffe auf, und neue Klassifikationsschemata wurden vorgeschlagen.

Neuerdings (etwa seit 1950) lassen sich drei Richtungen erkennen, die nach ganz bestimmten Prinzipien die Vorräte gliedern:

a) Einecke (1950) hält die alte Standardeinteilung bei, verbindet jedoch Vorhandensein und Bauwürdigkeit der Erze. In diese Richtung tendieren auch die Vorratseinteilungen in der SU, den Volksdemokratien und der DDR, die aber an Stelle der Dreiteilung der Vorräte fünf Vorratsklassen aufweisen.

b) Petrascheck (1951) und Hesemann (1952) schlagen eine Einteilung vor, bei der die naturgegebenen Faktoren Grenzen, Menge und Gehalte eines Mineralkörpers von den konjunkturell veränderlichen Größen (z. B. Bauwürdigkeit u. a.) getrennt werden und nur die Sicherheit der Erkennung von Lagerstätten die Grundlage der Einteilung bildet.

c) Hesemann (1952), Jahns (1957) und Petrascheck (1957) bringen Vorschläge, die eine vermittelnde Rolle einnehmen und dabei zuerst das Vorhandensein der Vorräte beurteilen und in einem zweiten Schritt noch die Bauwürdigkeit berücksichtigen. Blondel & Lasky versuchen das Problem durch zwei Paralleleinteilungen mit verschiedenen Begriffen zu lösen.

Der Vortragende erläuterte danach den augenblicklichen Stand der Entwicklung an Hand der Vorschläge von Blondel & Lasky (1956), Petrascheck (1957) und Jahns (1956), ging dabei kurz auf ältere Arbeiten sowie auf inzwischen vorliegende Diskussionsbemerkungen ein und diskutierte noch einige Anwendungsbeispiele (so unter anderem die Einteilung der bauwürdigen Kohlenvorräte von Illinois nach Cady).

Die Vorschläge von Blondel & Lasky gehen von den Gesichtspunkten aus, daß der Bergmann die Vorräte anders betrachtet als der Wirtschaftler. Während der Bergmann vor allem die derzeitige Marktlage und die wirtschaftliche Entwicklung in nächster Zukunft in bezug auf den in seiner Grube geförderten Rohstoff sieht, betrachtet der Wirtschaftler die langfristige Marktentwicklung in bezug auf bestimmte Rohstoffe oder bestimmte Gebiete. Der Wirtschaftler bezieht also zusätzlich noch jene Rohstoffe in seine Vorräte ein, die heute noch nicht bauwürdig bzw. noch nicht aufgeschlossen sind.

Blondel & Lasky unterteilen daher ihre Vorräte (resources) in Reserven (reserves) und potentielle Erze (potential ores). Die weitere Unterteilung der *Reserven* erfolgt für den praktischen Bergmann und die ihn interessierende bestimmte Lagerstätte nach der Standardeinteilung von Leith (1938) in proved or assured ore (sicheres oder sichtbares Erz), probable ore (wahrscheinliches Erz) und possible ore (mögliches Erz), für den Wirtschaftler bzw. für zusammenfassende Betrachtungen von Revieren entsprechend der Klassifikation des US. Bureau of Mines und der U. S. Geological Survey (1944) in measured reserves (gemessene Reserven), indicated (erkennbare) und inferred (vermutete Reserven). Die beiden Kategorien gemessene und erkennbare Reserven sollen zu sogenannten demonstrated reserves (nachgewiesene Reserven) zusammengefaßt werden. Die *potentiellen Erze* werden unterteilt in marginal resources (Grenzvorräte oder bedingt bauwürdige Vorräte) submarginal resources (Außerbilanzvorräte) und latent resources (verborgene Vorräte) (s. Übersicht 1).

Daran anschließend ging H. W. Walther auf die zu den Vorschlägen von Blondel & Lasky gemachten Diskussionsbemerkungen ein: Netschwert & Lion (1957) wenden sich gegen die Begriffe „miner" und „economist" als Berufsgruppen zur Definition von reserves und resources und schlagen dafür die allgemeineren Begriffe „comercial point of view" (Betrachtungen von der derzeitigen Marktlage aus) und „public point of view" (Betrachtung von der langfristigen Marktentwicklung aus) vor.

Wishaw (1957) bezieht sich auf eine Arbeit von Swanson (1949) und versuchte die Erze in Gehaltskategorien einzuteilen und die Wahrscheinlichkeit ihres Vorhandenseins in Zahlen auszudrücken. Blondel (1957) ging in seinem Vortrag auf der Jahrestagung der GDMB in Westberlin noch über das Schema von Blondel & Lasky hinaus. Er betonte die Vorteile der Trennung von Reserven und Vorräten und entwickelte, daß für den Aufschluß einer Lagerstätte eine Mindestreserve an sicheren Vorräten nachgewiesen sein muß, aus der sich Lebensdauer und optimaler Abbaurythmus der zu errichtenden Grube errechnen. Blondel führte aus, daß nur sichere Vorräte seiner Ansicht nach heute noch Bedeutung haben und die alte Dreiteilung der Reserven „nicht mehr dem heutigen Problem der Schürfung und der Finanzierung entspricht".

Nach dem Vorschlag von Blondel & Lasky behandelte H. W. Walther das von Petrascheck (1957) entworfene Schema (Übersicht 2) und ging dann auf den Vorschlag von Jahns (1956) ein (Übersicht 3). Während Petrascheck auf seinem Vorschlag von 1951 aufbauend, die Ergebnisse der Arbeiten von Hesemann, Oelsner, Reh, Vogel und Blondel & Lasky verwertet und in seinem Schema „eine Reihe bewußt unbestimmter und dehnbarer Begriffe" bringt, entstand der Vorschlag von Jahns (1956) aus der Arbeit des Arbeitsausschusses Markscheidernormen im Fachnormenausschuß Bergbau. Seinen Vorschlag von 1956 hat Jahns in einem unveröffentlichten Manuskript noch erweitert und am 11. 1. 1957 auf einer Tagung des Normenausschusses zur Diskussion gestellt. Diese Erweiterung stellt eine Kombination seines Schemas mit der Klassifikation der DDR und der Kennzahlenmethode von Seitz (1954) dar. Allgemein wurde von H. W. Walther dazu festgestellt, daß der Jahnsche Vorschlag der einzige der bisher besprochenen ist, der neben Vorhandensein und Bauwürdigkeit

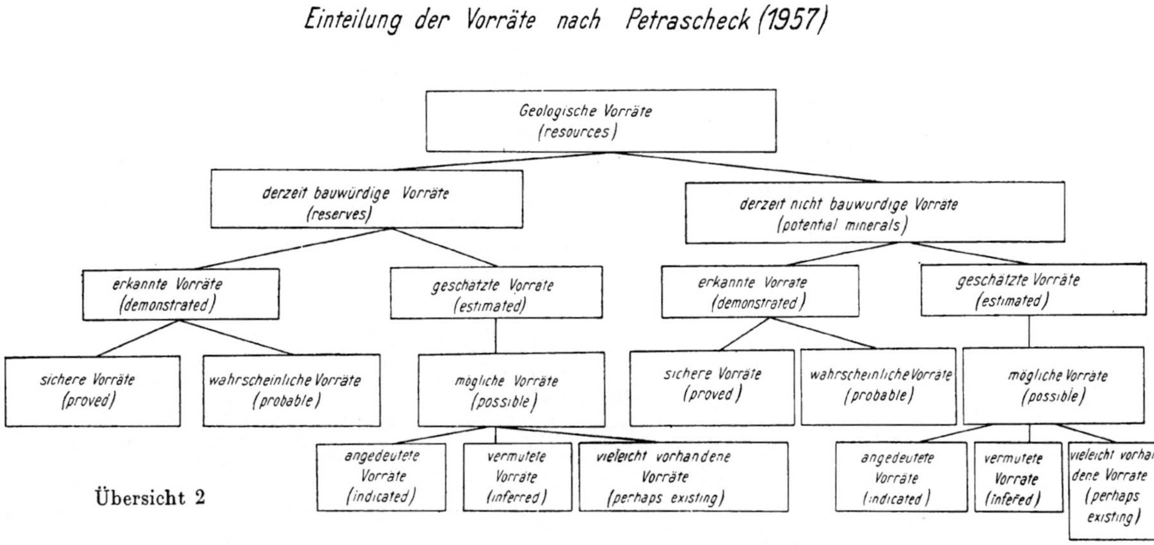

Übersicht 2

auch die schnell veränderlichen Faktoren der bergbaulichen Gewinnbarkeit und technischen Verwendbarkeit einbezieht, allerdings im Unterschied zu den Klassifikationen der DDR und anderer sozialistischer Länder in mehreren aufeinanderfolgenden Schritten.

2. H. Reh (Jena): *Übersicht über die Klassifikation von Vorräten fester mineralischer Rohstoffe der DDR*

Der Vortragende ging aus von der Notwendigkeit der Schaffung einer allgemeinverbindlichen Vorratsklassifikation für die festen mineralischen Rohstoffe der DDR. Er erläuterte nach einem kurzen historischen Überblick die aus einer Rahmenverordnung bestehende Klassifikation der DDR, die sich weitgehend an die in der Sowjetunion erprobte anlehnt. Die vier Hauptabschnitte der Klassifikation wurden eingehend dargelegt. Neben den beiden Vorratsgruppen wurden die fünf Klassen abgehandelt und besonders auf die Tatsache verwiesen, daß für die Einstufung in diese Vorratsklassen nicht nur der Erkundungsgrad entscheidend ist, sondern noch eine Reihe geologisch-technologischer Faktoren zu erfüllen sind. Die volkswirtschaftliche Bedeutung der Vorräte wurde besonders herausgestellt und die sich daraus ergebenden volkswirtschaftlichen Maßnahmen vorgetragen (Übersicht 4).

Dr. Reh ging dann auf die Instruktionen zur Anwendung der „Klassifikation der Lagerstättenvorräte fester mineralischer Rohstoffe" ein und betonte, daß diese naturgemäß umfangreicher sind als die Rahmenverordnung, da sie die vielen Erfahrungstatsachen und Parameter enthalten müssen, die zu beachten sind, wenn man völlig eindeutige und auf alle vorkommenden Lagerstätten anwendbare Berechnungsgrundsätze schaffen will. Er erläuterte den grundsätzlichen Aufbau der bisher von der ZVK herausgegebenen Instruktionen sowie die wichtigsten Begriffe wie „industrieller Minimalgehalt", „geologischer Schwellengehalt" u. a. Schließlich gab der Vortragende noch eine Zusammenfassung und ging dabei auf die Bedeutung der Klassifikation und der Instruktionen ein.

Als Anhang zu seinem Vortrag brachte Dr. Reh noch eine interessante Studie über einen Vorschlag zur Vervollständigung der Klassifikation der DDR: er ging davon aus, daß in der 1. Blei-Zink-Instruktion für perspektivische Vorräte der Begriff der sogenannten geschätzten C_2-Vorräte auftaucht, die gesondert anzugeben sind. Es handelt sich hierbei um Vorräte, die sich über die normal extrapolierten C_2-Vorräte hinaus nur auf geologisch begründete Annahmen stützen. Dr. Reh schlug vor, dafür die Bezeichnung D-Vorräte einzuführen. Bei den D-Vorräten hält er die Unterscheidung in Bilanz- und Außerbilanzvorräte nicht für zweckmäßig. Er schlug vor, sie zusammenzufassen und größenordnungsmäßige Werte anzugeben. Zweckmäßig wären hierbei Angaben darüber, auf welches Gebiet und bis zu welcher Tiefe sich die Schätzung bezieht, ferner welche mittlere Mächtigkeit bzw. welche Qualität angenommen wurde. Nach dieser Ergänzung würde die Klassifikation auch den Bedürfnissen des die Perspektive abschätzenden Wirtschaftlers genügen.

Dr. Reh zog Parallelen zu dem Vorschlag von Petrascheck (1957), in dem dieser eine Dreiteilung der möglichen Vorräte vorgenommen hatte.

An Hand einer schematischen Skizze (Übersicht 5) erläuterte der Vortragende das Verhältnis der Vorräte der Klasse D zu den übrigen Vorratsklassen bei Gangerzlagerstätten.

3. F. Stammberger (Berlin): *Zum Gesamtproblem der Klassifizierung von Vorräten fester mineralischer Rohstoffe*

Der schriftlich eingereichte Vortrag von Dipl.-Ing. Geol. Stammberger war als Diskussionsbeitrag gedacht, wurde jedoch auf Wunsch des Vorsitzenden des Lagerstättenausschusses der GDMB, Prof. Ahrens, durch Dipl.-Min. Ulbrich zur Verlesung gebracht. Stammberger ging einleitend auf die bisher veröffentlichte Bibliographie zu diesen Fragen ein und zeigte durch statistisches Zahlenmaterial das wachsende Interesse für die Problematik des Themas. Er wies auf die sich für Praxis und Theorie ergebenden Begriffsüberschneidungen, -entstellungen und Unklarheiten hin. Da der Verfasser bereits seine Auffassungen zu einigen grundlegenden Fragen wie Bauwürdigkeit, Beziehungen zwischen Erkundungsmethodik und Vorratsklassifikation u. a. in der

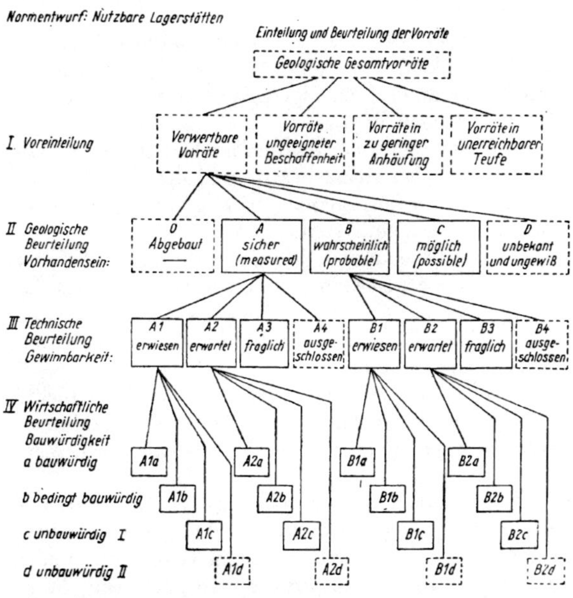

Übersicht 3. Einteilung und Beurteilung der Vorräte nach einem Vorschlag von Dr. Jahns (Essen) 1956

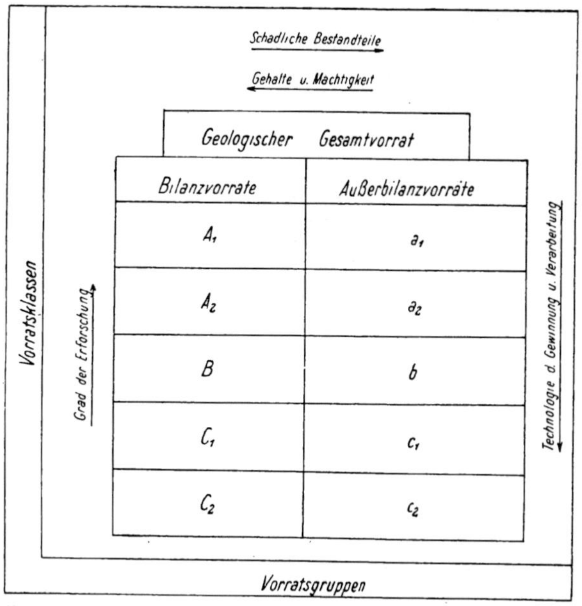

Übersicht 4. Beziehung zwischen Vorratsgruppen und Vorratsklassen in der Klassifikation der Lagerstättenvorräte fester mineralischer Rohstoffe der DDR (nach REH 1957)

Fachpresse veröffentlicht hatte, beschränkte er sich in seinem Diskussionsbeitrag auf folgende drei Punkte:

a) Eine kritische Analyse der vorgeschlagenen Begriffe „reserves" und „resources",
b) Fragen der Zuverlässigkeit und Toleranzen,
c) Wünschenswerte Ergänzungen bzw. Verbesserungen der DDR-Klassifikation.

Es ist vorgesehen, den Diskussionsbeitrag von F. STAMMBERGER in einem der nächsten Hefte zum Abdruck zu bringen, da er grundlegende Anregungen und Hinweise auch für die Arbeit der Zentralen Vorratskommission beinhaltet.

An die drei Vorträge schloß sich eine sehr rege Diskussion an, an der sich fast alle Experten aus Ost und West beteiligten. Die Diskussion wurde von Prof. Dr. PETRASCHECK (Leoben) geleitet. Allen Diskussionsteilnehmern wurden zur besseren Gliederung der Diskussion eine Reihe von Kernfragen schriftlich zugeleitet, die u. a. folgende Punkte umfassen:

1. Klärung allgemeiner Fragen: Rahmencharakter der Klassifikationen, fakultative Berechnung der einzelnen Vorratsklassen, allgemeine Anwendbarkeit und Vergleichsmöglichkeit,
2. Einordnung der Gesamtvorräte (Resources, Bilanz- und Außenbilanzvorräte) und der bauwürdigen Vorräte (Reserven, Bilanzvorräte) in ein einziges oder zwei verschiedene Systeme,
3. Klassifizierung der Vorräte unter Einschluß der Bauwürdigkeit, Gewinnbarkeit usw. oder getrennt davon,
4. Beibehaltung der „wahrscheinlichen Vorräte" oder nicht,
5. Aufteilung der „möglichen Vorräte" oder nicht,
6. Versuch einer Parallelisierung der Vorratsklassen verschiedener Systeme bzw. Versuch zu deren Vereinheitlichung.

Trotz einer straffen Leitung der Diskussion konnte die vorstehend gegebene Gliederung nicht genau eingehalten werden. Es blieben auch noch eine Reihe von Fragen offen, und die Diskussion darüber wird noch fortgeführt werden:

Prof. Dr. AHRENS ging von dem Vorschlag der sowjetischen Kollegen und dem von BLONDEL & LASKY 1956 vorgelegten Vorschlag der Einteilung aus. Er vertrat die Ansicht, daß die Bauwürdigkeit eine sehr variable Kennziffer sei, die aber unbedingt in der Klassifikation mit enthalten sein müßte.

Prof. Dr. CISSARZ sprach sich gegen die Trennung in Bilanz- und Außerbilanzvorräte aus. Er vertritt die Ansicht, daß die Beurteilung der Lagerstätte für den Geologen und Bergmann sich in erster Linie auf die Lagerstätte als Ganzes — als geologischer Körper — beziehen sollte, erst in zweiter Linie sei dann eine Unterteilung entsprechend dem Wirtschaftssystem in bauwürdig und nichtbauwürdig erforderlich.

An den Beitrag von Dr. WERNICKE über den Begriff Lagerstätte schloß sich eine lebhafte Diskussion an, wobei die Meinungen etwas auseinandergingen. Die Mehrzahl der Anwesenden sprach sich für die Beibehaltung der Definition aus, wonach eine Lagerstätte eine natürliche Anhäufung nutzbarer Mineralien an einer Stelle der Erde ist, deren technische Gewinnung wirtschaftlich möglich ist.

Das Problem der Bauwürdigkeit nahm einen breiten Raum in der Diskussion ein. Prof. Dr. DONATH brachte zum Ausdruck, daß nicht schlechthin von Bauwürdigkeit gesprochen werden kann, sondern daß man den Zeitpunkt mit berücksichtigen muß, in welchem die Bauwürdigkeit festgelegt wurde.

Dr. HESEMANN sprach sich für die Einführung der Begriffe Bilanzvorräte und Außerbilanzvorräte aus und vertrat die Ansicht, daß in einer Klassifikation die Bauwürdigkeit enthalten sein muß. Dipl.-Geol. PRATZKA wies darauf hin, daß die von KOLBE stammenden Begriffe der „absoluten" und „relativen" Bauwürdigkeit in der sozialistischen Wirtschaft nicht berechtigt sind, da es keine konjunkturell veränderlichen Faktoren gibt. Für die Festlegung der Bauwürdigkeit werden bei uns alle maßgebenden technischen und ökonomischen Faktoren berücksichtigt. Eine Trennung beider Faktoren ist unzulässig. Oberster Gesichtspunkt für die Bewertung einer Lagerstätte hinsichtlich ihrer Bauwürdigkeit ist nicht irgendein zu erwartender Gewinn, sondern die Aufgabe der rationellsten Ausnutzung der vorhandenen Lagerstätte im Interesse der Gesellschaft. Prof. WATZNAUER betonte, daß man nur dann von einem Vorrat sprechen könne, wenn der Begriff der Bauwürdigkeit darin enthalten ist.

Prof. PETRASCHECK stellte noch einmal heraus, daß es vorteilhaft sei, die geologischen Gesamtvorräte in zwei Gruppen zu teilen, und zwar sollte man unterscheiden in zur Zeit bauwürdige oder technisch verwertbare und in z. Z. nicht bauwürdige Vorräte. Man könnte dann diese beiden

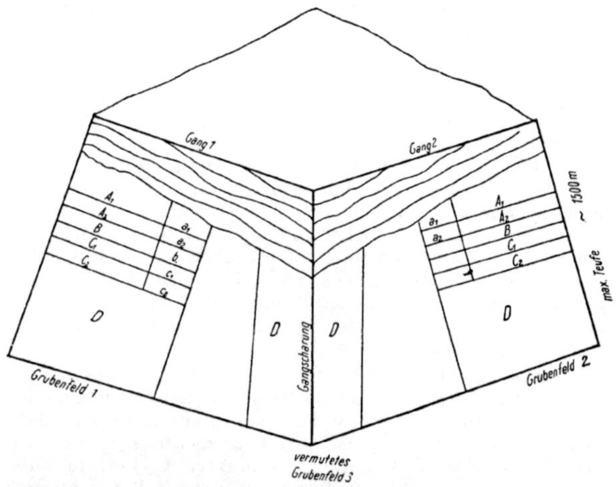

Übersicht 5. Veranschaulicht das Verhältnis der Vorräte der Klasse D zu den übrigen Vorratsklassen am Beispiel einer Gangerzlagerstätte.

(Unter einer geringen Bedeckung durch jüngere Ablagerungen sind hier zwei Lagerstätten auf zwei sich kreuzenden Gangsystemen erkundet und aufgeschlossen. Sie enthalten bauwürdige Vorräte der Klassen A_1—C_2 und Außerbilanzvorräte der Klassen a_1—c_2. Nach der Teufe zu schließen sich D-Vorräte (pronostische Vorräte) an, wobei eine maximale Abbauteufe von 1500 m angenommen wird. Weitere D-Vorräte werden beiderseits der Gangscharungen auf Grund von Analogien in bekannten Lagerstätten angenommen.)

Gruppen den Bilanz- und Außerbilanzvorräten gleichsetzen. Die von ihm aufgeworfene Fragestellung: „Sollen wir auf die Klasseneinteilung der Vorräte verzichten und lieber dafür die Kennziffernmethode von SEITZ akzeptieren“? löste eine umfangreiche Diskussion aus, in deren Ergebnis sich die Mehrzahl für die Beibehaltung der Klassen aussprach und lediglich die Einschränkung gemacht wurde, daß man natürlich für bestimmte Beispiele auch die SEITZschen Kennziffern mit heranziehen sollte. Prof. PETRASCHECK schlug vor, bei der Klasseneinteilung lediglich die Umfahrung der Blöcke als Hauptkriterium für die Einstufung anzusehen. Dipl.-Min. ULBRICH ging davon aus, daß zwischen der geologischen Erkundung einerseits und der Vorratsklassifikation Beziehungen bestehen. Die in der DDR bestehende Vorratsklassifikation geht von der Tatsache aus, daß es kein allgemeines Merkmal der Lagerstätte oder der Erkundung gibt, das für sich genommen ein verläßliches Maß für die Sicherheit oder Zuverlässigkeit der Vorräte darstellt. In der DDR-Klassifikation sind für jede Klasse Mindestforderungen formuliert, die Umfahrung der Blöcke ist dabei nur ein Kriterium. Er lehnte die Ansicht Prof. PETRASCHECKs ab, wonach man bei der Klasseneinteilung nur die Umfahrung heranziehen sollte und betonte, daß für einen bestimmten Vorratsblock nicht nur die bloße Umfahrung maßgebend ist, sondern daß es auch darauf ankommt, die Verteilung der Gehalte der entnommenen Proben auf die einzelnen Seiten des Blockes zu kennen.

Dr. JAHNS, der noch einmal seinen Begriff der Aussagesicherheit erläuterte, betonte, daß die Unsicherheit bezüglich des Vorhandenseins eines Vorrates (sicher, wahrscheinlich oder möglich) nicht durch einen Prozentsatz der angegebenen Vorratsmenge bezeichnet werden kann. Die Aussagesicherheit der für das Vorhandensein bergbaulicher Lagerstätten festgelegten Begriffe stellt seines Erachtens noch keine abschließende Lösung vor. Er verweist auf den Diskussionsbeitrag von F. STAMMBERGER, in dem dieser zu der Frage Sicherheit und Toleranzen ausführte, daß es notwendig ist, die Verteilungsgesetze der Merkmalwerte einer Lagerstätte mathematisch-statistisch zu erfassen und daß in der DDR eine Reihe von Arbeiten zu dieser Frage in Angriff genommen wurden. JAHNS begrüßte diesen Schritt außerordentlich. Verfasser ergänzte noch, daß es durchaus möglich sein müßte, zu Vergleichsmöglichkeiten zu kommen, da besonders der Vorschlag von JAHNS bereits eine große Annäherung der Auffassungen erkennen läßt. In der DDR ist man allerdings vorläufig noch der Ansicht, daß es wenig Sinn hat, durch eine starre Prozentziffer die Einwirkung der verschiedenen Faktoren auf die Lagerstättentypen und die darin auftretenden Erze bzw. Mineralien zu erfassen. Prof. CISSARZ vertrat die Ansicht, daß zwar gewisse Regeln für die Begriffe „sicher“, „wahrscheinlich“ und „möglich“ erarbeitet werden müßten, daß man aber auf starre Zahlen verzichten sollte.

Die Diskussion über den Punkt 6 der Diskussionsgliederung erbrachte folgende Beiträge:

Prof. PETRASCHECK hielt den Hinweis, der von sowjetischen Geologen gemacht wurde, für wertvoll, wonach eine Zusammenfassung der Vorratsklassen A_1 und A_2 zu A und die Einführung einer neuen Kategorie D für prognostische Vorräte vorgeschlagen wurde. Dr. JAHNS skizzierte die Vergleichsmöglichkeiten, die sich ergeben, wenn man bei der Einteilung lediglich nach dem Vorhandensein einschließlich der Gewinnbarkeit die Vorräte vergleichen wurde. Verfasser betonte, daß die in der DDR bestehende Klasseneinteilung durch eine Verordnung festgelegt wurde und daß man vorerst nicht davon abgehen wird. Er sieht jedoch durchaus eine Vergleichsmöglichkeit beider Systeme. Dr. REH verwies noch auf die Schwierigkeit, die sich ergibt, selbst wenn man die Bewertung der Vorräte nacheinander vornimmt. Infolge der Bestimmung der DDR-Klassifikation, wonach bei der Nichterfüllung einer der über die räumliche Erkundung hinausgehenden geologisch-technologischen Bedingungen der Vorrat entsprechend in eine nächstniedere Klasse eingestuft werden muß, sind hier keine Vergleiche möglich. Prof. CISSARZ sprach sich gegen die Aufnahme einer Klasse D in die Klassifikation aus, da man hier keine konkreten Zahlen angeben kann.

Zum Schluß der Debatte faßte Prof. PETRASCHECK noch einmal die wichtigsten Beiträge zusammen und Prof. AHRENS schlug vor, ein Redaktionskollegium zu bilden, das die gesamte Diskussion auswerten und zusammenfassen soll. Alle Teilnehmer erklärten sich einverstanden, folgende Herren mit dieser Aufgabe zu betrauen: Prof. PETRASCHECK, Dr. HESEMANN, Dr. WALTHER, Dr. JAHNS, Dr. REH. Als Vorsitzender wurde Dr. REH gewählt.

Zum Abschluß der Diskussion dankte der Vorsitzende des Lagerstättenausschusses der GDMB, Prof. Dr. AHRENS, allen Diskussionsteilnehmern und vor allem Prof. PETRASCHECK, der durch seine straffe und gute Diskussionsleitung großen Anteil am Gelingen dieser für alle Anwesenden sehr fruchtbringenden Aussprache hatte. Der Dank galt auch dem Gastgeber, Herrn Prof. Dr. PILGER, der die Räume des Geologischen Institutes der Bergakademie Clausthal der Tagung zur Verfügung stellte.

Der Lagerstättenausschuß der GDMB beabsichtigt, anläßlich der Tagung der Deutschen Geologischen Gesellschaft im Mai 1958 in Essen, die Diskussion über diese Probleme fortzuführen. Es ist vorgesehen, daß bis zu diesem Termin das Redaktionskollegium ein Referat über die bisherigen Ergebnisse und neuen Vorschläge erarbeitet, das dann als Diskussionsgrundlage dienen soll.

Die in Clausthal durchgeführte Diskussionstagung war ein beredtes Zeichen für die positive Zusammenarbeit der Wissenschaftler beider deutscher Staaten auf dem Gebiet der Vorratsfragen.

Jahreshauptversammlung der Gesellschaft Deutscher Berg- und Hüttenleute (GDBH)

am 14. und 15. 11. 1957 in Leipzig

GÜNTER PRATZKA, Berlin

Die Jahreshauptversammlung 1957 fand in Verbindung mit der 4. Mitgliederversammlung der Gesellschaft statt.

Die Themen der Hauptvorträge sowie die Anzahl der übrigen Fachvorträge zeigen, daß die Bergleute, die erst mit der Erweiterung der ehemaligen Gesellschaft Deutscher Hüttenleute in diesem Kreis Aufnahme fanden, den ihnen auf Grund der industriellen Bedeutung zustehenden Platz noch nicht voll in Anspruch nehmen. Um diese Krise zu überwinden, ist es notwendig, daß die Verhandlungen mit der Kammer der Technik recht bald abgeschlossen werden. Dr. KRAEMER gab hierzu bekannt, daß die Aufgaben der KdT auf dem Gebiete des Berg- und Hüttenwesens der GDBH übertragen werden. Die wissenschaftlichen Erkenntnisse werden dann schneller in der Praxis Anwendung finden, und eine bessere Zusammenarbeit mit den Betrieben wird gewährleistet sein. Damit wird eine dringende Forderung des 33. Plenums des ZK der SED erfüllt.

Für die Montangeologen und Bergwirtschaftler der Hauptverwaltungen, der StGK und der ZVK wurde die

Bildung eines Lagerstättenausschusses vorgeschlagen, der sich mit Problemen der Geologie, Erkundung, Planung, Begutachtung und Vorratsberechnung von Lagerstätten beschäftigen soll. Es wäre sehr zu begrüßen, wenn der Mitarbeiterkreis so groß wie der Umfang der Fachgebiete werden würde.

Bei der Gesellschaft Deutscher Metallhütten- und Bergleute (GDMB) in der Bundesrepublik besteht der Lagerstättenausschuß schon längere Zeit. Auf dem Gebiete der Vorratsberechnung besteht eine gute Zusammenarbeit mit den entsprechenden Institutionen der DDR. Leider kann diese Verbindung über unsere GDBH aus o.a. Gründen noch nicht aufgenommen werden.

Die Entwicklung der GDBH im Geschäftsjahr 1956/57 hat gezeigt, daß sich die Gesellschaft gefestigt hat und eine gute Forschungsarbeit in den Fachsektionen geleistet wurde. Die bestehenden Fachsektionen Erzbergbau, Eisenhüttenwesen, Metallhüttenwesen, Metallforschung und Wärmewirtschaft wurden noch durch die Sektion Kalibergbau unter Leitung von Herrn Dr. NEUBERT, Erfurt, erweitert.

Von den einzelnen Fachsektionen wurden bisher zahlreiche Arbeitsgruppen gebildet (z. B. Schwertrübeaufbereitung, Millisekundenschießen u. a.), die bestimmte aktuelle Fachprobleme bearbeiten. Die besten wissenschaftlichen Arbeiten auf dem Gebiet der Montanindustrie werden von der Gesellschaft jährlich mit dem aus Anlaß des 50. Todestages LEDEBURs gestifteten Preis ausgezeichnet. Am 14. 11. 1957 wurden in Leipzig erstmalig Preise zu 2000,— DM und 1000,— DM verliehen.

Dr. KRAEMER gab in seinem Tätigkeitsbericht einen Überblick über die Ereignisse des letzten Jahres. Die wissenschaftlichen Leistungen der Sowjetunion, die die ersten beiden Sputniks in den Weltraum geschickt hat und damit auf dem Gebiet der Raketentechnik an führender Stelle liegt, wurde besonders gewürdigt. Auf unsere industrielle Entwicklung werde sich die Bildung eines Forschungsbeirates beim Ministerrat sehr günstig auswirken. Die anwesenden Wissenschaftler begrüßten diese Maßnahme. Im nächsten Jahr werden wieder Delegationen der Gesellschaft zu Fachtagungen ins Ausland fahren.

Abschließend dankte der Vorstand allen Mitgliedern für die gute Mitarbeit in den Fachsektionen, an Forschungsthemen und anderen Aufgaben. Er bat die Mitglieder weiterhin, mit aller Energie an den Aufgaben des zweiten Fünfjahrplanes auf dem Gebiete der Metallurgie mitzuarbeiten.

Der Stellvertreter des Ministers, Staatssekretär FRIEDEMANN, dankte Prof. Dr. EISENKOLB für seine geleistete Arbeit als Vorsitzender der Gesellschaft und beglückwünschte Prof. Dr. OELSNER als neuen Vorsitzenden.

Zur Hauptversammlung konnte Prof. Dr. OELSNER zahlreiche Vertreter und Delegationen des Auslandes begrüßen. Die Gäste kamen von der Akademie der Wissenschaften in Moskau, vom Rat für gegenseitige Wirtschaftshilfe, ferner aus Polen, Ungarn, Rumänien, Bulgarien, Jugoslawien, Österreich, der Bundesrepublik und anderen Ländern.

Die gute Zusammenarbeit mit dem Ausland und die Teilnahme zahlreicher ausländischer Wissenschaftler an der Hauptversammlung zeugt von dem internationalen Ruf, den die Gesellschaft Deutscher Berg- und Hüttenleute heute schon hat.

Staatssekretär FRIEDEMANN erläuterte den Wissenschaftlern und Ingenieuren die Aufgaben, die das Plenum allen Werktätigen stellt. Er sagte u. a., daß trotz der Einschränkung der Mittel für das Berg- und Hüttenwesen große Aufgaben vor uns stehen. Für die technisch-wissenschaftliche Forschung ist das Plenum die Anleitung zum Handeln.

Von unseren gesamten Investmitteln gehen 41% in die Industrie. Setzt man diesen Prozentsatz gleich 100, so gehen davon 50% in das große Kohle- und Energieprogramm sowie in einige chemische Werke. Trotz Verringerung der zur Verfügung stehenden Mittel ist eine Steigerung der Bruttoproduktion im Bereich des Ministeriums für Berg- und Hüttenwesen von 1955—1960 auf 125% geplant. Um dieses Ziel zu erreichen, muß u. a. folgenden Schwerpunkten besondere Aufmerksamkeit geschenkt werden:

Steigerung der Erzeugung an devisenintensiven Stählen,
Einfuhr nur devisenarmer Stähle,
Steigerung der Produktion an Spurenmetallen,
Senkung des Ausschusses in allen Betrieben,
Steigerung der Produktion hochwertiger Massenbedarfsgüter,
Aufnahme neuartiger Artikel in die Produktion und kurzfristige Auslieferung auf den Markt.

Vor der GDBH steht die dankbare Aufgabe, eine richtige Orientierung der Forschungsaufgaben unter Ausnutzung der neuesten Erkenntnisse der Forschung vorzunehmen.

Nach der Hauptversammlung wurden 6 Hauptvorträge gehalten. Einige Themen, die besondere Neuheiten behandelten oder unsere bisherigen Erfahrungen bereicherten, sollen kurz erwähnt werden.

Prof. Dr. LÜDEMANN, Freiberg, sprach über Vergleiche der Wirtschaftlichkeit verschiedener Stahlerzeugungsverfahren unter besonderer Berücksichtigung des Eisenhüttenwesens der DDR. Der Überblick über die Entwicklung der Investmittel seit Beginn des ersten Fünfjahrplanes zeigte, daß seit 1953 die Investsumme für die eisenerzeugende Industrie nicht mehr erhöht wurde. Eine Erhöhung fand nur noch auf dem Gebiet der Kohle-, Energie- und Stahlerzeugung statt. Eine kurze Schilderung der einzelnen stahlerzeugenden Verfahren schloß mit Vergleichen über die Wirtschaftlichkeit der einzelnen Verfahren. Ermittlungen durch das technisch-ökonomische Büro in Leipzig enthielten u. a. folgende Werte:
tatsächliche Kosten für

1 t Stahleisen	336 DM
1 t Thomasroheisen	339 DM
1 t flüssiges Roheisen	330—340 DM
1 t Schrott	300 DM

Beschickung des Hochofens vorwiegend mit Kertscher Agglomerat. Die Bewertung für Schrott liegt mit 300 DM/t an der oberen Grenze.

Die Herstellungskosten für 1 t unlegierten SM-Stahl nach dem Roheisen-Erzverfahren an 200-t-Öfen aus Kriwoi-Rog-Erz betragen 408—412 DM.

Der Ausbau der eisenschaffenden Industrie wurde zugunsten des Kohle- und Energieprogramms zurückgestellt. Zum Abschluß gab Prof. LÜDEMANN Hinweise über die für unsere Wirtschaft günstigsten Entwicklungsrichtungen der einzelnen Verfahren zur Stahlerzeugung.

E. SPETZLER aus Oberhausen hielt einen Vortrag über die Stahlerzeugung im Rotor. Er gab eingangs einen Überblick über die Entwicklung und Anteile der Frischverfahren an der Flußstahlerzeugung in Westeuropa von 1870 bis 1955. So wurden der Bessemerstahl und der Thomasstahl durch den Herdofenstahl weitgehend abgelöst. Das Verhältnis von Thomas- zu Herdofenstahl ist zur Zeit etwa 35 : 65. Die Erzeugung von Bessemerstahl ist von 1870 mit über 75% auf wenige Prozente (1955) zurückgegangen.

Der Vortragende erläuterte die Gründe, die zur Entwicklung der neuen Sauerstoffblasverfahren geführt haben, sowie die Metallurgie des Rotorverfahrens und die damit verbundenen betriebswirtschaftlichen Vorteile. Der horizontale

Durchmesser eines Rotors mit 90—100 t Abstichgewicht beträgt 14,6 m (Drehgeschwindigkeit 0,5 Umdreh/min). Das Drehen des Rotors wirkt sich auf das Ofenfutter günstig aus. So hält ein Dolomitfutter in einem 100 t-Rotor etwa 100 Schmelzen aus. Die Erneuerung des Futters dauert nur 6—8 Tage. Auf Lichtbilder wurden verschiedene Rotormodelle gezeigt.

Der Einsatz von Roheisen ist die beste Voraussetzung für die Erzeugung von Rotorstahl. Der FeO-Gehalt ist nach unten mit 12% bzw. 9% bei höherem Einsatz von Flußmitteln begrenzt. Beim Rotorverfahren liegt bei einer 60 t-Schmelze die Chargendauer unter 120 Minuten. Ein zum Vortrag gehörender Breitwand-Tonfilm zeigte sehr schön die Arbeitsweise des Rotors, seine Beschickung mit Roheisen, den Blasevorgang in dem Sauerstoff durch eine Düse in die Schmelze eingeführt wird, das Abgießen der Schlacke sowie den Abstich des Rotorstahls. Durch farbige Trickbilder wurde der Stahlveredelungsvorgang im Rotor sehr verständlich erläutert. Den Weg der Abgase und den Reinigungsprozeß in den Außenanlagen der Hütte bis zur Verladung des P-reichen Staubes zeigten gute Farbaufnahmen am Ende des Films.

Zahlreiche Ergebnisse zeigen, daß der neue Rotorstahl dem SM-Stahl gleichwertig ist. Die Perspektive dieses neuen Verfahrens hängt von den abschließenden Ergebnissen ab, die noch ausstehen. Weitere Großversuche werden erkennen lassen, welches Verfahren unter welchen Bedingungen günstiger ist.

Herr Dr. FALTER aus Berlin hielt einen Experimentalvortrag über Halbleiter in ihrer speziellen Verwendung als Transistoren. Die Technik der Halbleiter ist ein sehr junger Zweig der Elektrotechnik, dem wir heute schon ohne Übertreibung eine große Bedeutung für die Zukunft voraussagen können. Die Transistoren werden die Radio- bzw. Vakuumröhren weitestgehend ablösen. Hierzu folgender Vergleich: Auf der ganzen Welt wurden in den letzten 50 Jahren sieben Milliarden Vakuumröhren produziert. An Transistoren, die erst seit 8 Jahren bekannt sind, wurden bereits ungefähr 50 Millionen Stück hergestellt. In der Produktion liegen die USA mit 19 Werken weit an der Spitze. Ihre Fertigung betrug:

	1954	1,5	Mio Stück
	1955	3,6	„ „
	1956	11,0	„ „
	1957 etwa	25,0	„ „
Bedarf	1965 „	400,0	„ „ [1])

Transistoren werden auf zahlreichen Gebieten der Technik Anwendung finden. Zum Beispiel überall dort, wo man es mit Meß- oder Regelvorgängen, Nachrichtenübermittlung durch Funk, Energieversorgung (Gleichrichtertechnik) und anderen Vorgängen zu tun hat. Der Vortragende zeigte Experimente mit Kleinstverstärkern, Kleinsendern, Geigerzählern, Niederfrequenztransistoren für Bergbauzwecke und anderen Geräten, die mit Transistoren arbeiteten. Diese Geräte haben folgende Vorteile: Transistoren sind stoßfest und robust, haben sehr kleine Abmessungen (etwa 1 × 2 × 1 cm), eine Nutzungsdauer von etwa 20000 Stunden, einen sehr geringen Stromverbrauch bei hoher Leistung. Welcher Geologe begrüßt nicht einen kleinen, leistungsfähigen und unempfindlichen Geigerzähler? Der Geophysiker wird statt eines LKWs für seine Instrumente mit einem Koffer auskommen. Die Signalanlagen sowie Meßeinrichtungen in Bergwerken und Hütten werden durch neue Ausrüstungen ersetzt werden. Die lange Lebensdauer wird die höheren Anschaffungskosten schon in den ersten Jahren ausgeglichen haben. Die Kosten dieser neuen Geräte lassen erkennen, daß die Herstellung von Transistoren verhaltnismäßig teuer ist. Die DDR produziert bisher nur in einem Betrieb in geringem Umfang Halbleiter. Das Ausgangsmaterial ist bei uns vorwiegend Germanium aus den Freiberger Erzen. Silizium und andere Elemente der IV. Gruppe (z. B. C = Diamant) können auch verwertet werden. Jedesmal wird vom Werkstoff äußerste Reinheit verlangt, und hierzu sind kostspielige, komplizierte Verfahren notwendig. Aus dem reinen Material, dem man entsprechend seinem Verwendungszweck Fremdstoffe (1—10 mg auf 1 kg Germanium) zusetzt, werden in einem Ziehprozeß 10^{15}—10^{17} Atome in einer Sekunde zu einem Einkristall vereinigt. Gitterbaufehler können die elektrischen Werte beeinflussen. Folgende Tatsachen unterstreichen die große Bedeutung der Halbleiter für die Zukunft: Im Ausland hat man Gleichrichterbauelemente entwickelt, die die Größe einer Streichholzschachtel haben und Gleichströme von einigen 100 Watt erzeugen. Hochspannungsgleichrichter bei 10 kV haben die Größe eines Bleistiftes. Transistoren geben eine Verstärkerleistung von 60 Watt. Eine Uhr, die mit Transistoren ausgerüstet wurde, hatte eine Genauigkeit von 10^{-10}. Sie liegt damit in der Genauigkeit 1—2 Zehnerpotenzen höher als die Quarzuhren.

Die Beispiele aus diesen Zweigen der Elektrotechnik zeigen, wie wichtig die Entwicklung und Vergrößerung dieses Industriezweiges ist.

Zu den Ausführungen über das physikalische Verhalten und den elektronischen Eigenschaften wurde ein populärwissenschaftlicher Defafilm über die Produktion von Transistoren in der DDR gezeigt.

Prof. Dr. SPACKELER, Freiberg, sprach über gemeinsame technische Probleme des Erz- und Kalibergbaues. Die gezeigten Zusammenhänge zwischen diesen beiden Bergbauzweigen sollen das Zusammengehörigkeitsgefühl der Erz- und Kalibergleute stärken. Ein Bindeglied ist z. B. der Kupferschieferbergbau. Der Kupferschieferbergmann muß die Erfahrungen des Salzbergmannes verwenden. Die Auslaugungszonen und die gesamten hydrologischen Verhältnisse der Sangerhäuser und Mansfelder Mulde müssen beachtet werden. Bei der Erschließung der Sangerhäuser Mulde muß der Abbau in gefährdeten Zonen vermieden werden.

Ein weiteres Bindeglied ist der Eisenerzbergbau von Salzgitter. Dort ist vor dem Weltkrieg eine neu in Betrieb genommene Grube durch Anfahren einer Gipsschlotte abgesoffen.

Abbau und Gebirgsdruck

Die Harzer und Thüringer Eisenerzgruben haben mit dem Kalibergbau folgende gemeinsame Probleme: Die Standsicherheit ihrer Pfeiler, langes Offenhalten der Gruben- und Abbaue, bis das letzte Erz hereingewonnen ist. Zwischen dem Gangerzbergbau mit seinem Firstenstoßbau und dem Kalibergbau gibt es keine Beziehungen.

Prof. SPACKELER erläuterte den Totalabbau in der UdSSR. Hierbei werden erst die Pfeiler abgebaut und durch Zementpfeiler ersetzt. Anschließend wird der Abbau durchgeführt. Ein derartiges Verfahren wäre in der DDR (Kalibergbau) zur Zeit noch nicht wirtschaftlich anzuwenden. Wenn es aber möglich wird, den Versatz zu verfestigen, kann das gleiche Abbauverfahren auch bei uns angewendet werden, was bei einem derzeitigen Abbauverlust von 40—60% einen großen Erfolg bedeuten würde.

Bohren und Bohrwagen

Auf dem Gebiet der Bohrtechnik gibt es in Kali- und Erzbergbau einige Unterschiede. Es wird auf die neuen Bohrlochverfahren (Großbohrloch u. a.) und ihre unterschiedliche Sprengwirkung eingegangen.

Der Bohrwagen ist für Kali- und Erzbergbau ein gemeinsames Aufgabengebiet. Durch den Bohrwagen kann die Schlagwirkung beim schlagenden Bohren und der Andruck beim drehenden Bohren erhöht werden. Im Erzbergbau ist die Rüstzeit für den Bohrwagen sehr hoch und frißt die beim Bohrprozeß gewonnenen Vorteile wieder auf. Große Querschnitte und hohe Abschlagtiefe sind Vorteile und Voraussetzung für den Bohrwagen.

Bei der Schießarbeit steht das Millisekundenschießen im Vordergrund. Der Einbruch wird durch ein Großbohrloch herausgebohrt, und man erhält großstückiges Haufwerk. Eine Rollenmeißelvorbohrung von 50 m Tiefe reicht bei 6,5 m Abschlag für acht Sprengungen.

Auf dem Gebiete des Abbaues werden einige Verfahren beschrieben. Auf ihre Einsatzmöglichkeit wird hingewiesen.

Bei der Wetterführung wird man im Kalibergbau in absehbarer Zeit ohne gekühlte Wetter nicht mehr auskommen. Um Wetter kühlen zu können, müssen sie trocken sein bzw. getrocknet werden. Das bedingt, daß der Spülversatz vom Wetterstrom getrennt vor sich geht.

Abschließend sagte Prof. SPACKELER, daß sein Vortrag einen Erfolg hat, wenn damit für die Zusammenarbeit zwischen den verschiedenen Bergbauzweigen geworben werden konnte.

Dr. STOLLE, Erfurt, hielt einen Vortrag über Probleme der Laugenversenkung im Kalibergbau. Die wirtschaftliche Bedeutung der Endlaugenbeseitigung ist sehr groß. Die Entwicklung der Kaliindustrie sowie die Produktion einzelner Betriebe hängt von der Beseitigung der bei der Verarbeitung anfallenden Laugen weitestgehend ab.

[1]) Siehe M. FALTER „Die Wirtschaft" Nr. 46, 1957.

Die Versenkung der Endlaugen in poröse klüftige Gesteinsschichten ist von den Möglichkeiten der Abwässerbeseitigung die wirtschaftlich günstigste. Die ins Gebirge versenkten Laugen dürfen aber nicht in das Grundwasser bzw. an die Oberfläche dringen, da sie die Vegetation zerstören und damit der Landwirtschaft großen Schaden zufügen können. Ebenso dürfen sie auch nicht in in der Nähe liegende Schächte und Grubenbaue eindringen. Für die Aufnahme der Endlaugen kommen somit nur Schichten in Frage, die ein großes Speichervermögen haben und im Hangenden und Liegenden durch Letten abgedichtet sind.

Werra-Kalirevier

Das Werra-Kalirevier hat für eine umfangreiche Laugenversenkung die besten Möglichkeiten. Hier ist der Plattendolomit des Zechsteins der aufnahmefähige Horizont. Die Ränder großer Salzauslaugungssenken zeigen die günstigste Klüftigkeit und haben das größte Aufnahmevermögen. In der Mitte der Auslaugungssenken steigen die Endlaugen wieder auf und können durch die Niederschlagswässer hohe Chlorgehalte in die Werra bringen.

Der Buntsandstein eignet sich nicht für die Aufnahme größerer Laugenmengen, da hier die Auftriebsgefahr zu groß ist. Versenkungen im Präsalinar haben an einer Stelle mit 200 m^3/Std. günstige Aussichten gezeigt. Im Werragebiet werden schon seit 30 Jahren Endlaugen versenkt. Welche Mengen da in Frage kommen, zeigen die von Herrn Dr. STOLLE mitgeteilten Werte. Die drei Thüringer Kalikombinate hatten 1956 einen Laugenanfall von 170300 m^3 je Arbeitstag mit einem Chlorgehalt von 10505 t. Davon wurden 25250 m^3 mit 5905 t Chlor durch angelegte Schluckbrunnen in den Plattendolomit versenkt. Bei den zwei benachbarten hessischen Kaliwerken ist der Laugenanfall etwa genauso groß. Im Werragebiet wurden seit 1925 etwa 222 Mio m^3 Endlauge versenkt. Seit 1949 werden im Jahr mehr als 13 Mio m^3 versenkt. 1955 wurde die 14 Mio m^3-Grenze überschritten. Der Grenzwert für den Chlorgehalt der Werra bei Gerstungen beträgt 2550 mg/l. Dieser Wert muß eingehalten werden, da sonst die Trinkwasserversorgung von Bremen gefährdet wird. Da die Laugen in den Dolomitschichten nicht so günstig abwanderten, wie es angenommen wurde, ist mit einer Erschöpfung der alten Versenkungsgebiete sehr bald zu rechnen. Die Laugen werden durch Versenkbrunnen, die 80—400 m^3/Std. aufnehmen, mit 3—9 atü eingepreßt. Neue Versenkungsräume konnten im nördlichen Teil des Werragebietes durch Auswertung von Untersuchungen der Herren Prof. Dr. DEUBEL und Prof. Dr. HOPPE festgestellt werden. Ihre Aufnahmefähigkeit wurde mit 20 Jahren angegeben.

Südharz-Kalirevier

Besondere Schwierigkeiten bereiten die Endlaugen im Südharz-Kaligebiet. Die Verchlorungsgrenze der Flüsse ist schon erreicht. Die im Südharzrevier liegenden umfangreichen Carnallitvorkommen können erst abgebaut werden, wenn größere Versenkungsräume gefunden worden sind oder eine sehr kostspielige Laugenleitung zur Nordsee gebaut worden ist. Die geologischen Strukturen sind im Südharz für Versenkungsräume ungünstig. Der 30—70 m unter dem Kalilager liegende Hauptdolomit führt Erdgas und Erdöl. Ausgedehnte Kluftsysteme reichen von eventuell in Frage kommenden kleinen Versenkungsräumen bis in die Grubenbaue der Kaliwerke. Zur Diskussion stehen die Fragen: Wird der aufnahmefähige Horizont Speichergestein für Industriegas? Ist es möglich, das Erdgas durch versenkte Endlaugen herauszudrücken, und inwieweit muß durch die Erdölgewinnung auf die Laugenversenkung verzichtet bzw. gewartet werden? Die günstigste Lösung dürfte die schon erwähnte Laugenleitung zur Nordsee sein.

Kalirevier Staßfurt

Im Unterschied zum Südharz ist das Kaligebiet von Staßfurt für eine Laugenversenkung als günstig zu bezeichnen. 5 Mio m^3 wurden hier seit 1902 in den alten Achenbachschacht versenkt, ohne Schaden im Grundwasser anzurichten. Abschließend wies der Vortragende darauf hin, daß die Erkundung und Erschließung neuer Versenkungsräume bei der großen volkswirtschaftlichen Bedeutung unserer Kaliwerke sehr wichtig ist.

In der anschließenden sehr regen Diskussion wurden die Chemiker aufgefordert, ihre Forschungsergebnisse über die Endlaugenverwertung in der Industrie recht bald praktische Wirklichkeit werden zu lassen, damit die Carnallitverwertung im Nord- und Südharz aufgenommen werden kann.

K. H. WEHNER, Essen, hielt einen sehr interessanten Vortrag über den hydraulischen Grubenausbau in der Entwicklung und Praxis. Behandelt wurden die Vorteile des hydraulischen Grubenausbaues gegenüber den bisher gebräuchlichen Ausbauelementen, die unterschiedlichen hydraulischen Systeme, Ausbaumaterial einschließlich Zubehör, Betriebserfahrungen mit Einzelstempeln und -scheiben, den Ausbaurahmen in der flachen Lagerung, Versuche mit rückbarem hydraulischem Rahmenausbau in der steilen Lagerung unter Berücksichtigung einer mechanisierten Gewinnung.

Die Entwicklung des hydraulischen Grubenausbaus wurde nach dem zweiten Weltkrieg besonders durch den Steinkohlenbergbau gefördert. Der Steinkohlenbergbau ist heute schon weitgehend mechanisiert. Eine empfindliche Lücke in der Mechanisierung soll durch den hydraulischen Grubenausbau geschlossen werden. Kürzere Raub- und Setzzeiten sowie größere Sicherheit für den Bergmann sind Vorteile des hydraulischen Grubenausbaus. Der Ferromatikstempel der Fa. Klöckner-Ferromatik GmbH ist ein hydraulischer Einzelstempel mit einer Nennlast von 20—30 t. Durch einen galvanischen Kadmiumüberzug wird er vor Korrosion geschützt. Die Serienfertigung dieser Stempel wurde erst im Frühjahr 1957 begonnen. Die Stempel werden bereits mit Erfolg im Ruhrgebiet, Frankreich und Belgien angewandt.

Vergleich: Zum Rauben und Setzen eines hydraulischen Stempels 1,9 Min.; zum Rauben und Setzen eines Reibungsstempels 4,0 Min.

Zur Erprobung des hydraulischen Rahmenausbaus sind zur Zeit 50 Versuchsrahmen im Einsatz. Sie haben sich schon gut bewährt (Anwendung Grube Viktor 3/4).

Weitere Vorteile des hydraulischen Grubenausbaus sind: verringerter Arbeitsaufwand und geringere Kosten, Zeitersparnis, Materialeinsparung. Durch leichtere und sichere Bedienung sank die Unfallziffer um 80%. Voll ausgebildete Hauer werden für die Gewinnung frei. Ob diese großen Vorteile und Einsparungen die steigenden Ruhrkohlenpreise einmal stoppen und zu einer sinkenden Tendenz führen werden?

Im Anschluß an den mit großem Beifall aufgenommenen Vortrag wurde ein sehr anschaulicher neuer Schmalfilm (von August 1957) gezeigt. Im ersten Teil des Filmes wurde die Bauart und Arbeitsweise durch im Schnitt dargestellte Stempel erklärt. Es war zu erkennen, daß die Konstruktion gut durchdacht und das verhältnismäßig dünnwandige Material gegen seitlichen Druck sehr widerstandsfähig ist. Der hydraulische Mechanismus ermöglicht eine hohe Leistung. Das empfindliche Ventil kann bei Schaden in der Grube ausgewechselt werden. Die Untertageaufnahmen zeigten zum Vergleich erst Ausbauarbeiten mit mechanischen Reibungsstempeln und dann den vorteilhafteren Ausbau mit hydraulischen Stempeln. Letztere sind nicht so schwer, werden mittels einer Pistole an die Druckleitung angeschlossen und durch eine nichtbrennbare Wasser-Öl-Emulsion hydraulisch an die Firste gedrückt. Auf den Stempel wird ein starkes Halbholz gelegt, aus dem beim Andrücken an die Firste der Saft in einem Bogen herausspritzt. Nur so konnte im Film die Andruckkraft des Stempels demonstriert werden.

Der letzte Teil des Films zeigte den hydraulischen Rahmenausbau und das Wandern der Rahmen. Hier sind jeweils drei Stempel durch mehrere dünne Stahlfederblätter an Kopf und Fuß miteinander verbunden. Die elastischen „Kappen" ermöglichen eine gleichmäßige Druckaufnahme unebener Firsten. Diese Rahmen können nur bei einer festen Firste verwendet werden. Bei Anwendung im Braunkohlentiefbau wurden im Hangenden und Liegenden zwei Meter Kohle stehengelassen, die Federblätter breiter gemacht und die Rahmen dichter gestellt.

Um das Nachrücken oder „Wandern" der Rahmen durchzuführen, sind diese durch hydraulisch arbeitende Spreizen an der Sohle verbunden. Die Spreize geht vom Fuß des äußeren Stempels an den Fuß des mittleren Stempels des nächsten Rahmens.

Durch diagonale Verbindung zwischen den parallel stehenden Rahmen wird der Schub zum Kohlenstoß ermöglicht.

Die Senkung der Unfallziffer um 80% wird durch das Rauben aus der Deckung (2—3 m entfernt) mittels eines Zugseiles ermöglicht. Das Ventil wird aufgerissen, die Flüssigkeit entweicht, und der Stempel kann vor dem nachbrechenden Gestein zurückgezogen werden. Die Rahmen werden in der gleichen Art und Weise gelöst und erneut an den Stoß geschoben. Die Druckleitung wird wieder angeschlossen. Während der eine Rahmen wandert, stehen die anderen fest.

Ein mechanischer Grubenausbau erfordert besondere Beachtung der geologischen Verhältnisse. So muß die Beschaffenheit des Hangenden und Liegenden sowie die Lage von Störungszonen genau erkundet werden. Der Zwickauer Steinkohlenbergbau hat eine sehr gebräche Firste. Der hydraulische Grubenausbau wird sich hier nicht wirtschaftlich anwenden lassen.

Es wurden noch zahlreiche Vorträge gehalten, die zeitlich den anderen parallel lagen. Zu erwähnen wäre kurz noch ein Vortrag von E. MÜLOT, Leipzig, der über den wirtschaftlichen Einsatz von Löffelbaggern in Gesteins- und Erztagebauen in Verbindung mit Großbohrloch-Sprengung und gleisloser Förderung sprach.

Dieser Bericht hat seinen Zweck erfüllt, wenn sich die wissenschaftlichen Mitarbeiter der StGK, besonders die Fachleute der HA-Technik, zur Mitarbeit in diesen neuen Arbeitskreisen bereit erklären. Sie stellen sich damit hinter die Forderung des 33. Plenums, die Forschungsarbeit durch eine gute Zusammenarbeit mit der Industrie zu verbessern und durch praktische Erfahrungen zu beleben.

Tagung der Sektion „Hydrogeologie und Ingenieurgeologie" im Rat für gegenseitige Wirtschaftshilfe

RICHARD KÖHLER, Berlin

Seit geraumer Zeit haben sich die Sowjetunion und die Volksdemokratien im Rat der gegenseitigen Wirtschaftshilfe zusammengetan, um auf dieser höchsten Ebene auf allen Gebieten der Wirtschaft und Industrie zu einer engeren und möglichst zweckmäßigen und rationellen Ausnutzung der vorhandenen Kapazitäten zu gelangen. Durch regelmäßig stattfindende gegenseitige freie und offene Aussprachen werden auf den einzelnen Wirtschaftsgebieten die Schwierigkeiten einzelner Länder aufgezeigt und tatkräftige Versuche unternommen, soweit wie möglich Unterstützung zu gewähren und gleichzeitig die gesamte Produktion und Forschung gemeinsam zu steuern und zu beeinflussen.

So gibt es nun auch auf dem Gebiete der Geologie im weiteren Sinne eine Ständige Kommission für ökonomische und technisch-wissenschaftliche Zusammenarbeit beim Rat für gegenseitige Wirtschaftshilfe. Die einzelnen Länder im RgW sind durch entsprechende fachliche Delegationen vertreten. Auf dem Gebiet der Geologie wurden weiterhin mehrere Sektionen gegründet, deren Aufgabe es ist, auf ganz bestimmten Spezialgebieten der Geologie bzw. der angewandten Geologie, die Arbeiten auf diesem Sektor zu koordinieren und dadurch in der Weiterentwicklung zu befruchten und zu lenken. Größte Bedeutung wird bei allen diesen Sektionsberatungen darauf gelegt, durch vereinfachte und koordinierte Methoden vor allem die wirtschaftlichen Belange der einzelnen Länder durch Einschaltung der Geologie zu fördern und zu intensivieren. Die Mitglieder der einzelnen Sektion, die wiederum bestimmte Arbeitsgruppen zur Lösung und Untersuchung ganz spezieller Fragen und Aufgaben bilden können, werden von den Delegationen der einzelnen Länder ernannt, desgleichen die Vorsitzenden der einzelnen Sektionen.

Namhafte Vertreter der Gebiete Hydrogeologie und Ingenieurgeologie aus der Sowjetunion und den befreundeten Volksdemokratien traten bei der Staatlichen Geologischen Kommission in Berlin zu Fachberatungen unter Vorsitz des Verfassers in der Zeit vom 22. bis 30. 10. 57 zusammen.

Auf dieser Tagung wurden während der ersten vier Tage fachliche Themen, und zwar insbesondere Fragen der Hydrogeologie behandelt. Von den einzelnen Vertretern wurden ausführliche Berichte mit Kartendarstellungen über die wichtigsten Arbeiten auf dem Gebiet der Hydrogeologie, und zwar besonders der hydrogeologischen Kartierung sowie der Mitarbeit der Hydrogeologie bei der Lagerstättenerkundung gegeben. Den ausgedehnten Diskussionsbeiträgen konnten die einzelnen Länder viele wertvolle Hinweise für die eigenen hydrogeologischen Arbeiten entnehmen. Es zeigte sich bereits auf dieser ersten Fachtagung, daß manche Erkundungs- und Darstellungsmethoden, die von einem Land bereits erfolgreich durchgeführt wurden, die Fortführung gleicher Arbeiten in anderen Ländern befruchten und erleichtern werden, so daß vor allem Doppelarbeiten vermieden werden können. Bei konsequenter Weiterführung dieser Besprechungen wird man auf diese Weise bald zu gewissen einheitlichen Methoden auf den wichtigsten Gebieten der hydrogeologischen Arbeiten gelangen. Zwischendurch hatten die Tagungsteilnehmer auch Gelegenheit, besondere Sehenswürdigkeiten Berlins kennenzulernen. Der Leiter der Staatlichen Geologischen Kommission, Staatssekretär Dipl.-Volkswirtschaftler NEUMANN, gab allen Teilnehmern einen gelungenen offiziellen Empfang im Gästehaus der Regierung, an einem weiteren Abend sind die Teilnehmer Gäste der Staatlichen Geologischen Kommission in der Deutschen Staatsoper Unter den Linden gewesen.

Im Anschluß an die viertägigen Verhandlungen wurden einige vorher festgelegte Exkursionen durchgeführt. Hierzu wurden von entsprechenden Fachkollegen die notwendigen Erläuterungen durch Kurzreferate gegeben und anschließend die Objekte besichtigt. Das Schlußstück des Bauvorhabens Berliner Güteraußenring der Deutschen Reichsbahn, die Durchquerung des Templiner Sees südlich Potsdam durch einen gewaltigen Erddamm, fand reges Interesse bei allen Exkursionsteilnehmern. Die kühne bautechnische Durchführung der Dammschüttung bei recht schwierigen Untergrundverhältnissen im Templiner See fand vor allem bei den sowjetischen Kollegen große Beachtung, die in Diskussionsbeiträgen auf ähnliche, z. B. noch größere Bauvorhaben in der Sowjetunion hinwiesen. Die Schüttung eines gewaltigen Sanddammes unweit Stalingrad zum Zwecke der Wolga-Regulierung unter gleichzeitiger Gewinnung von elektrischer Energie durch den Bau von Kraftwerken, Schleusen, Schutzdämmen usw. wurde als Parallele herangezogen. Bei dieser Gelegenheit wurde neben der fachlichen Tätigkeit auch dem kulturellen Empfinden Raum gegeben und am Nachmittag des gleichen Tages das Schloß Sanssouci sowie die Nationale Gedenkstätte Cäcilienhof in Potsdam besichtigt. Auf einer Befahrung im Harz konnten der jetzt fertiggestellte und am 7. 11. 57 eingeweihte Erddamm des Hochwasserrückhaltebeckens an der Kalten Bode bei Königshütte, die seit vorigem Herbst bereits im Betrieb befindliche Überleitungssperre an der vereinigten Warmen und Kalten Bode bei Königshütte und die der Fertigstellung entgegengehende gewaltige Rappbode-Sperrmauer studiert werden. An der Kalten Bode wurden namentlich die Abdichtungsverfahren auf der wasserseitigen Böschung von Erddämmen näher besprochen. Alle Fachkollegen waren unserer Ansicht, daß eine Verlegung von Chemikalmasse (Hydratonverfahren) noch gewisse Unsicherheit in sich birgt und daß man zweckmäßig als Abdichtungsmedium bei Erddämmen Betonplatten, Erdbeton oder einen Bitumenbelag verwenden sollte. An der Rappbodetalsperre wurde die Ausbetonierung des zur Mauerkrone führenden Straßentunnels am linken Hang besichtigt. Die für die Vorerkundung durchgeführten geologischen Untersuchungsarbeiten und vorgelegten geologischen Kartenschnitte und Profile sowie vor allem die Darstellungen der Wasserdurchlässigkeitsprüfungen und Zementinjektionen wurden eingehend studiert und diskutiert. Hier konnten wir feststellen, daß unsere zur Zeit für den Talsperrenbau angewandten ingenieurgeologischen Methoden der Erkundung und Darstellung einer internationalen Kritik jetzt durchaus standhalten können. Auf der Fahrt zum Harz wie auch bei der Weiterfahrt nach Leipzig wurden die Exkursionsteilnehmer wiederholt auf Besonderheiten der geologischen Situation hingewiesen. In Leipzig galt es, ein altes und ein neues Wasserwerk sowie die Probleme der Wasserversorgung der Stadt Leipzig kennenzulernen. Beim älteren Wasserwerk Naundorf II stehen die Filterbrunnen in mittelpleistozänen Schottern. Hier war Gelegenheit gegeben, den Einbau neuer moderner Horizontalfilterbrunnen zu besichtigen. Auf vorgelegten Karten waren die gesamten Filterbrunnenanlagen in der Umgebung des Wasserwerkes, die unter Mitwirkung der Geologie und der Hygiene erarbeiteten Schutzzonen sowie die Beeinflussung des Grundwasserspiegels im Laufe der Zeit aufgezeichnet. Eine ganz moderne Verdüsungsanlage konnte beim neueren Wasserwerk Thallwitz besichtigt werden. Durch die Verdüsung wird Sauerstoff vom Wasser aufgenommen, gelöstes Ferro-Eisen wird zu Ferri-Eisen oxydiert, so daß auf diese Weise sowohl der Gehalt an Eisen wie auch an Kohlensäure herabgesetzt werden kann. Die Reinigung der Sandfilter durch ein Luftwassergemisch wird alle drei Tage im Gegenstromprinzip durchgeführt. (Die gesamte Tagung und vor allem die Befahrungen waren trotz der vorgeschrittenen Jahreszeit vom Wetter begünstigt.)

Diese erste Tagung der Sektion „Hydrogeologie und Ingenieurgeologie“ in Berlin kann als ein voller Erfolg gewürdigt werden. Die einzelnen Fachwissenschaftler der verschiedenen Länder haben sehr schnell Kontakt zueinander gefunden, wodurch die Verhandlungen in einer offenen, ungezwungenen und freundschaftlichen Weise durchgeführt werden konnten. Wenn auf dieser ersten Tagung hydrogeologische Fragen der Erkundung und Darstellung der Ergebnisse im wesentlichen zur Erörterung standen, so werden auf der kommenden Tagung der Sektion, die im nächsten Jahr voraussichtlich in Sofia oder Budapest stattfinden wird, daneben vor allem auch Fragen der ingenieurgeologischen Kartierung zur Debatte stehen. Es wird im Anschluß an diese erste Tagung nunmehr vornehmste und wichtigste Aufgabe der einzelnen Ländervertreter sein, die hier gewonnenen Erkenntnisse und die gegebenen Empfehlungen und Richtlinien zur Verwirklichung eines gemeinsamen Zieles bei allen Arbeiten auf dem Gebiet der Hydrogeologie und Ingenieurgeologie der einzelnen Länder nutzbringend weiterzugeben, um auf diesem Gebiet der angewandten Geologie mehr und mehr zu einer gemeinsamen Arbeitsweise zum Wohl der Volkswirtschaft aller Länder zu gelangen.

Lesesteine

Der Partisan

Mit ENRICO MATTEI, der als Partisan gegen den Faschismus gekämpft hatte und heute als Generaldirektor der staatlichen italienischen Ölgesellschaft Ente Nazionale Idrocarburi (ENI) wirkt, ist die „Frankfurter Allgemeine Zeitung“ Nr. 232 vom 7. 10. 1957 äußerst unzufrieden.

„Seine Aktivität im Mittleren Osten hat bei den internationalen Konzernen starkes Befremden erregt. Es handelt sich nicht darum, daß gegen eine italienische Interessennahme am Mittelost-Öl an und für sich Einwendungen erhoben werden. Im Gegenteil, die internationalen Konzerne begrüßen eher eine Verteilung der politischen Risiken im Mittleren Osten. Nach dem nunmehr perfekten Abkommen zwischen der National Iranian Oil Company (NIOC) und der Tochtergesellschaft der staatlichen italienischen Ölgesellschaft AGIP wird für das iranische Ölgeschäft eine gemeinsame Gesellschaft SIRIP gegründet, an der die NIOC und AGIP je zur Hälfte beteiligt sind. Beide bringen zu gleichen Teilen ein nominelles Gründungskapital in iranischer Währung auf, das dem Gegenwert von etwa 650000 Mark entspricht. Im übrigen jedoch bringt der italienische Partner das gesamte Investitionskapital auf und trägt das ausschließliche Verlustrisiko. Im Erfolgsfalle schießt der iranische Partner seinen halben Anteil an der Kapitalinvestition aus erzielten Reingewinnen nach. Der iranische Gewinnanteil ist 75%, der italienische 25%. Formell ist das gleiche Gewinnteilungsprinzip gewahrt. Die staatliche National Iranian Oil Company erhält die übliche Gewinnhälfte für die Einbringung des Öls unter der Erde und die zusätzlichen 25% als Partner der gemischt italienisch-iranischen Gesellschaft in ähnlicher Weise, wie beispielsweise auf die amerikanische Gulf Oil Company und die British Petroleum Company je 25% des Kuwaitölgewinnes entfallen, nachdem das Land Kuwait seine Gewinnhälfte erhalten hat. Der Haken bei der Sache ist nur der, daß die Wahrung des gleichen Gewinnteilungsprinzips nur Schein und Fassade ist. Die National Iranian Oil Company ist kein echter Partner mit gleichen Pflichten und Rechten, sondern ist von jeder Kapitalaufbringung (von dem nominellen Gründungskapital abgesehen) und jedem Risiko entbunden und braucht lediglich im Erfolgsfalle ihren Investitionsanteil aus erzielten Gewinnen nachzuschießen. Die Gefahr eines solchen Präzedenzfalles besteht darin, daß allein die Tatsache des Vertragsabschlusses das ganze Konzessionssystem im Mittleren Osten gefährdet, da die anderen Ölländer entsprechende Forderungen stellen können. Einige der Konzessionsverträge enthalten sogar ausdrücklich eine Art Meistbegünstigungsklausel, nach der den betreffenden Ländern automatisch die gleichen Vorteile zufallen, die anderen Mittelostländern eingeräumt werden.“

Iran hat im Jahre 1956 26,5 Mio t Erdöl gefördert. Die erste fündige Bohrung bei Qum (etwa 120 km südlich von Teheran an der Eisenbahnstrecke Khoramschar—Teheran) erbrachte aus etwa 2000 m Teufe 10000 tato Rohöl. Man nimmt an, daß das höffige Gebiet bei Qum 20000 km² groß ist, und daß man jährlich 20 Mio t aus ihm fördern könnte. Dabei rechnet man damit, daß die fündigen Bohrungen jeweils 500—2000 tato im Durchschnitt erbringen werden. Die weitere Entwicklung dieses neu entdeckten Erdölfeldes muß man mit Interesse weiter verfolgen.

MATTEI hat bereits in Norditalien große Erfolge im Kampf gegen die Ölmonopole erzielt. Vorwiegend seiner Initiative ist es zu danken, daß gegen den Widerstand der Monopole die großen Erdgasvorkommen der Po-Ebene erschlossen werden konnten. Jedenfalls ist anzunehmen, daß er den Iranern und Arabern zeigen wird, daß sie aus den Rohstoffen ihrer Länder höhere Gewinne für die Wohlfahrt der Bevölkerung erzielen können, als es zur Zeit auf Grund der ungünstigen Abkommen mit den internationalen Erdölkonzernen möglich ist. Hoffen wir, daß der Partisan erneut eine Bresche in den Ring der Konzernmauern schlagen wird.

e.

Kleiner Ölkrieg in Oman

„U. S. News & World Report“ Nr. 7 vom 16. August 1957 bringt auf S. 73 einen interessanten Kommentar ihres in Muscat weilenden Sonderberichterstatters über die Kämpfe zwischen englischen Truppen und den unabhängigen arabischen Stämmen des Hinterlandes. Der Reporter behauptet, daß die Kämpfe zwischen Engländern und Arabern durch größere Ölfunde, die im Gebiet von Dhofar gemacht worden sind, ausgelöst worden seien. Die Grenze zwischen Oman und Saudiarabien liegt nicht fest. Die Engländer haben bisher nur das Küstengebiet beherrscht. In diesem Raum leben etwa 550000 Araber. Die Wüstengebiete des Inneren wurden bisher von den Engländern nicht kontrolliert. Der König Saud von Saudiarabien steht auf dem Standpunkt, daß die Wüstengebiete des Oman zu seinem Interessenbereich gehören. Die unabhängigen Araber dieses Gebietes unterhalten hingegen enge Beziehungen zu Ägypten, das sie gegen

Übergriffe des „britischen Imperialismus und Kolonialismus" in Schutz nimmt. Die amerikanische Aramco, die das Erdöl von Saudiarabien ausbeutet, will sich offiziell nicht in diesen Konflikt einmischen, um bei den Arabern nicht Anstoß zu erregen und damit die amerikanische Ölposition in dieser Gegend zu schwächen. Man hat bisher schon mehrmals erlebt, daß Scheichtümer in der Wüste durch Ölfunde plötzlich zu wichtigen Produktionszentren der Weltwirtschaft wurden. Infolgedessen werden die Engländer alles tun, um ihre Herrschaft nicht nur über das Küstengebiet aufrechtzuerhalten, sondern auch über das Hinterland von Oman mit ihren bisher unabhängigen arabischen Stämmen auszudehnen. e.

Aussichtsreiche Erdölschürfgebiete[1]

In einem Vortrag auf der Jahrestagung der Deutschen Geologischen Gesellschaft in München gab Prof. Dr. A. BENTZ interessante Hinweise auf erdölhöffige Gebiete, in denen sich das westdeutsche Kapital beteiligen könnte. Er wies u. a. auf das Aquitanische Becken in Südfrankreich hin, in dem die große Erdgaslagerstätte von Lacq neue Perspektiven eröffne. Auch auf die Erdölfelder der Sahara kam er zu sprechen. Er teilte mit, daß das Feld Hassi Messaoud bei einer Bohrtiefe von 3500 m über Vorräte von etwa 1 Mrd. t verfüge. Seiner Meinung nach können die USA ihren Vorsprung in der Erdölproduktion kaum mehr halten. Große Möglichkeiten für die Entdeckung neuer Ölfelder beständen aber in Kanada. Die Aussichten in Mexiko hält er für ungünstig, dagegen böten sich gute Chancen in Venezuela und Argentinien. Von den 30 Bohrungen, die in den letzten Jahren im Nordwesten von Argentinien niedergebracht wurden, seien 25 in Teufen von 3000—4000 m fündig geworden. Die Aufnahme der Produktion hänge vom Bau einer 1500 km langen Ölleitung zu den Verbrauchsgebieten an der Küste ab. Im Hinblick auf den hohen Gasanfall der Sonden müßte auch eine 1850 km lange Ferngasleitung gebaut werden. Ähnlich sei auch die Situation in Bolivien. Die Erkundungen in Südamerika hätten sich bisher auf die gefalteten Zonen beschränkt; eine Untersuchung der höffigen Schelfgebiete habe bisher noch nicht stattgefunden.

Auch in Indien und Pakistan seien noch gute Möglichkeiten vorhanden, besonders deshalb, weil die Vortiefe des Himalaya bisher noch nicht ölgeologisch untersucht sei. „Zusammenfassend kann gesagt werden", schloß BENTZ, „daß große Räume außerhalb des Nahen Ostens ölgeologisch noch unerforscht sind und daher durchaus eine Chance dafür gegeben ist, die Abhängigkeit der freien Welt von dem Öl der arabischen Länder durch die Erschließung neuer Reserven in anderen Gebieten, evtl. auch unter deutscher Beteiligung, zu vermindern." e.

[1] Siehe auch „Erdöl-Zeitschrift" 1957, S. 194.

Besprechungen und Referate

WENK, E.

Alpines und ostgrönländisch-kaledonisches Kristallin, ein tektonisch-petrogenetischer Vergleich

Abhandlungen der Naturforschenden Gesellschaft in Basel, Bd. 67, Nr. 2, S. 75—102, 1956

1955 hielt E. WENK, der Direktor des Baseler Mineralogisch-Petrographischen Instituts, einen Vortrag, in dem er seine feldpetrographischen Erfahrungen resümierte. Der Vortrag beschäftigt sich mit drei Kernthemen der Geologie: Gebirgsbildung, Gesteinsumwandlung und Granitisierung. E. WENK hat sich mit diesen Problemen im alpinen und im ostgrönländisch-kaledonischen Gebirge auseinandergesetzt. Der Gegenstand seiner Forschungen waren beide Male die tiefsten zugänglichen Teile des Orogens. Jedes Orogen hat seine besondere Problemstellung. Die beiden Orogene, das ostgrönländische Küstengebirge und die Alpen, besitzen für den kristallinen Unterbau gemeinsame Züge. Bei der geologischen Analyse fallen zunächst die Gegensätzlichkeiten ins Auge. Während im zentralen Teil der Alpen nur eine 1200 m mächtige Sedimentserie abgelagert wurde, ist die ostgrönländische Geosynklinalfüllung 16000 m mächtig und vorwiegend spätpräkambrischen bis kambroordovizischen Alters. Hinzu kommt, daß das geologische Gefüge beider Orogene starke Unterschiede aufweist. In den Alpen hat der Geologe stets eine bedeutende tangentiale Zusammenstauchung vor Augen. Die Bewegungen des Sendimentmantels haben auch große geschlossene Schollen von Gneis und Granit erfaßt und sie auf Überschiebungen bis 100 km weit über jüngere Sedimente hinweggetragen (z. B. die ostalpinen Decken in Graubünden). Solche Überschiebungsdecken fehlen dem ostgrönländischen Orogen. Das tektonische Bild wird von weitspannigen Mulden und Sätteln bestimmt, die durch eine Bruchtektonik zerlegt werden. Anders verhält sich der Unterbau.

WEGMANN und BACKLUND wiesen unabhängig voneinander nach, daß in der ostgrönländischen Fjordregion Sedimente vertikal und lateral in Gneis und Migmatit übergehen und daß diese Gneise, Migmatite und Granite jünger sind als die sie umgebenden Sedimente. In der darauffolgenden Forschungsperiode ist unter der Leitung von LAUGE-KOCH (dänische Ostgrönlandexpeditionen) die stratigraphische Stellung der Grenze Sediment zu Migmatit bzw. Granit aufgeklärt worden. Das Dach der synorogenen Granit- und Migmatitkörper folgt über weite Gebiete einem Camgithorizont (kalkig-mergelige Serie der Eleonore-Bay-Formation, Grönlandium) mit Marmoren, Kalksilikatfelsen, Amphiboliten, Granatglimmer- und Karbonatchloritschiefern. Dieser Horizont wird selten von der Granitisierungsfront überschritten, die Camgitzone bleibt dann im Granit reliktisch erhalten. Über diesem Camgithorizont liegen epizonal und mesozonal geprägte Sedimente ohne große Durchbewegung. Die Abbildungskristallisation geht so weit, daß noch kreuzgeschichtete feldspathaltige Gneisquarzite beobachtet werden können. Chemisch ist ein gewisser Stoffaustausch festzustellen. Al wird mit zunehmender Metamorphose durch Si und K durch Na ersetzt. In der migmatitischen Unterlage ist kein mineralfazielles Gleichgewicht erreicht worden. Die archäische Unterlage des kaledonischen Gebirges ist bisher im Bereich des Orogens nicht aufgefunden worden.

E. WENK geht dann zur Beschreibung der Schweizer Alpen über. Hier kann man an vielen Stellen die alte kristalline variszische Unterlage mit Diskordanz beobachten. Nur im Gebiet der sogenannten penninischen Decken (Tessin) fehlt die Diskordanz zugunsten einer regional konkordanten Lagerung. Hier grenzt metamorphe Trias mit parallelen Schieferungsflächen an Glimmerschiefer mit prätriadischen Konglomeraten. In dieser Zone kann der Übergang der sedimentären kristallinen Glieder über Streifen-, Ader-, Misch- und Migmatitgneise in helle Gneise beobachtet werden. E. WENK hat diese Gesteine besonders im Valle Verzasca (Tessin) untersucht. Typisch sind Gneisdecken, die aus quarzdioritischen (trondjemitischen) Kerngesteinen bestehen, umgeben von einer sedimentogenen Hülle. Die deckenartigen Kernkörper zeigen zwischen Stirn und Wurzel eine texturelle Entwicklung. Die Wurzel ist im Gegensatz zur gneisigen Stirn oft massig. Ferner wird die sedimentogene Hülle homogenisiert und nimmt an der Wurzel einen quarzdioritischen Habitus an. Dort, wo die Heterogenität zwischen Hülle und Kern deutlich hervortritt, läßt sich eine teils konkordante, teils diskordante Platznahme des granitischen Materials beobachten. Der quarzdioritische Kristallbrei, schreibt E. WENK, besaß Assimilationskraft. Bei der Schollenbildung bleibt das Faltengefüge der Paragneise reliktisch erhalten. Gefügeanalytische Untersuchungen von Glimmer und Hornblende haben homotaktische alpine Gefüge ergeben. Das großgeologische Gefüge erweist sich zum Korngefüge symmetriegemäß. Das Quarzgefüge ist jünger. Die von E. WENK studierten Kerngneise sind als alpine Gneise aufzufassen.

Die Struktur des Kristallins in den Tessiner Alpen wird von 10—30 km weit ausgebildeten Gneisdeckfalten gebildet. Der Kern dieser Deckfalten besteht aus granitischen Gneisen, die Hülle aus Glimmerschiefern und Paragneisen. Zwischen die Gneisdecken schiebt sich stellenweise metamorphes Mesozoikum ein. Die Vergenz dieser Decken ist uneinheitlich im Gegensatz zum tektonischen Stil in Graubünden. Neben den flachen Deckfalten treten im Tessin auch steilstehende Stöcke (autochthon oder parautochthon) auf. E. WENK charakterisiert dieses Gebiet als Unterbau der Alpen mit mehrseitig gerichteten Fließdecken und Schlingen, die nicht durch die großen Überschiebungsdecken geprägt worden sind. Die steilachsige Tektonik im oberen Maggiatal faßt E. WENK als alpine Injektionszone auf, aus der Material ausgequetscht, aber nicht verschluckt worden ist. Ursache der Tektonik ist die Volumenzunahme, bedingt durch die Granitisation des Unterbaues.

Im ostgrönländischen Kristallin fällt auf, daß das Achsenstreichen und Achsenfallen nicht mit dem des Oberbaues übereinstimmt. Beide Stockwerke sind disharmonisch und nur in einigen, jedoch entscheidenden Grenzzonen herrscht homoaxiale Tektonik, die Oberbau und Unterbau als Teile eines Orogens ausweisen. Im letzten Jahrzehnt konnten in der Fjordregion fließfaltenartige Migmatitdecken und eine pilzartige Falte beobachtet werden. Als Ursache der Faltenbildung sieht E. WENK die durch Granitisation entstehende Volumenzunahme des Unterbaues an.

Beiden Orogenen gemeinsam ist, daß der Unterbau sich nicht aus den Strukturen des Oberbaues ableiten läßt. In regionalem Ausmaß wurden syn- bis postorogene granitartige Schmelzkörper gebildet, die während und nach der Faltung mit ihrer Umgebung Stoffe austauschten. Die Orogenese hat die ganze Krustenzone erfaßt, soweit sie heute nach der Tiefe zu untersucht werden kann.

THOMAS KAEMMEL

BENITEZ, F.

The Iron Mines of Chile

Engineering and Mining Journal, Vol. 158, No. 7, July 1957, p. 90.

Chile kann von West nach Ost in drei morphologische Einheiten gegliedert werden, und zwar:

1. Küstenkette,
2. Zentral- oder Längstal,
3. Anden.

Diese Dreigliederung ist jedoch nicht für ganz Chile durchführbar.

In der Küstenkette stehen die ältesten Gesteine des Landes an. Es sind teilweise stark metamorphosierte Gneise, kristalline Schiefer, Glimmerschiefer, Phyllite und Quarzite. Altersmäßig gehören sie wahrscheinlich in das Paläozoikum oder Mesozoikum.

An einigen Stellen werden diese älteren Gesteinskomplexe von Granodioritintrusionen durchdrungen. Viele chilenische Erzlagerstätten sind genetisch an diese Granodiorite gebunden, die während der kretazischen Frühfaltungsphase der Anden intrudierten.

Infolge der noch teilweise mangelhaften Kartierung Chiles sind Altersbestimmungen der Gesteinsformationen sehr schwer und die Meinungen der Geologen gehen vielfach sehr weit auseinander.

Die systematische Erschließung der Eisenerzlagerstätten begann erst in jüngster Zeit. Größenordnungsmäßig können sie nicht mit denen vom Lake Superior, Kanada, Brasilien oder Venezuela verglichen werden. Im Eisengehalt stimmen sie jedoch mit den Lake Superior-Erzen überein.

Die sicheren Vorräte betragen insgesamt 152,3 Mio t, dazu kommen noch etwa 30 Mio t mögliche Vorräte. In diesen Zahlen sind die beträchtlichen Mengen der niedrigprozentigen Taconiterze von Relún nicht enthalten. Der Durchschnitts-Fe-Gehalt liegt bei etwa 66%.

Die Eisenerzlagerstätten sind an die tektonischen Hauptlinien der Küstenkette gebunden, besonders an die kretazischen Faltungsachsen und an die Flanken der großen Granitintrusionen.

Der Verf. bringt dann eine Tabelle der chemischen Zusammensetzung der chilenischen Eisenerze und eine Karte der Verteilung der Lagerstätten von Nord nach Süd (vgl. Karte).

Die meisten Eisenerzlagerstätten liegen dicht am Kontakt zwischen den Granodioriten und oberjurassischen Porphyren, und zwar meist innerhalb der Porphyre, seltener in Sandsteinen oder im Granodiorit selbst. Die Süd-Atacama-Lager werden von LINNEMANN (1918 und 1919) als syngenetisch angesehen. Es sind hornblendereiche Restdifferentiate des Granodiorits, die nach dessen Erstarrung intrudierten.

Die Lagerstätte von El Tofo ist bereits abgebaut.

Nach P. GEIJER sind die Eisenerze von Algarrobo epigenetischer Natur. Als Erzbringer müssen hier die rezenten Andesite, Trachyte usw. angesehen werden, die den Granodiorit durchbrechen und das Dach der Porphyre bilden.

Auf der Karte verzeichnet sind weitere kleinere Erzkörper nordwestlich Vallenar, die alle in metamorphen Porphyren und nahe großer Quarzitmassen liegen.

Weiter nördlich ist die Lagerstätte von Cerro Imán wieder von großer Ausdehnung. Sie ist ebenfalls an einen Kontakt zwischen Granodioriten und metamorphen Porphyren gebunden. Diese Gesteine sind stark pneumatolytisch beeinflußt, serizitisiert und epidotisiert. Der Erzkörper besteht in der Hauptsache aus Magnetit.

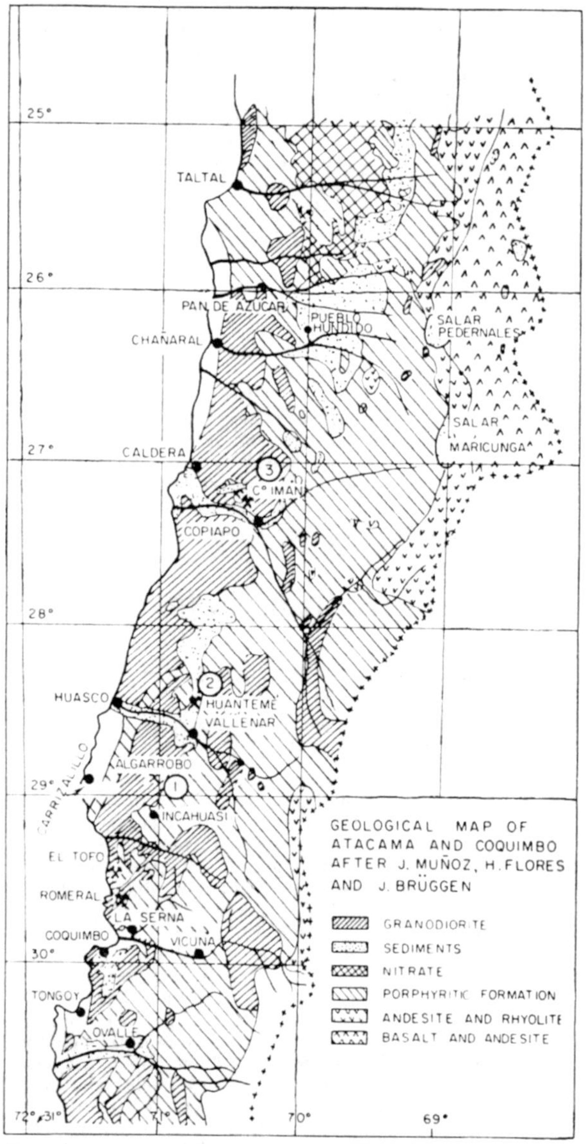

Übersichtskarte über Eisenerzlagerstätten von Algarrobo (1), Vallenar (2) und Cerro Imán (3)

Es folgt dann eine Beschreibung zahlreicher weiterer kleiner Lagerstätten von geringerer Bedeutung.

Die Taconitvorkommen im Nahuelbute-Gebirge wurden erst unlängst aufgefunden. In der Küstenkette liegen sie in einer Glimmerschieferserie unbestimmten Alters. Der Erzhorizont hat etwa eine Mächtigkeit von 66 ft.; zwischengeschaltet sind Glimmerschiefer. Der Horizont selbst besteht aus einer Wechsellagerung eisenreicher und eisenarmer, aber quarzreicher Lagen. FLORES nimmt an, daß es sich um ehemalige strandnahe Magnetitanreicherungen handelt.

Die Größe dieser Lager ist bedeutend, und ihre Lagerung ist relativ einfach. Trotz ihres verhältnismäßig niedrigen Fe-Gehaltes von 35—40% bilden sie die zukünftigen Eisenerzreserven Chiles.

he

Vorträge des VIII. Berg- und Hüttenmännischen Tages 1956

Freib. Forsch.-H. C 32, Akademie-Verl. Berlin, brosch. DM 9,—.

Im Heft sind vier Vorträge des geophysikalischen Kolloquiums enthalten, außerdem eine Arbeit von BELLUIGE zur theoretischen Geoelektrik.

KUNETZ (Paris) berichtet über die Anwendung statistischer Eigenschaften der Erdströme und schildert Ergebnisse und Erkenntnisse, die im vorpyrenäischen Becken, von Aquitanien erzielt wurden. Es wird hervorgehoben, daß die

Tellurik zur Klärung der großräumigen Tektonik (Madagaskar, Saharagebiete, Marokko, Alpen u. a.) mit Erfolg eingesetzt wurde. Durch Diagramme und Kurven werden die physikalischen Grundlagen und ihre geologische Deutung dargestellt. Der Aufsatz bietet daher für Geologen und Geophysiker eine gute erste Übersicht dieser jüngsten Methode der angewandten Geophysik.

MALMQUIST (Boliden, Schweden) berichtet über eine elektromagnetische Methode zur Bestimmung der elektrischen Leitfähigkeit und magnetischen Permeabilität an Bohrkernen. Hier wird ein weiteres Verfahren zur Messung des relativen magnetischen Flusses in zylinder- und halbzylinderförmigen Gesteinsproben nach der Maxwellschen Theorie entwickelt und mit praktischen Beispielen dargestellt. Die Probekörper wurden dabei in Richtung der Längsachse von einem homogenen magnetischen Wechselfeld erregt. Zahlreiche Kurven und Tabellen erläutern die theoretisch wertvolle Arbeit, deren Anwendung in der praktischen Gesteinsphysik von großem Nutzen sein wird.

MARTIN (Jena) berichtet über eine sprengtechnische Großleistung bei der Beseitigung der Ruinen der Ulrichskirche in Magdeburg und wertet sie für die Seismik aus. Die dort aufgetretenen Erschütterungen waren äußerst gering. Bedingt durch die Art der Sprengtechnik unterlagen keinerlei größere Mauerteile dem freien Fall. Zahlreiche beigefügte Seismogramme bestätigen die Aussagen.

HAMEISTER (Leipzig) schildert die Durchflußeigenschaften der Gesteine und deren Messung. Ausgehend von den allgemeinen physikalischen strömungstechnischen Grundbegriffen werden die Porositäts- und Permeabilitätseigenschaften behandelt und die Meßmethodik bei Durchfluß von Gasen dargestellt. Die petrographische Bedeutung und die durch die Petrogenese bedingten Einflüsse werden an Hand von zahlreichen Meßergebnissen diskutiert.

Die Arbeit von BELLUIGE (Rom) behandelt in synthetischer Weise die Theorie von BUCHHEIM über geoelektrische Aufschlußverfahren, welche die Maxwellsche Theorie zur Grundlage hat. Zu den für die Theorie von BUCHHEIM selbst angegebenen Näherungsverfahren werden weitere hinzugefügt, so daß das Verfahren auch für tiefere Strukturen angewandt werden kann. E. HAMEISTER

KUHL, J. & T. MIELECKI

Erdölspuren im Karbon von Górny Slask

Przegląd Geologiczny Nr. 5/1957.

Erdöl- und Erdgasspuren sind aus dem Ruhrkarbon und dem Saarkarbon seit längerer Zeit bekannt. Neuerdings wurden solche auch in Polen festgestellt.

In der Bohrung C bei Jastrzębie (bei Ratibor?) wurden drei gasführende Horizonte bei 224,10—229,20 m, bei 637 m (stärkere Gasausströmungen während einer Dauer von 62 Std.) und bei 812,30 m Teufe (Spülungsauswurf etwa 500 l/Min.) angetroffen. Die Gesteine zwischen 630 und 738 m wiesen Bitumengeruch auf.

Die stratigraphischen Untersuchungen ergaben folgendes Profil:

229—607 m	Rudaer-Schichten mit vier Flözen;
—645 m	Sattelgruppe mit vier Flözen;
—1031,80 m	(E. T.) Poremba-Serie mit nur zwei bauwürdigen Flözen.

Über die stratigraphische Stellung der Schichten mit dem obersten Gashorizont sind keine Angaben gemacht. Zwei Kernproben aus 630 und 660 m Teufe (mit Bitumengeruch) wurden untersucht.

Der Kern aus 630 m Teufe ist ein hellgrauer, mürber, toniger Sandstein mit ungleichförmiger Textur. Anhäufungen von feinkörnigem Material (0,01—0,1 mm) wechseln nestartig mit gröberen Quarzkörnern (um 0,5 mm, bis $> 1{,}0$ mm).

Die Abrollung der Quarzkörner ist unterschiedlich. Charakteristisch sind Quarzitgeröllchen.

Die Quarzkörner besitzen z. T. einen dunkelgrauen, bitumenhaltigen Überzug.

Planimetrisch wurde folgende Zusammensetzung des Gesteins ermittelt:

Quarz	39 Vol.-%
Tonminerale (Illit, Montmorillonit, Kaolinit)	50 Vol.-%
Karbonatminerale (Ankerit)	3 Vol.-%
organische Substanz	8 Vol.-%

Aus 50 g feinzerriebenem Sandstein wurden durch Destillation und nachfolgenden Ätherauszug 0,1 g hellbraunes, nicht verseifendes Öl mit einem Brechungskoeffizienten von 1,513 gewonnen.

Die Analyse des Sandsteins ergab:

C	= 7,02%
H	= 0,93%
CO_2 (Karbonate)	= 1,53%
Glührückstand	= 87,37%.

Die Probe aus 660 m Teufe war ein mittelkörniger Arkosesandstein ohne deutliche Schichtung, der aus rund 55 Vol.-% Quarz, etwa 20% Orthoklas, Albit und Oligoklas und 3% Muskowit bestand. Als Bindemittel waren Illit, Montmorillonit und Kaolinit sowie Dolomit und Ankerit vorhanden. Die Quarzkörner waren ebenfalls bituminös umhüllt. Das Porenvolumen betrug 24,5%. Aus 50 g zerkleinertem Gestein wurden 0,18 g Mineralöl extrahiert.

Die Bohrung liegt in einem Teil des Kohlenbeckens, in dem stärkere Gasführung beobachtet wurde. Die Möglichkeit, nach entsprechenden geophysikalischen Vorarbeiten gewinnbare Erdölkonzentrationen aufzufinden, wird erwogen.

Sl

RAKOW, P. P.

Die Erdölindustrie der Volksrepublik Albanien

„Erdöl-Wirtschaft" Heft 7, 1957, S. 68—70, russisch.

Durch die enge technisch-wissenschaftliche Zusammenarbeit zwischen der Volksrepublik Albanien und der Deutschen Demokratischen Republik rückt das kleine sozialistische Land Albanien immer mehr in den Blickpunkt des geologischen Interesses. Durch die tatkräftige Hilfe vor allem sowjetischer Geologen war es möglich, daß die Volkswirtschaft Albaniens einen erstaunlichen Aufschwung nehmen konnte, da die notwendigen Rohstoffe ausreichend im Lande vorhanden sind. An der Erkundung der albanischen Bodenschätze sind auch Geologen aus der DDR beteiligt. Es ist bedauerlich, daß von deutschen Geologen bisher noch keine Veröffentlichungen der erzielten Ergebnisse erfolgten. Der von R. JUBELT im Heft 7, 1957, „Z. der angew. Geol." veröffentlichte Aufsatz „Albanien im Blickpunkt der praktischen Geologie" stellte einen kurzen geologischen und geographischen Abriß dieses sozialistischen Landes dar, brachte jedoch keine neuen Erkenntnisse.

Aus der sowjetischen Fachzeitschrift „Erdölwirtschaft" („Neftjanoje Chosjaistwo") wurde uns nun ein Beitrag von P. P. RAKOW bekannt, der sich mit den Fragen der Erdölindustrie Albaniens beschäftigt.

Der Verf. gibt zuerst einen kurzen historischen Überblick über die Entwicklung der Erdölindustrie des Landes. Bereits im Altertum waren Erdöl und verschiedene bituminöse Stoffe, wie z. B. Asphalt, bekannt. Die dem Boden ent-

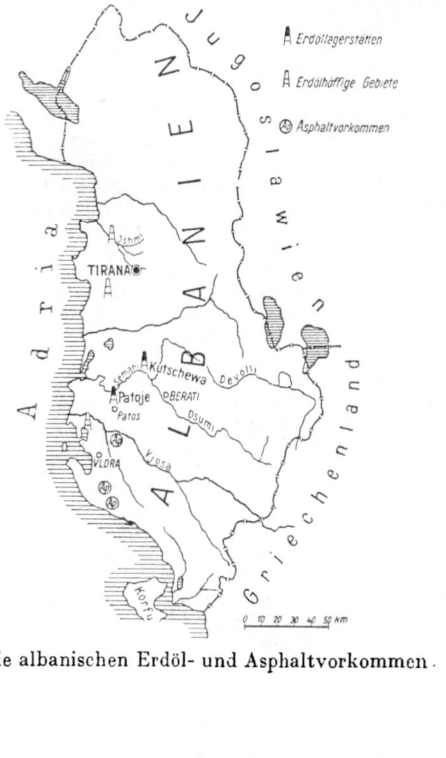

Die albanischen Erdöl- und Asphaltvorkommen

weichenden brennbaren Gase dienten in der Antike als Feuerquellen. 1918 wurde in der Nähe von Vlora die erste Sonde niedergebracht und in einer Teufe von 1000 m Erdöl erbohrt. Die Ausbeutung der albanischen Erdölbohrungen befand sich lange Zeit in Händen ausländischer Kapitalgesellschaften, die unter sich einen scharfen Kampf um die Monopolherrschaft in Albanien führten. Der zweite Weltkrieg fügte der Erdölindustrie großen Schaden zu: die Erdölbetriebe wurden zerstört, die Pipelines und Erdölbehälter gesprengt. Nach der Befreiung des Landes setzte 1945 der Wiederaufbau ein. Dabei erwiesen die Sowjetunion und die Länder der Volksdemokratien eine große Hilfe. Heute ist die Erdölindustrie Albaniens mit der modernsten Technik ausgestattet. Sowjetische Geologen und Bohrspezialisten bohren die erdölhöffigen Gebiete systematisch mit gutem Erfolg ab. Von 1951 bis 1956 erhöhte sich die Erdölgewinnung um 120%. Gegenüber dem ersten Fünfjahrplan soll die Gewinnung im zweiten Fünfjahrplan um das 1,56fache gesteigert werden.

RAKOW skizziert dann kurz die wichtigsten Erdöllagerstätten Albaniens (s. Abb.).

Erstens das Erdölvorkommen von Kutschewa: Hier lagert das Erdöl in den Schichtenfolgen von Kutschewa und Gorani (oberes und mittleres Miozän). Die erdölhaltigen Sande sind fein- bis mittelkörnig. Die auftretenden Sandlinsen verändern sich auf kurze Entfernung in bezug auf Form und Ausdehnung. Die Schichten fallen mit etwa 20° ein. Die Lagerstätte ist völlig erkundet.

Zweitens das Erdölvorkommen von Patoje: Das Erdöl ist hier an eozäne und pliozäne Schichten der Serie Drisa-Patos gebunden, die von der sogenannten Folge Gorani überlagert werden. Der produktive Horizont ist von den Ober- und Unterwässern durch Tonschichtpakete von 10—20 m Mächtigkeit gut getrennt. Die erdölführenden Sande sind quarzig und tonig bzw. grob- bis mittelkörnig ausgebildet. Die Schichten fallen mit 25° ein. Die Teufe der Sonden beträgt 150—1300 m. Es sind in dem gesamten Horizont fünf erdölführende Schichten bekannt. Die Lagerstätte wird augenblicklich noch abgebohrt unter Verwendung eines Dreieck-Bohrnetzes bei einem Abstand der Bohrlöcher von 150 m.

Im dritten Teil seines Aufsatzes geht der Verf. auf Probleme der geologischen Erkundungsarbeiten ein. Von 1946 bis 1953 wurden 35000 Bohrmeter niedergebracht und dabei nur 18 Sonden fertiggestellt. 1954—1956 stieg der Umfang der Bohrmeter rasch an und erreichte 22000 m. 1956 wurden zum Zwecke der Erkundung der unteren Tertiär- und der Kreideablagerungen auf drei Lagerstätten Tiefbohrungen bis zu 3500 m begonnen. In Albanien sind noch viele nichterkundete Gebiete bekannt. In den weiter abgelegenen Gebieten werden die Erkundungsarbeiten vielfach erschwert durch die Gebirge, das Fehlen von Wegen u. a. mehr. Im März 1957 wurde ein Büro für Untersuchungsbohrungen eingerichtet, das sich mit den gesamten Problemen beschäftigt. Es ist vorgesehen, daß im zweiten Fünfjahrplan der Umfang der Erkundungsarbeiten auf Erdöl gegenüber dem ersten um das Doppelte erhöht wird.

Im vierten Abschnitt befaßt sich RAKOW mit der Technologie der Erdölgewinnung: In der Lagerstätte Kutschewa wird eine große Anzahl von ertragsarmen Sonden (0,15 tato) hauptsächlich im Tiefpumpverfahren ausgebeutet. Teilweise wird dort, wo nur ungenügende Ausrüstungen der Sonden vorhanden sind, das Erdöl mittels Schmandbüchsen gefördert. Das Hauptgebiet der Erdölgewinnung liegt bei Patoje. Hier werden 83% des gesamten albanischen Erdöls gefördert. Das Erdöl dieser Lagerstätte ist wasserfrei; das spezifische Gewicht liegt zwischen 0,985 und 1,02, die Viskosität bei 2000—6000 (b. 30°C). Die Förderung dieses Erdöls ist nicht einfach. Im Winter wird das geförderte Erdöl in dem Sammelbecken auf 50°C erwärmt, bzw. es werden bis zu 5% Petroleum oder Gasöl zugesetzt. Bei dem Versuch, die Gewinnung durch Einpumpen von Gasen und Luft zu steigern, wurden Durchbrüche, Bildung von Verstopfungen und ein Nachlassen des Erdölzuflusses beobachtet. Gute Erfahrungen wurden jedoch bei Einpumpversuchen mit Gasöl erzielt. Verf. führt hierzu Beispiele an und stellt fest, daß die Sonden, in denen das Einpumpen erfolgte, lange Zeit mit gesteigerter Förderleistung arbeiten. Das wird auch aus nach folgender Tabelle veranschaulicht.

Abschließend geht der Verf. noch kurz auf die Bohrtechnik und die Verarbeitung des Erdöls ein. Dem Büro für Bohrwesen sind 18 Bohrbrigaden und 8 Montagebrigaden unterstellt. Bohrungen mit einer Teufe bis zu 1200 m werden mit

Erhöhte Förderleistung durch Einpumpen von Gasöl in den Sonden des Erdölfeldes von Patoje

Nr. der Sonde	Tagesfördermenge an Erdöl in m³	
	vor dem Einpumpen	nach dem Einpumpen
130	10,1	21,0
228	13,6	21,6
223	12,0	27,0
237	40,0	60,0

transportablen Bohrkränen niedergebracht; bei größeren Teufen sind schwere stationäre Geräte im Einsatz. Da die zu durchteufenden Gesteine weich sind, werden vorwiegend RH-Meißel (Fischschwanzmeißel) verwendet. Es wird mit Tonspülung von 1,15 bis 1,22 spezifischem Gewicht gearbeitet. In den letzten Jahren ist ein merklicher Anstieg des Bohrfortschritts erreicht worden. Neuerdings wird das Turbinenbohren eingeführt.

Bis vor kurzem wurde in Albanien nur ein geringer Teil des Erdöls verarbeitet, der weitaus größte Teil wurde exportiert und dafür Erdölprodukte importiert. Jetzt wurde eine moderne Destillieranlage errichtet und die alten Anlagen rekonstruiert, so daß seit 1957 das gesamte in Albanien gewonnene Erdöl in eigenen Werken veredelt wird.

Besondere Aufmerksamkeit wird in Albanien auf die Ausbildung von Fachkräften gelegt. Bis 1945 gab es keinen einzigen albanischen Erdölspezialisten. Nach der Errichtung der volksdemokratischen Ordnung wurden Ingenieure für die Erdölindustrie ausgebildet. Sie erhielten ihre Hochschulbildung vorwiegend in der Sowjetunion und in den Volksdemokratien. Beim Erdöl-Kombinat wurden ein Technikum und eine Schule für Arbeitsreserven (zur Ausbildung von Technikern und hochqualifizierten Arbeitern) eingerichtet.

Durch die enge wirtschaftliche und wissenschaftlich-technische Zusammenarbeit gerade auf dem Gebiet der Erdölindustrie zwischen Albanien und den Ländern des sozialistischen Lagers wird nicht nur ein weiterer Aufschwung zum Wohle des albanischen Volkes gewährleistet, sondern gleichzeitig auch zur wirtschaftlichen Stabilität des gesamten sozialistischen Lagers beigetragen. H. ULBRICH

THRALLS, W. H. & R. C. HASSON

Basic Pattern of Exploration in Saudi Arabia remains unchanged

Oil and Gas Journal, 55, Nr. 28, S. 84—87, Nr. 29, S. 91—96, 6 Abb., 4 Tab., 1957.

Mit einer Jahresproduktion von rund 50 Mio t im Jahre 1956 (1940 = 696000 t) und einer Vorratsmenge von 4670 Mio t (Ende 1955) ist Saudi-Arabien eines der bedeutendsten Erdölländer der Welt.

In dem besprochenen Artikel geben die Verf. eine zusammenfassende Darstellung der von der ARAMCO bisher erbrachten wirtschaftlichen, stratigraphischen und tektonischen Ergebnisse.

Die Erdölerkundung begann nach Abschluß eines entsprechenden Vertrages mit der saudi-arabischen Regierung im Jahre 1933. 1938 wurde die erste Bohrung produktiv fündig (Dammam-Dom).

Als Erkundungsmethoden wurden Kartierung, seismische und gravimetrische Messungen, nach dem Kriege auch Magnetometrie und Photogeologie angewandt. Im Persischen Golf kamen Seismik und Küstenvorlandsbohrungen zur Anwendung. Strukturbohrungen wurden als slim-hole-Bohrungen (kleiner Durchmesser) mit leichten transportablen Geräten durchgeführt (bis 5000 ft). 1940 wurden Abu Hadriya und Abqaiq fündig. Aufschlußbohrungen in Ma'aquala und Al Jauf blieben ohne Erfolg. 1945 folgte das Feld Quatif, 1948 Ain Dar, 1949 Haradh und Fadhili, 1951 Uthmaniyah, 1952 Shedgum. 1954 wurde bei Safaniya die erste Bohrung im Küstenvorland fündig. Bis 1954 gelang der Nachweis einer durchgehenden Produktivität der Antiklinale En Nala (225 km).

Ende 1956 förderten in Abqaiq, Dammam, Ain Dar, Shedgum, Uthmaniyah und Qatif insgesamt 167 Sonden. Die Felder Abu Hadriya, Fadhili, Huiyah, Haradh, Kursaniyah und Safaniya sind noch nicht in Produktion genommen.

Über Explorationsarbeiten in der Rub el Khali ist wenig bekannt.

Die Sedimentfolge der Arabischen Halbinsel umfaßt Schichten vom Kambrium (?) bis zum Pliozän, die dem kristallinen Arabischen Schild auflagern. Das Alter der ausstreichenden Schichten nimmt bei generellem flachen E-Fallen in Richtung auf den Persischen Golf ab. Im N Saudi-Arabiens werden in der Großen Nefud, im S in der Rub el Khali größere Flächen von kontinentalen miozänen bis rezenten Ablagerungen eingenommen. Im Erdöl-Untersuchungsgebiet am Persischen Golf bildet z. T. Eozän die Oberfläche.

Die präpermischen Sedimente umfassen Sandsteine, glimmerige Schluffsteine und Schiefer. Organische Sedimente in nennenswerter Menge treten nur in der Jauf-Formation nordwestlich der Großen Nefud auf (Kalkstein).

Perm ist durch die Khuff-Formation vertreten, eine Wechsellagerung von dichten, kreidigen Kalken mit dünnen Muschelkalklagen. Örtlich liegt Dolomitisierung vor. Den hangenden Teil bilden cremfarbene Mergel mit wenig roten und grünen gipshaltigen Tonen. Im Küstengebiet scheint die Khuff-Formation aus Flachwasserkalk mit dünnen Anhydritlagen zu bestehen. Gasspuren wurden beobachtet.

Die ausbeißenden Triasschichten sind vor allem Sandsteine mit wenig roten und grünen Schiefern. Der liegende Sudair-Schiefer könnte permisch, der hangende Minjur-Sandstein jurassisch sein. Im Küstenabschnitt wurden als Liegendes Kalk und Anhydrit mit roten und grünen Schiefertonen erbohrt. Eine mittlere Dolomit-Anhydritserie mit Ölanzeichen und eine obere Schieferton-Sandstein-Serie folgen darüber.

Der Unterjura ist im Ausbiß durch die Marrat-Formation vertreten, bei der ein oberer und ein unterer Kalk-Dolomit-Horizont durch rote Schiefertone getrennt ist, die lokal mit Sandstein wechsellagern.

Im Küstengebiet tritt als wahrscheinliches Äquivalent ein dunkler, dichter, toniger Kalkstein auf, der sicheren Mitteljura von wahrscheinlicher Trias trennt.

Mitteljura ist im Ausbiß durch eine Flachwasserfazies mit Kalkstein und Schieferton (im hangenden und liegenden Teil), an der Küste durch feinkörnige Kalke mit wechselnden Einlagerungen von Kalksandstein[1]) mit Kalkschlammatrix vertreten. Das Öl des Fadhili-Feldes stammt aus einem aushaltenden Kalksandstein nahe der Hangendgrenze der Dhruma-Formation.

Als Oberjura treten in Zentralarabien der Tuwaiq-Mountain-Kalk und die Hanifa-Formation morphologisch stark hervor. Im Küstengebiet sind sie entweder sehr ausgedünnt oder fehlen ganz. Die Jubaila-Formation ist im Ausbiß als Flachwasserfazies mit feinkörnigem Kalk und Kalksandsteinlagen entwickelt. An der Küste bilden dunkle, oft schwarze, tonige Kalke mit wechselnden Mengen von schwarzem, kalkigem

[1]) „calcarenite", detritischer Kalkstein, der i. w. aus kleinen Fossilbruchstücken, gefälltem Karbonat und/oder Ooiden besteht,

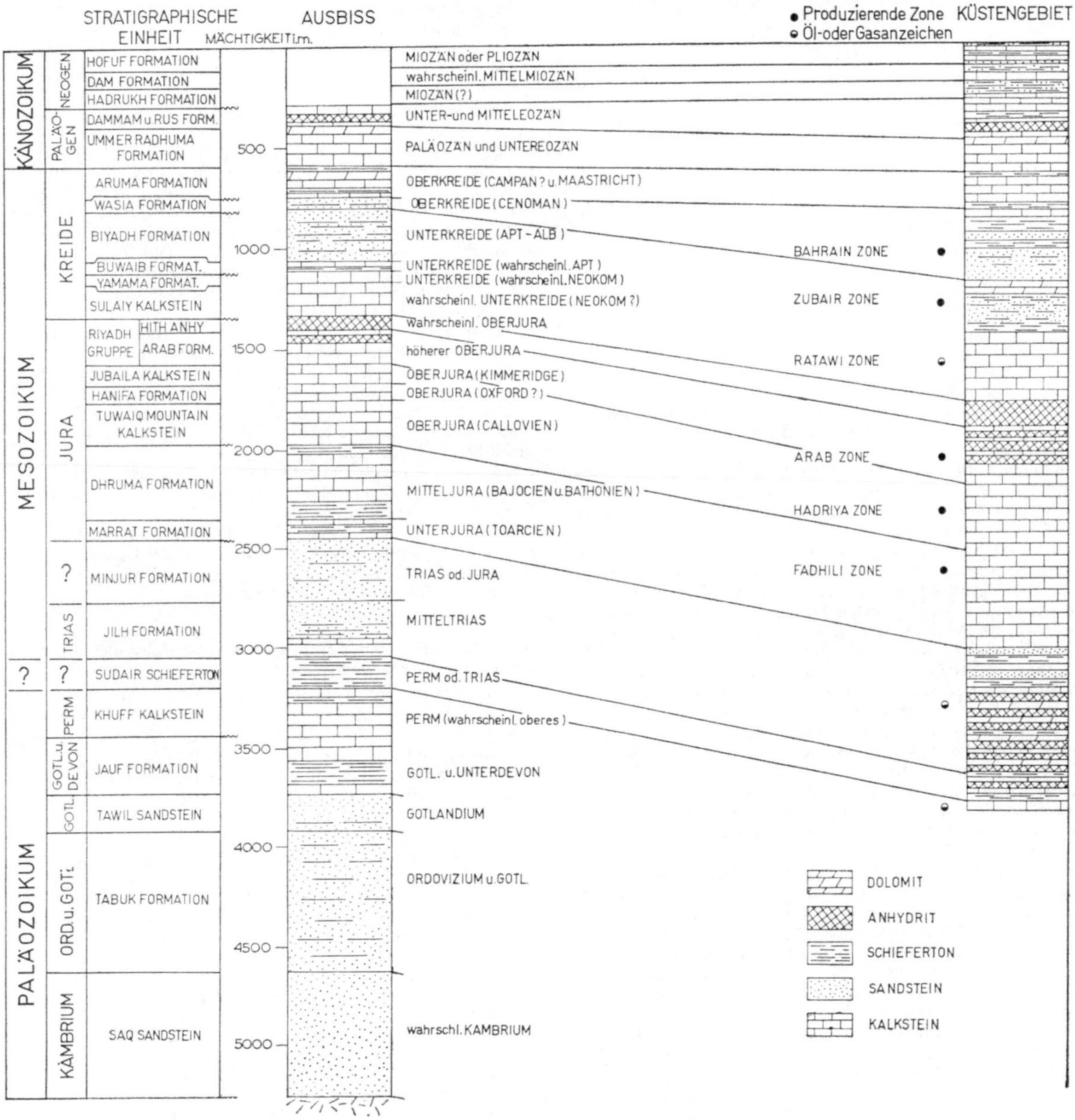

Abb. 1. Die Schichtenfolge in Mittel- und NE-Saudi-Arabien

Abb. 2. Erdölfelder, Strukturen und Erdölleitungen in Saudi-Arabien

Schieferton die Basis. Darüber folgen fk. Kalke mit Kalksandstein, die in Abu Hadriya und Abqaiq produktiv sind.

Die Arab-Formation des oberen Jura ist die wichtigste produktive Folge. Sie besteht aus vier salinaren Zyklen, deren karbonatische Anfangsglieder als A-, B-, C- und D-Horizont bezeichnet werden. Der D-Horizont ist die eigentliche produktive Zone, in den anderen sind kleine Akkumulationen vorhanden. Optimale Speicherverhältnisse bestehen im nordöstlichen Ghawar und im Abqaiq-Gebiet, wo der D-Horizont als Kalksandstein mit gut entwickelter Oolithstruktur auftritt. In Mittel- und S-Ghawar fehlen echte Oolithe fast völlig, in Dammam, Qatif, Bahrein und Qatar ist dagegen ein weiträumiger Fazieswechsel von fk. Kalkstein zu Kalksandstein vorhanden. In Ghawar steigt die Mächtigkeit der Anhydrithorizonte gegen S auf Kosten der Karbonatmächtigkeiten an. Die mächtigen Kalksandsteine dürften auf einer Barre oder auf einem Schelfrand abgelagert worden sein. Die Kalksandsteinfazies geht nach W in lagunäre Bildungen, nach E in Kalkablagerungen tieferen Wassers über. Der Hith-Anhydrit scheint das letzte Glied der oberjurassischen Sedimentationszyklen zu sein.

Die Kreide beginnt mit dem Sulaiy-Kalk, auf den die Yamama-Formation folgt, eine Wechsellagerung von Kalksandstein mit fk. Kalk mit Ölspuren (? Äquivalent der produktiven Ratawi-Zone in Kuwait). Darüber folgt an der Küste eine Folge von Kalk, Sandstein und Schieferton (Äquivalent der Zubair-Zone in S-Irak, in Safaniya produktiv) sowie Kalk und Dolomit.

Die Oberkreide beginnt mit der Wasia-Formation, die im Ausbiß etwa 140 ft., an der Küste dagegen bis 12—1800 ft. mächtig ist. Sandsteine mit lignitischem Schiefer im unteren Teil werden durch Kalk und rote Schiefer überlagert. Der Sandstein ist im Safaniya-Feld als Oberer und Unterer Sand mit Kalk-Schiefertonzwischenmittel produktiv. Den Abschluß der Oberkreide bildet die Aruma-Formation mit Kalkstein und wenig Schieferton an Basis und Top.

Das Paläogen besteht verwiegend aus Kalkstein und Dolomit mit etwas Mergel und Schieferton, in der Rus-Formation auch mit Anhydrit.

Das Neogen umfaßt Sandsteine, Schiefertone, sandige Kieselkalke und Mergel.

Tektonik

Obwohl sich die Stratigraphie als sehr wichtig erweist, wird bei der Erdölsuche die größte Aufmerksamkeit doch den Strukturen gewidmet. Der präkambrische Schild und die ostwärts anschließenden paläozoischen bis eozänen Gesteine sind teilweise durch Zerr- und Kippbewegungen verworfen. Die Dislokationen in den Sedimenten sind unerheblich. Das Schichtfallen beträgt durchschnittlich 4 m auf 100 km.

Von Bedeutung ist die Hasa-Strukturterrasse (etwa das in Abb. 2 dargestellte Gebiet), die alle bisher produktiven Gebiete Saudi-Arabiens umfaßt. Die Strukturen dieses Gebietes sind relativ flach und nicht sehr regelmäßig; sie klingen nach NE, E und SE allmählich aus. Ihnen ist ein Zug von etwa N/S-streichenden Antiklinalen überlagert.

Die spättertiäre starke Kompression in Iran und Oman hat sich in Saudi-Arabien nicht ausgewirkt.

Schwache Winkeldiskordanzen treten zu verschiedenen Zeiten auf (Abb. 1).

Die wichtigsten Antiklinalen sind En Nala und Abqaiq-Qatif. Ihre Entstehung dürfte auf Scherung im tieferen Untergrund zurückgehen.

En Nala ist aus mehreren Einzelantiklinalen aufgebaut, die in gleicher Richtung aufeinander folgen. Die Felder Fadhili und Khursaniyah liegen in der nördlichen Verlängerung des Zuges. Parallel laufende Antiklinalen sind in Uthmaniyah bekannt. Die Achsen tauchen flach nach N ab, die Flanken fallen mit 10—20° ein. Im Haradh-Gebiet fällt die E-Flanke steiler ein. Fadhili ist eine flache, NW/SE-streichende Brachyantiklinale. Der Dammam-Dom ist eine etwa N 10° W streichende Beule mit Scheitelgraben, der bei einer Sprunghöhe von 400 ft. etwa N 60° W streicht. Er klingt peripher aus. Größere Störungen liegen nicht oberhalb der Wasia-Aruma-Diskordanz. Ein Schwereminimum deutet auf einen tiefsitzenden Salzstock hin.

Safaniya ist etwas langgestreckter als Dammam, streicht etwa N/S und besitzt sehr flach einfallende Flanken.

Khursaniyah, ein Dom mit etwas steileren Flanken, war die große Entdeckung des Jahres 1956. Außer den vier Horizonten der Arab-Zone zeigten der Obere Sand der Bahrein-Zone und der Jubaila-Kalk (bisher in Saudi-Arabien nicht produktiv) Ölführung.

Für das Öl des Arab-D-Horizontes wird eine Entstehung in der Jubaila-Folge und im D-Horizont selbst angenommen. Die ölführenden Strukturen scheinen in der frühen Oberkreide angelegt zu sein, örtlich vielleicht schon in der Unterkreide. Die Kalksandsteinlinsen könnten das Öl bis zur endgültigen Konzentration durch spätere Faltung als stratigraphische Fallen zurückgehalten haben. Sl

GRILL, R.

Die aufgeschlossenen Erdölreserven Österreichs und die Aussichten auf Entdeckung neuer Felder

S. 93—99 in „Erdöl in Österreich“, Wien 1957.

1956 wurden in Österreich über 3,4 Mio t Erdöl gefördert. Aus dem 16. Tortonhorizont von Matzen (Matzener Sand), der bedeutendsten Öllagerstätte Österreichs, wurden von 1949 bis 1955 aus 180 Sonden 9866700 t Rohöl gewonnen.

Zur Feststellung der Erdölvorräte empfiehlt der Verfasser zwei Berechnungsmethoden:

„Im ersten Fall wird nach den verschiedenen, aus den Bohrergebnissen gesammelten Daten die Ölmenge berechnet, die im Lager ursprünglich vorhanden war, und die Menge geschätzt, die voraussichtlich tatsächlich gewonnen werden kann. Die zweitgenannte Methode berechnet aus dem tatsächlichen Produktionsverlauf des Feldes bzw. der einzelnen Sonden, aus dem Produktionsabfall je Zeiteinheit, die zu erwartende Produktionsmenge, wobei allerdings der ursprüngliche Gesamtinhalt des Lagers unbekannt bleibt. Die Gegenüberstellung und Abstimmung der nach beiden Methoden gewonnenen Daten ergibt erst ein abgerundetes Bild.“

Die Erdölvorräte werden je nach dem Erkundungsgrad in drei Kategorien eingeteilt:

Kategorie I durch dichtes Sondennetz,
Kategorie II durch weitmaschiges Sondennetz und
Kategorie III durch einzelne Bohrungen aufgeschlossen.

Die gewinnbaren Erdölvorräte wurden zum 1. 1. 1956 mit 58560000 t berechnet.

Die Erdgasvorräte werden eingeteilt in Vorräte der Gasfelder, Vorräte der Gaskappen und Vorräte der im Erdöl gelösten Gase, die bei der Förderung anfallen. Am 1. 1. 1956 betrugen die Vorräte der Gasfelder 17,5 Mrd. Nm^3, wovon etwa 14 Mrd. Nm^3 auf das Gasfeld Zwerndorf entfallen. Der Vorrat an Erdölgasen und Kappengas wurde für das gleiche Datum mit 2,5 Mrd. Nm^3 berechnet.

Die höffigen Gebiete werden je nach dem Grad ihrer Höffigkeit in vier Güteklassen eingeteilt. Auf diese Weise lassen sich die Schwerpunkte, die für die perspektivische Erkundung in erster Linie zur Diskussion stehen, leicht erkennen.

E.

KRYNINE, D. P. & W. R. JUDD

Principles of Engineering Geology and Geotechnics Geology, Soil and Rock Mechanics, and other Earth Sciences as used in Civil Engineering

New York 1957

In dem durch zahlreiche Abbildungen vorzüglich ausgestatteten Handbuch haben die Autoren erfolgreich geologische und ingenieurtechnische Kenntnisse miteinander vereinigt. Das Werk bietet daher dem Ingenieurgeologen eine Fülle von Material und Anregungen aus den verschiedenen ingenieurgeologischen Gebieten. In den ersten acht Kapiteln des Werkes werden allgemeine geotechnische Informationen über Gesteins- und Bodenkunde gebracht. Nach einer geologisch-mineralogischen Einführung werden die technischen Eigenschaften der Gesteine besprochen. Bodenmechanik, Grundwasser, Hydrogeologie usw. werden behandelt.

In dem etwa gleich langen zweiten Teil des Buches wird dann die Auswertung dieser Grundkenntnisse für den Bau und die Konstruktion von Gebäuden, Brücken, Dämmen, Tunneln usw. behandelt. Küstenschutz, Flußregulierungen, Erosionsbekämpfung finden gebührende Beachtung. Auch die Verhältnisse in der Arktis im ständig gefrorenen Boden sind nicht außer acht gelassen.

E.

Eine neue kanadische Fachzeitschrift

In Kanada hat sich die geologische Erforschung des Landes in außerordentlicher Weise entwickelt. Kanada ist in der westlichen Welt zweifellos dasjenige Land, in dem die meisten Erzlagerstätten entdeckt worden sind. Es schickt sich jetzt an, der größte Uranproduzent der Welt zu werden. Auf Grund dieser Erfolge hat die mineralogische und lagerstättenkundliche Forschung eine Fülle dankbarer neuer Objekte erhalten. Die kanadischen Mineralogen haben daher eine neue Zeitschrift, „The Canadian Mineralogist", Vol. 6, part 1 (1957) unter der Redaktion von G. L. BERRY herausgegeben. Diese Zeitschrift übernimmt die alte Tradition der „University of Toronto Studies", in denen unter der Leitung zuletzt von PEACOCK außerordentlich wertvolle Beiträge für die Mineralogie und Lagerstättenkunde geliefert worden sind. Die „Toronto Studies" sind 1948 eingestellt worden.

Das erste Heft der neuen Zeitschrift umfaßt das breite Gebiet der Mineralogie, von der Kristallstruktur über die systematische Mineralogie zur Erzlagerstättenkunde und Petrographie. Alle Aufsätze sind von hoher wissenschaftlicher Qualität. Es wäre zu wünschen, daß so breite Themen auch in Zukunft von der Zeitschrift behandelt werden. Dann umfaßt die Zeitschrift alle diejenigen Arbeitsgebiete von der wissenschaftlichen bis zur praktischen Geologie, die auch bei uns in den Volksdemokratien Aufgabe der Mineralogie sind. Die Ausstattung der Hefte ist vorzüglich; der Druck erfolgt auf sehr gutem Papier, so daß Karten, Mikrofotografien und Röntgenfilme ausgezeichnet reproduziert sind. Das 1. Heft enthält u. a. folgende Aufsätze: „Uranothorite from Eastern Ontario" von C. S. ROBINSON & S. ABBEY, „Studies of radioactive compounds, IX-Sklodowskite" von D. H. GORMAN, „Decrepitation characteristics of igneous rocks" von F. G. SMITH, „Sudies of polished surfaces of pyrite and some implications" von R. L. STANTON, „Tin-bearing ore from the Coal River area, Yukon Territory" von A. M. EVANS.

A. SCHÜLLER

Nachrichten und Informationen

Die Naturreichtümer Kasachstans

Kasachstan ist eine der größten Republiken der sozialistischen Union. Vor 40 Jahren noch ein Land mit stark ausgeprägten feudalen Beziehungen und außerordentlicher kultureller und wirtschaftlicher Zurückgebliebenheit selbst für zaristische Verhältnisse, ist es heute eine der an erkundeten Bodenschätzen reichsten Republiken der UdSSR, mit einer sich stürmisch entwickelnden modernen Industrie.

Ende September veröffentlichte die „Prawda" Angaben, die der Präsident der kasachischen Akademie der Wissenschaft K. I. SATPAEW ihrem Korrespondenten gemacht hatte und welche vor allem die hervorragenden Leistungen der sowjetischen Geologen äußerst anschaulich unterstreichen.

Kasachstan nimmt nach dieser Mitteilung heute in der Welt den ersten Platz für erkundete Vorräte an Chrom und Vanadin ein. Seine Vorräte an Kupfer, Blei, Zink, Silber, Kadmium, Wolfram und einer Reihe anderer Rohstoffe sind die größten der Sowjetunion. Einen der ersten Plätze in der Sowjetunion nehmen auch seine Vorräte an Eisen, Mangan, Molybdän, Kohle, Erdöl, Phosphoriten und seltenen und dispersen Metallen ein. Das Karagandaer Kohlenbassin ist nach dem Donbecken und dem Kusnetzker Becken gegenwärtig das bedeutendste in der SU. Bekanntlich gibt diese Kohle ausgezeichneten metallurgischen Koks. Nach Angaben SATPAEWs gibt es in Kasachstan noch andere — mehr als hundert — Steinkohlenlagerstätten. Auch Braunkohle, Erdgas, Brandschiefer, Lignite und Torf wurden in den letzten Jahren nicht nur festgestellt, sondern zahlreiche Lagerstätten auch erkundet. Geologische und geophysikalische Arbeiten gestatten es, die Ausdehnung des uralembensker Erdölbezirks gegenwärtig für ein kolossales Gebiet als festgestellt zu betrachten. Dieses Erdöl liefert nicht nur einen hohen Prozentsatz Benzin, sondern auch erstklassige Schmieröle. Außer Erdöl wurden in Westkasachstan noch Lagerstätten von Stein- und Kalisalzen, Bor, Brom, Strontium, Magnesium, Gips, Anhydrit und Schwefel erkundet.

Eisenerze liegen vor allem im Kustanaier und Karagandaer Bezirk, in der Nähe der Steinkohlenlagerstätten. Entsprechende Produktionskapazitäten sind im 6. Fünfjahrplan vorgesehen.

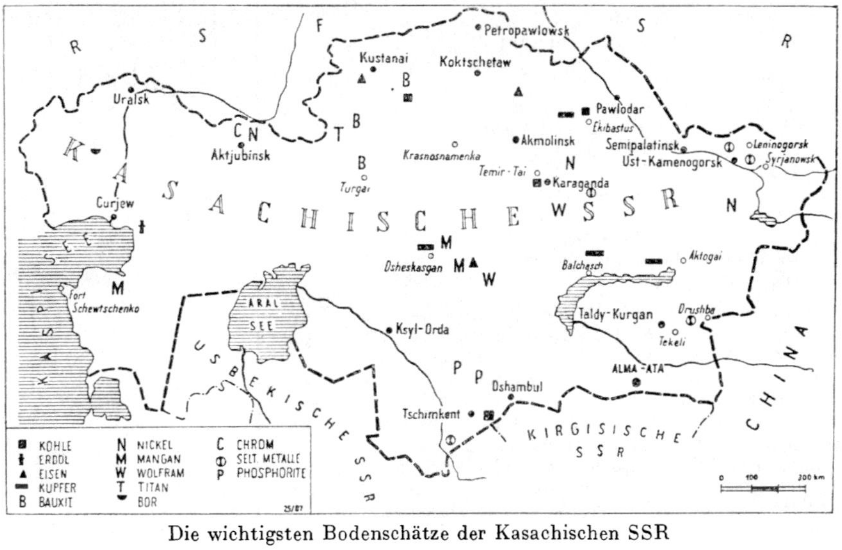

Die wichtigsten Bodenschätze der Kasachischen SSR

Außerordentlich groß sind die Vorräte an Kupfer. SATPAEW nennt Dsheskasgan die größte Kupferlagerstätte der Welt. Daher muß angenommen werden, daß dort in den letzten Jahren neue große Lagerstättenkörper erkundet wurden. Das Dsheskasganer Erz enthält außer Kupfer noch Silber, Blei, Zink und Rhenium. Mit der Inbetriebnahme des Dsheskasganer Kombinats wird Kasachstan in der Kupferproduktion unbestritten den ersten Platz in der SU einnehmen. Im Dsheskasganer Bezirk wurden außerdem noch Eisen-, Nickel-, Mangan-, Steinkohlenlagerstätten und andere mineralische Rohstoffe festgestellt. In dem zu Kasachstan gehörenden Erz-Altai im Osten des Landes wurden schon vor einigen Jahren sehr interessante polymetallische Lagerstätten erkundet. Neben Blei, Zink, Kupfer, Gold und Silber enthalten die Erze noch eine ganze Reihe wichtiger Metalle. In den Bergen Ostkasachstans wurden außerdem Wolfram-, Zinn- und Lagerstätten anderer Metalle entdeckt. Auf ihrer Basis, bei Ausnutzung der kolossalen Hydroenergiequellen, arbeiten bereits Großbetriebe und Bergwerke, ebenso wie im Süden auf der Basis der in der Sowjetperiode entdeckten und erkundeten Bleilagerstätten einer der größten Betriebe des Landes — die Tschimkentsker Hütte — entstand. Blei wurde auch in Zentralkasachstan entdeckt, ebenso wie silikatische Nickelerze. Derartige Nickelerze werden gegenwärtig in Westkasachstan schon verhüttet. Chromiterz verarbeitet vor allem der Aktjubinsker Betrieb. Weniger bekannt ist, daß Kasachstan auch ein Großlieferant für Gold ist.

In letzter Zeit sind auch im Ausland die großen neuentdeckten Bauxitlagerstätten von Turgai bekannt geworden, für deren Nutzung ebenfalls ein Betrieb projektiert wird.

Besonders zu erwähnen sind die Vanadin-Lagerstätten, da sich ihr Erz durch besonders gute Qualität auszeichnet. Es sind die besten in der Sowjetunion. Abschließend seien noch die bereits im Abbau stehenden hochwertigen Phosphorite genannt und sei erwähnt, daß neben Kali auch Lagerstätten feuerfester Tone, Asbest, Alaun u. a. festgestellt wurden.

Fürwahr, ein überwältigendes Bild. Es ist daher nicht erstaunlich, daß in Kasachstan sich unter der Sowjetmacht die Kohlenförderung verdreihundertfacht, die Erdölförderung — verzwölffacht und die Elektroenergie von 1,3 Millionen Kilowattstunden auf 6 Milliarden im Jahre 1956 angewachsen ist. Kasachstan liefert heute schon fast 60% des gesamten Kupfer- und Zinkerzes, das in der Sowjetunion gefördert wird.

Und schließlich sei noch eine in diesem Zusammenhang bemerkenswerte Tatsache erwähnt: 1917 gab es in Kasachstan kein einziges wissenschaftliches Forschungsinstitut; heute besitzt Kasachstan eine eigene Akademie der Wissenschaften, eine Akademie der Landwirtschaftswissenschaften und mehr als 110 wissenschaftliche Forschungsinstitute mit 5370 wissenschaftlichen Mitarbeitern. F. STAMMBERGER

Erdölbohrung Meckelfeld-Süd 1

Im Jura-Trog des Hamburger Raumes wurde die Bohrung Meckelfeld-Süd 1 an der Salzstockflanke im Sandstein des Dogger β fündig. Das geologische Profil der Bohrung lautet:

etwa 90/95 m	Quartär
1007 m	Miozän — Paläozän Transgression
1084 m	Maastricht
1793 m	Campan — Cenoman
1878 m	Ober- und Mittel-Alb Transgression (?)
1881 m	Apt Transgression
1997/98 m	Dogger β, darin Hauptsandstein von 1899,5 bis 1903,5 m
2171 m (Endteufe)	Dogger α — Lias ε

Überlagert und abgedeckt wird der Speicher durch Tonsteine des Alb bzw. Apt; die neugefundene Lagerstätte gehört demnach zum Typ der Diskordanz-Lagerstätten.

Der Speicher in der Fundbohrung besteht aus einem etwa 4 m mächtigen, sehr feinkörnigen und sehr gleichkörnigen, mürben Sandstein und entspricht weitgehend dem Typ der Dogger β-Sandsteine des Gifhorner Trogs.

Beim Produktionsversuch ergab sich eine Anfangsproduktion von 19—20 m³ bei 6 mm-Düse. Das spezifische Gewicht des Öles beträgt 0,909 bei 15° C. Zur Durchführung von Druckmessungen wurde die Bohrung verschlossen. E.

Die Erdölvorkommen in den Sedimentationsbecken der Erde

Interessantes und aufschlußreiches Material trug A. TOLLMANN in seinem Referat über die Ergebnisse des Kongresses der American Association of Petroleum Geologists und die Arbeit von G. M. KNEBEL und G. RODRIGUEZ-ERASO über „Where are the World's Giant Fields" (in World Oil, April 1956) zusammen, das in der „Erdöl-Zeitschrift", 73. Jg., Juni 1957, erschien.

In dem Referat wurden aus dem umfangreichen statistischen Material nur die „Riesenerdölfelder", das sind Felder mit einem Totalinhalt von über 15 Mio t Erdöl, behandelt. Gerade dadurch entstand auf Grund mehrerer Tabellen und Darstellungen eine Übersicht, die Zusammenhänge von weltweiter Bedeutung erkennen läßt. Aus den zahlreichen geologischen Gegebenheiten greift TOLLMANN folgende Faktoren heraus: „Die geographische Lage, die Positionen der Felder innerhalb der heutigen Becken, die praktische Bedeutung der Ölstrukturen, der Reservoirgesteine, das geologische Alter der ölführenden Schichten; ferner werden chemische und physikalische Eigenschaften des Öls, die Tiefenlage der ölführenden Schichten und schließlich die Entdeckungszeiten erörtert". . . .

Interessant ist die Verteilung der großen Erdölfelder, wobei in der Zusammenstellung leider die Länder des demokratischen Lagers fehlen:

„Die 236 Hauptölfelder der Erde (alle Angaben ohne die Sowjetunion und die Ostblockstaaten), auf die sich diese Ausführungen beziehen, sind auf 42 Becken verteilt. Sie besitzen einen Totalinhalt von rund 31 Mrd. t Erdöl, das sind 82,5% des Totalinhaltes der Lagerstätten der Erde, der 38 Mrd. t beträgt. Die restlichen 7 Mrd. t (17,5%) sind auf kleinere Ölfelder verteilt."

Verteilung der Hauptölfelder nach Gebiet und Größe

Anzahl		Zahl der Riesenfelder (Gesamtinhalt in Mio t)				Durchschnittlicher Gesamtinhalt in Mio t
		15—70	701—40	140 bis 1400	über 1400	
Nordamerika	177	153	19	5	0	43
Südamerika	28	22	5	0	1	143
Europa	1	1	0	0	0	17
Afrika	1	1	0	0	0	29
Mittelost	21	2	6	8	5	957
Fernost	8	6	1	1	0	74
Erde	236	185	31	14	6	131

Geologisch sehr aufschlußreich sind die Ausführungen über die Anordnung der „Riesenerdölfelder" innerhalb der heutigen, tektonisch beeinflußten Becken, wie sie die Abb. veranschaulicht.

Wir zitieren zur Erläuterung die Zusammenfassung des Referates:

„Ganz allgemein gilt: Der Großteil des Öles in den Becken ist auf der stabilen Seite (Schelf und dessen Knicklinie zur

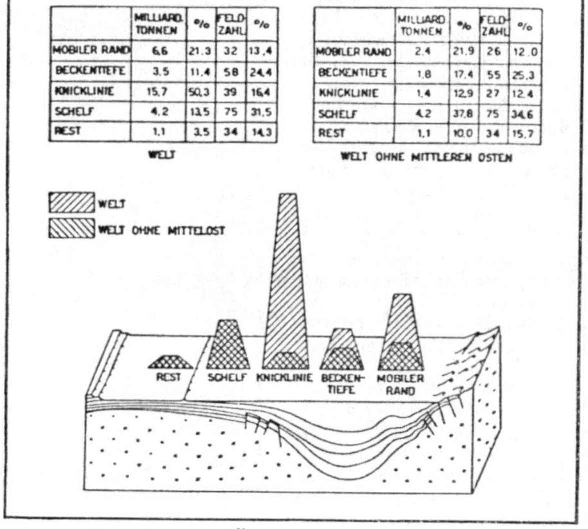

Verteilung der Ölvorräte nach TOLLMANN

Beckentiefe) angesammelt. Die weitaus ölreichsten Strukturen sind Antiklinalen, die 80% des Öles der Riesenfelder der Erde (ohne Ostblockstaaten) beinhalten. Als Speichergesteine spielen Sand (mit 59% des Öles der untersuchten Riesenfelder) und in zweiter Linie Karbonate die Hauptrolle. Das Mesozoikum enthält die reichsten Öllagerstätten (52,7% des Öles der Riesenfelder der Erde). Die ergiebigste Tiefenstufe ist die Region zwischen 600 und 2400 m mit einem Maximum bei 900—1200 m Tiefe. Nach der chemischen Beschaffenheit überwiegen stark die gemischten Öle, Asphaltöle sind häufiger als Paraffinöle. Leichtöle mit einem spezifischen Gewicht unter 0,88 dominieren.

Obwohl dieser Bericht naturgemäß nichts Endgültiges bringt, sondern gleichsam eine Zwischenbilanz darstellt, macht gerade die rapide Entwicklung der Ölgeologie solche Zusammenfassungen nötig.“ . . . Sch.

Erdölsonde brach aus

Ein für Deutschland bisher ungewöhnliches Ereignis ließ vor einigen Monaten die Fachwelt aufhorchen. Am 24. August 1957 brach plötzlich im Emsländischen Erdölfeld Georgsdorf die Erdölsonde 98 aus. Diese Sonde hatte bis dahin seit 1949 täglich rund 5 m^3 Öl eruptiv gefördert. Der Ausbruch war derart stark, daß sich am Ort der Sonde ein Krater bildete, aus dem eine bis zu 5 m hohe Fontäne von Öl, Wasser und Schlamm hervorschoß. Infolge des über eine Woche anhaltenden Ausbruches bildete sich ein etwa 40000 m^2 großer Ölsee von 2 m Tiefe, der nur mittels schnell mobilisierter Planierraupen und Greifbagger mit Erdwällen eingedämmt werden konnte.

Als Ursache des Ausbruches wird angenommen, daß sich das Erdgas aus dem in 650 m Teufe befindlichen Speichergestein, dem *Bentheimer Sandstein*, außerhalb der Verrohrung des Bohrlochs seinen Weg zur Erdoberfläche gebahnt hat. Inzwischen wurden in einigem Abstand vom alten Bohrloch zwei *Entlastungsbohrungen* im gerichteten Verfahren niedergebracht, von denen die eine in etwa 200 m Teufe im Tertiär, die andere in 650 m Teufe die alte Sonde vom Gasdruck entlasten sollten, um dann weitere Maßnahmen ergreifen zu können. Die Entlastungsbohrungen wurden bereits erfolgreich beendet.

Das bei der unkontrollierten Eruption angefallene, mit Wasser und Schlamm vermischte Erdöl, das auf etwa 40000 m^3 geschätzt wurde, konnte nach seiner an Ort und Stelle erfolgten Reinigung mit einem amerikanischen Spezialreinigungsgerät (Schleuderprinzip) der Weiterverarbeitung zugeführt werden. Sch.

Perlit als Rohstoff

Perlit stellt eine der verschiedenen hyalinen Ausbildungsformen von Liparit dar (Hyaloliparit). Dazu gehören u. a. auch Obsidian, Pechstein und Bimsstein. Man bezeichnet sie insgesamt oft als „saure Gläser“. Perlit oder auch Liparitperlit ist somit eine neovulkanische Ergußgesteinsabart und zeigt wie Liparit oder das dazugehörige paläovulkanische Ergußgestein Quarzporphyr im Prinzip eine dichte Grundmasse, in der Einsprenglinge eingelagert sind. — Typisch und für die Benennung verantwortlich ist die perlitische Absonderungsform des Gesteins. Die Grundmasse bildet zwiebelschalig-konzentrisch aufgebaute Kugeln aus, die entweder vereinzelt verteilt, kugelrund oder dichtgedrängt, polygonal sind. Diese Absonderung der Perlit-Kugeln erfolgte als letzte Phase während der Erstarrung, denn die Einsprenglinge setzen durch die Kugelkörper hindurch bzw. werden von ihnen umhüllt. Bemerkenswert sind Spannungsphänomene bei einigen lokalen Vorkommen, bei denen die Kugeln durch einen Hammerschlag sofort zu Staub zerspratzen (sog. Marekanit von Ochotsk/Sibirien).

Die Farbe des Gesteins ist blaugrau bis grau, es zeigt einen wachsartigen Glanz. Die Struktur ist ausgeprägt fluidal durch lagenweisen Wechsel glasiger und mikrofelsitischer Teile. Perlit gehört mit 3—4% H_2O zu den wasserärmeren Liparitabarten, es hat ein sehr niedriges spezifisches Gewicht. Ferner ist seine Armut an Einsprenglingen typisch. Hauptsächlich handelt es sich um Feldspäte, wie Sanidin, Anorthoklas und Mikroperthit, die hier durchweg glasig ausgebildet sind. Quarz, der sonst in Form von Dihexaedern auftritt, fehlt oft, da die Effusion allgemein vor der Quarzausscheidung erfolgte. Typisch neben den Einsprenglingen sind noch Sphärolithe, also radialstrahlig ausgebildete Kugelgebilde, die in der Grundmasse schwimmen. H. Rosenbusch (1910)[1]) gibt für ein Perlitvorkommen im Raum *Schemnitz/Ungarn* folgende chemische Analysenwerte an:

SiO_2	Al_2O_3	Fe_2O_3	MgO	CaO	Na_2O	K_2O	H_2O
73,00	12,31	2,05	1,47	1,20	1,36	5,96	2,90
							Σ%100,25

Die Verbreitung von Perlitvorkommen geht naturgemäß parallel mit Gebieten des mittelmeer-pazifischen Vulkangürtels, die regen tertiären bzw. rezenten Vulkanismus aufweisen.

Perlit war bis vor dem zweiten Weltkrieg als wirtschaftlicher Rohstoff gänzlich unbekannt. Später fand er wachsende, vielseitige Verwendung. Geringes spezifisches Gewicht, Isolationsfähigkeit und Zähflüssigkeit lassen ihn als leichtes, locker-poröses Füllmittel in Farben und Kunststoffen, als Filtermaterial, als feuerfester Baurohstoff und vor allem als Zuschlag für Gußbeton Verwendung finden.

Das Perlitinstitut in den USA führt laufend Wärme- und Schallübertragungsversuche an Perlitbetonkonstruktionen durch, untersucht deren Festigkeit und prüft die verschiedensten Perlitbeton-Mischverhältnisse. Dieses Institut gibt auch eine regelmäßig erscheinende Fachzeitschrift über Perlit heraus.

Eine Aufstellung von 1951[2]) mag eine Übersicht über das umfassende Anwendungsgebiet von Perlit geben. Danach wurden 75% des produzierten Reinperlit als Zuschlag für feuerfestes und standfestes Bauputzmaterial (Außenzement- und Stuckarbeiten) verwendet, 20% als Leichtgußbeton für Dachbetondecken und Fußbodenplatten, der Rest als Leichtzuschlag in Bohr-Dickspülungen. Wichtig ist seine Benutzung als Material für Eisenbeton-Gußformen, die als Strukturrahmen für Großblöcke im Bauwesen immer mehr Verwendung finden. So ist es bei der forcierten Entwicklung der Bauindustrie nicht verwunderlich, daß 1951 in den USA 33mal mehr Reinperlit produziert wurde als 1946, nämlich insgesamt 134000 short tons. Davon wurden 133000 short tons im Werte von 7,24 Millionen Dollar weiterverarbeitet oder ausgeführt. Für diese Menge wurden 182000 short tons Rohperlit aufbereitet. Der Grubenwert von Rohperlit betrug 1951 4,46 Dollar pro short ton, während Reinperlit 54,39 Dollar pro short ton kostete.

Die Hauptgewinnungsgebiete liegen im Westen der USA (Nevada, New Mexico, Colorado u. a.), während Aufbereitungsanlagen inzwischen in allen Teilen der USA (in insgesamt 27 Staaten) errichtet wurden. Zu den etwa 70 bestehenden Perlitmühlen wurden noch 10—12 weitere projektiert.

Die Vorräte der Vorkommen sind sehr unterschiedlich. So baut in Conn Valley bei St. Helena, Californien, eine Perlitgrube auf einer Lagerstätte, die etwa 125 Mio t Rohgestein enthält. Unweit davon, im gleichen Staat, steht jedoch auch ein Vorkommen mit einem Vorrat von 1 Mio t in regem Abbau. Vom Fundpunkt aus wird das Rohmaterial der Aufbereitung zugeleitet, d. h. es wird gemahlen, gesiebt und getrocknet. Dann wird das Material in speziellen Schmelzofen-Anlagen weiterverarbeitet. An einer Vervollkommnung der Perlitofenkonstruktionen wird laufend gearbeitet.

Bei den angedeuteten vielseitigen Verwendungsmöglichkeiten ist es erklärlich, daß perlitarme Länder allenthalben an einem Import interessiert sind. So erfuhr man in den Wirtschaftsnachrichten durch eine Information vom VWD Montan von einem Abkommen zwischen der französischen Bergbaugesellschaft S. E. K. A. und den Besitzern von Perlitlagerstätten auf der griechischen Insel Lesbos. Danach soll Frankreich die Vorkommen abbauen und zwecks Aufbereitung importieren. In Griechenland soll dafür in späterer Zeit eine Schmelzofenanlage errichtet werden. Lü.

Beryllium-Produktion in Belgisch-Kongo

Die Gesellschaft „Compagnie Minière des Grands Lacs Africains“ hat die Produktion von Beryllium im Kongogebiet während des Jahres 1956 auf 1687 t gegenüber 190 t im Jahre 1955 erhöhen können. Dadurch ist die Gesellschaft mit 15% an der Weltgewinnung beteiligt und gehört zu den führenden Beryllium-Produzenten innerhalb der kapitalisti-

[1]) H. ROSENBUSCH: Elemente der Gesteinslehre, Stuttgart 1910.
[2]) Minerals Yearbook, US Government Printing Office 1951, Washington 1954, S. 1376–1379.

schen Welt. Die Produktionssteigerung war möglich, nachdem durch geologische Erkundungsarbeiten neue, reiche Rohstoffvorkommen im Laufe des Jahres 1956 entdeckt worden waren. Der Absatz der erhöhten Produktion soll keine Schwierigkeiten bereiten, da die Nachfrage nach Beryllium steigt. E.

Rutil- und Zirkongewinnung in Südafrika

Mitte 1958 soll längs der Küste von Natal zwischen den Flüssen Umzimbazi und Ingane mit der Gewinnung von Ilmenit, Zirkon und Rutil begonnen werden. Man rechnet mit einem jährlichen Ausbringen von etwa 100000 t Ilmenit, 10000 t Zirkon und 7000 t Rutil. Der gewonnene Ilmenit soll mit der Eisenbahn nach Durban verfrachtet werden, wo 800 t Ilmenit pro Stunde umgeschlagen werden können. Zirkon und Rutil sollen, in Säcken verpackt, exportiert werden. E.

Schwerspat in Jugoslawien

In der Umgegend von Jajoe ist mit dem Abbau einer Schwerspatlagerstätte begonnen worden, die einen Rohstoff von besonderer Reinheit liefert. Die Vorräte dieser Lagerstätte sind auf über 1 Mio t berechnet worden. Mitte 1957 wurden die ersten Waggons an die Sowjetunion geliefert. 1956 exportierte Jugoslawien u. a. gemahlenen Schwerspat vor allem nach Polen und der ČSR und stückigen Schwerspat nach den USA, der Sowjetunion, Österreich, Großbritannien und anderen Ländern. E.

Stillegung der Bleierzgrube Mechernich

Nach vorliegenden westdeutschen Pressenachrichten hat die PREUSSAG ein Gutachten anfertigen lassen, in dem nachgewiesen wird, daß die Lagerstätte der Gewerkschaft in Mechernich nicht mehr bauwürdig sei.

Das Bleierzbergwerk Mechernich im Eifelkreis Schleiden baut die bedeutendste Bleierzlagerstätte Westdeutschlands ab. Das Erz tritt in flachliegenden Konglomeraten und Sandsteinen des Mittleren Buntsandsteins auf. Die vier Schächte sind 140 bis 160 m tief. Die Belegschaft besteht aus etwa 1200 Personen. Über die erheblichen Vorräte berichteten wir im Jg. 2, S. 257 unserer Zeitschrift.

Als Grund dafür, daß die Lagerstätte angeblich nicht mehr bauwürdig sein soll, gibt die PREUSSAG den Rückgang der Weltpreise an. Diese hätten 1950 noch 2000—2500 DM je t Blei betragen und seien Mitte 1957 auf 1000 DM zurückgegangen. Weil die Produktionskosten in Mechernich aber rund 1500 DM je t betragen, sei der Abbau nicht mehr rentabel.

Da bereits im Jahre 1956 der Metallinhalt der deutschen Erze am Einsatz der Bleihütten der Bundesrepublik auf 56% zurückgegangen war, wird nun, falls das Gutachten der PREUSSAG befolgt werden wird, dieser Prozentsatz noch erheblich weiter herabsinken, was nicht im Interesse der gesamtdeutschen Wirtschaft liegt. E.

Die Wirtschaftlichkeit des Schrotbohrens

In dem bekannten Werk „Tiefbohrgeräte" von G. PRIKEL, Wien, 1956, befindet sich auf S. 45—48 ein Kapitel über „Das Bohren mit Schrot". Aus diesem entnehmen wir in stark gekürzter Form die folgenden Sätze:

„Die Schrotkrone ist ausschließlich für hartes, homogenes und nicht zerklüftetes Gestein wirtschaftlich geeignet. Die Schrotkörner, die hier Verwendung finden, haben einen Durchmesser von 0,2—5 mm. Je härter das Gestein, um so kleiner wird der Schrotkorndurchmesser gewählt." ...

„Der tatsächlich erzielbare gute Bohrfortschritt kann in der Hauptsache auf die folgenden Umstände zurückgeführt werden:

1. Ein Überdruck einzelner Schrotkörner auf eine verhältnismäßig kleine Unterlagsfläche auf der Bohrsohle bewirkt ein plastisches Verformen des Gesteins und ein darauffolgendes Abscheren von der innegehabten Bettung;

2. die scharfen Kanten der zerspanten Schrotkörner sind am Bohrloch sicher mitbeteiligt." ...

„Der Schrotbedarf ist verhältnismäßig groß, er schwankt zwischen 1,0 und 1,3 kg/m Teufe. Je härter das Gestein, um so größer ist auch der Schrotbedarf. Der Wasserbedarf ist ungefähr derselbe wie beim Diamantbohren ... Die übliche Pumpleistung ist beim Schrotbohren etwa 5—6 l/min." ...

„Früher war das Schrotbohren gegenüber dem Bohren mit handgesetzten Diamantkronen billiger. Das Verhältnis der Bohrkosten war pro Bohrmeter etwa das folgende: Schrot zu Diamant = 1 : 3, Schrot : Hartmetall = 1 : 10. Heute dürfte sich das Verhältnis wesentlich zugunsten der Diamantkronen und Hartstiftkronen geändert haben. Genaue Vergleichsdaten für gleiche Gesteinsverhältnisse sind leider nicht verfügbar."

Es erscheint uns wichtig, daß solche Vergleichsdaten für gleiche Gesteinsverhältnisse baldigst zur Verfügung gestellt werden, und wir wären unseren Lesern für entsprechende Hinweise dankbar. E.

Verbesserung der Kaolin- und Tonversorgung

In einem Beitrag „Auf dem Wege zur Ausschöpfung aller Materialreserven und zu technisch begründeten Materialverbrauchsnormen in der feinkeramischen Industrie" macht ADOLF BEIERLEIN in der Silikat-Technik Nr. 9/1957, S. 366 bis 368, Vorschläge zur Verbesserung unserer Kaolin- und Tonversorgung, denen wir in stark gekürzter Form folgendes entnehmen:

Gegenwärtig verteilen sich die zentralgeleiteten Kaolin- und Tonbetriebe auf vier Ministerien (Berg- und Hüttenwesen, Aufbau, Kohle und Energie und Leichtindustrie). In Betrieben der Braunkohlenindustrie wird Ton als Nebenprodukt gefördert, „eine Nebenproduktion, der man nicht die notwendige Beachtung schenkt. Diese Zersplitterung der Rohstoffbetriebe und die Geringschätzung der hochwertigen Braunkohlenschiefertone durch den Kohlenbergbau hat schon zu einer Reihe von Schwierigkeiten geführt."

Der Autor schlägt dann vor, die Rohstoffbetriebe der keramischen Industrie folgendermaßen zu zentralisieren:

„a) Rohstoffbetriebe für die grobkeramische Industrie, also für die feuerfeste Keramik und die Baustoffindustrie;

b) Rohstoffbetriebe für die feinkeramische Industrie, die Elektro- und technisch-keramische Industrie sowie die Platten- und Fliesenwerke."

Die „Deutsche Demokratische Republik verfügt über sehr umfangreiche Kaolinlager, die eine Versorgung auf Jahrhunderte hinaus sicherstellen. Ähnlich verhält es sich mit den meisten Tonen, wobei die Frage der volkswirtschaftlichen Nutzung von Tonvorkommen im Hangenden und Liegenden der Braunkohle von ausschlaggebender Bedeutung ist. Gelingt es nicht, diese Tone in weitgehendem Maße auszuhalten und zu nutzen, so ist eine entscheidende Schmälerung der Gesamtvorräte unvermeidlich. Es wird sich nicht umgehen lassen, umfangreiche Tonmengen auf Sonderhalden für eine spätere Verwendung zu lagern. Geschieht dies nicht, so gehen uns wertvolle Rohstoffe für immer verloren. Es ist deshalb notwendig, mit den verschiedenen Interessenten, dem Ministerium für Kohle und Energie, der Staatlichen Plankommission und der Staatlichen Geologischen Kommission entsprechende Vereinbarungen zu treffen."

Wegen der unbefriedigenden Vorratslage an weißbrennenden Steinguttonen aus dem Gebiet um Löthain (Kreis Meißen) und an Kapseltonen aus dem Halleschen Raum wird eine möglichst rationelle Verwendung dieser Rohstoffe und eine Fortsetzung der Erkundungsarbeiten der Staatlichen Geologischen Kommission gefordert.

„Das Verhältnis der Produktion von Keramkaolinen zu Papierkaolinen beträgt zur Zeit 85:15. Am Verbrauch des Gesamtaufkommens ist jedoch die Papierindustrie mit rund 34% beteiligt. Um den Bedarf der Papierindustrie abzudecken, müssen deshalb jährlich erhebliche Mengen hochwertiger keramischer Kaoline zweckentfremdet verwendet werden. Diese keramischen Kaoline haben auf Grund ihres größeren Anteils an Feinstkorn einen um mindestens 10% geringeren Ausnutzungskoeffizienten als Papierkaoline. Aus diesen Gründen müssen wir die Erhöhung des Aufkommens an Papierkaolinen fordern. In der Lausitz sind Lager von Papierkaolinen guter Qualität nachgewiesen worden."

Der Verfasser geht dann auf die Standardisierung der Rohstoffe ein, damit sie richtig eingesetzt werden können. Man arbeitet jetzt auf Grund der Erfahrungen der Sowjetunion und der ČSR an einer Systematik, die auf dem Körnungsaufbau und den damit verbundenen Eigenschaften beruht. Nach den gleichen Grundsätzen soll eine Rohstoffkartei aufgebaut werden. „Diese Aufgaben sollten in Zusammenarbeit mit dem Institut für mineralische Rohstoffe (Ustav nerostnich surovin) in Karlovy Vary unter Federführung der bei der Hauptverwaltung Keramik gebildeten Zentralen Rohstoffkommission, gemeinsam mit dem Zentrallabor der feinkeramischen Industrie und den anderen keramischen Forschungsstellen bewältigt werden." E.

In den nächsten Heften

der

Zeitschrift für angewandte Geologie

erscheinen u. a. folgende Beiträge:

F. REUTER: Die Wasserdurchlässigkeitsprüfungen und Baugrundvergütung als ingenieurgeologische Untersuchungsmethoden bei Talsperrenbauten

M. KRAFT: Erzmikroskopische Untersuchungen über die Aufbereitbarkeit von mylonitischem Gangmaterial am Beispiel des Silberfund-Stehenden, Revier Brand südlich Freiberg

L. W. GROMOW: Die wichtigsten Strukturtypen der Gangerzfelder

I. O. BROD: Geologische Voraussetzungen für das Aufsuchen neuer Öl- und Gasgebiete in der UdSSR

H.-J. Rogge & O. Miehlke: Zu den jüngsten Küstenrückgängen bei Kühlungsborn und Graal-Müritz / Neuhaus

E. LANGE: Die Sedimentärbecken Afrikas

E. CIUK: Die Braunkohlenlagerstätten in Polen und die Perspektiven für die Erkundung

H. REH: Dem Andenken des großen Prospektors Hans Merensky

J. Znosko: Die Perspektive der Erkundung von Eisenerzlagerstätten im Vesulien von Łęczyca

M. LÜTHEN: Neues über Schwefellagerstätten

R. HUTH: „Wüstungen" und geologische Kartierung

F. STAMMBERGER: Einige Bemerkungen zur Diskussion über die Vorratsklassifikation

Instruktion zur Anwendung der „Klassifikation der Lagerstättenvorräte fester mineralischer Rohstoffe" auf Flußspat- und Schwerspatlagerstätten der DDR

Heft 5 der „Zeitschrift für angewandte Geologie" wird als Uranheft erscheinen.

GEOLOGIE

Zeitschrift für das Gesamtgebiet der Geologie und Mineralogie sowie der angewandten Geophysik

Herausgegeben von der Staatlichen Geologischen Kommission der Deutschen Demokratischen Republik

Die Zeitschrift bringt Beiträge aus allen Gebieten der geologischen Wissenschaften. Sie wendet sich an den Mineralogen, Petrographen, Lagerstättenkundler und Paläontologen ebenso wie an den Geophysiker, Geochemiker, Hydrogeologen und Ingenieurgeologen. Bekannte Fachgelehrte aus der DDR, aus Westdeutschland und unseren Nachbarländern sind ständige Mitarbeiter der GEOLOGIE. Dem Redaktionskollegium gehören an:

Prof. Dr. Dr. E.h. v. BUBNOFF | Prof. Dr. BUCHHEIM, Prof. Dr. DEUBEL, Prof. Dr. KAUTZSCH, Prof. Dr. SCHÜLLER, Dr. SIEMENS und Dr. STOCK. Die Chefredaktion liegt in Händen von Prof. Dr. LEUTWEIN.

Im Sommer dieses Jahres werden drei Hefte der GEOLOGIE, zu einer Schrift vereinigt, herausgegeben. Sie sind dem

Gedenken
an
SERGE VON BUBNOFF

zu dessen 70. Geburtstag gewidmet. Die Gedenkschrift erscheint unter besonderer Mitwirkung des Geotektonischen Instituts der Deutschen Akademie der Wissenschaften zu Berlin und des Geologisch-Paläontologischen Instituts der Humboldt-Universität Berlin und enthält u. a. folgende Beiträge:

D. ANDRUSOV: Die vortriadischen Faltensysteme im Gebiet der Westkarpaten

W. W. BELOUSSOW: Einige allgemeine Fragen der Tektonik im Gebiet der Nahtstelle zwischen Krim und Kaukasus

E. BONCEV: Über die tektonische Ausbildung der Kraistiden (Kraistiden-Lineament)

E. CLOOS: Lineation und Bewegung, eine Diskussionsbemerkung

W. O. DIETRICH: Übergangsformen des Südelefanten (*Elephas meridionalis* Nesti) im Altpleistozän Thüringens

E. KAUTZSCH: Regionalgeologische Probleme bei der Suche nach magmatischen Lagerstätten im mitteldeutschen Raum

R. KETTNER: Die Tektonik des Gebirges Nízké Tatry (Niedere Tatra)

E. KRAUS: 50 Jahre Unterströmungs-Theorie

F. LOTZE: Zur Stratigraphie des spanischen Kambriums

O. OELSNER: Die erzgebirgischen Granite, ihre Vererzung und die Stellung der Bi-Co-Ni-Formation innerhalb dieser Vererzung

H. STILLE: Einiges über die Weltozeane und ihre Umrahmungsräume

H. TEISSEYRE: On the Problem of the unconformity between the lower—and the upper Carboniferous in the Middle Sudetic Trough.

A. WATZNAUER: Beiträge zur Kenntnis der Augengranulite des sächsischen Granulitgebirges

E. WEGMANN: Das Erbe Werners und Huttons

A. WURM: Zur Problematik der erdgeschichtlichen Analyse des Kristallins im variskischen Gebirge Nordostbayerns

Die Zeitschrift GEOLOGIE erscheint achtmal im Jahr. Der Preis beträgt bei einem Format von 17 × 24 cm je Heft 4,– DM, Doppelheft 8,– DM.

Bestellungen durch eine Buchhandlung erbeten

AKADEMIE VERLAG · BERLIN